Concepts of

Nanochemistry

纳米化学概论

（意）卢多维科·卡德马蒂里（Ludovico Cademartiri）
（加）杰弗里·厄津（Geoffrey A. Ozin） 著
崔屾 译

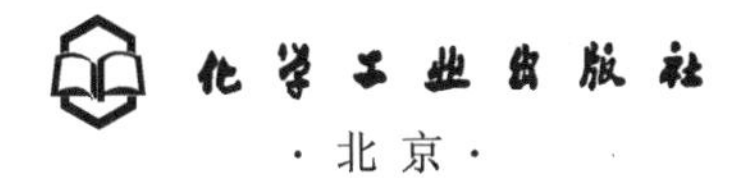

·北京·

内容简介

本书是有关化学新的分支学科——纳米化学的专业书籍。全书共分为 10 章。第 1 章对纳米化学的一些基本概念进行了简单的介绍；第 2 ～ 7 章分别针对二氧化硅（SiO_2）、金、聚二甲基硅氧烷（PDMS）、硒化镉（CdSe）、氧化铁及碳六种物质 / 材料，通过表面、尺寸、形状、自组装、缺陷和生物纳米六个方面的实例（第 6 章和第 7 章没有缺陷一节），深入浅出地介绍、阐述了纳米化学的概念和原理；第 8 章通过两个研究实例的发展史展示了纳米化学的魅力；第 9 章列出了一些纳米化学常用的表征方法；第 10 章简单地推测了纳米化学家将面临的一些挑战。

本书适合化学、材料科学与工程学、生物学与医学、物理学等专业的研究生、本科生、科研人员等阅读，有助于他们尽快地进入纳米化学的研究领域；同时也适合任何对纳米化学感兴趣的读者。本书也可以作为理工科院校简明纳米化学课程的教材。

Concepts of Nanochemistry by Ludovico Cademartiri and Geoffrey A. Ozin
ISBN 9783527325979

北京市版权局著作权合同登记号：01-2020-1544

图书在版编目（CIP）数据

纳米化学概论 /（意）卢多维科・卡德马蒂里（Ludovico Cademartiri），（加）杰弗里・厄津（Geoffrey A. Ozin）著；崔岫译．—北京：化学工业出版社，2020.9（2023.8 重印）
书名原文：Concepts of Nanochemistry
ISBN 978-7-122-37170-6

Ⅰ. ①纳…　Ⅱ. ①卢… ②杰… ③崔…　Ⅲ. ①纳米材料 - 应用化学　Ⅳ. ① TB383

中国版本图书馆 CIP 数据核字（2020）第 094763 号

责任编辑：卢萌萌　孙伟喆　　文字编辑：陈　雨
责任校对：王素芹　　装帧设计：王晓宇

出版发行：化学工业出版社（北京市东城区青年湖南街 13 号　邮政编码 100011）
印　　装：北京虎彩文化传播有限公司
710mm×1000mm　1/16　印张 14¼　字数 233 千字　　2023 年 8 月北京第 1 版第 3 次印刷

购书咨询：010-64518888　　售后服务：010-64518899
网　　址：http://www.cip.com.cn
凡购买本书，如有缺损质量问题，本社销售中心负责调换。

定　　价：138.00元　　

译者前言

Ludovico Cademartiri 博士与 Geoffrey A. Ozin 教授共同撰写了 *Concepts of Nanochemistry* 一书。前者于 2008 年 4 月通过了博士论文答辩，转年就出版了该书，当时仅 31 岁，是纳米材料与纳米化学研究领域的新秀。后者是前者的博士研究生导师，是加拿大政府在纳米化学及材料化学研究领域的首席科学家（2000—2014 年），其 Hirsch 指数在 2009 年达到了 68，位居全世界精英研究人员之列。

原著选用的 SiO_2、金、PDMS、CdSe、氧化铁及碳六种物质 / 材料，大多数（PDMS 与 CdSe 除外）读者比较熟悉，可以更容易地理解从普通材料的常规功能到纳米材料的新功能的转化，由此更深刻地认识纳米化学的神奇力量，有利于尽快地了解和掌握纳米化学的要点和精髓，从而可以更容易地从宏观世界过渡到纳米世界的研究领域。在上述六种物质 / 材料对应的各章末尾，均列出一些思考题，可以引发读者更广泛、更深入的思考，并激发读者的好奇心。

通过了解纳米化学将普通材料转化为某种惊人的纳米材料的方法，应该会使读者认识到，还有许许多多新的发现和创造的可能性，并由此开拓崭新的或者更广泛、更深入的研究领域与应用前景。

纳米化学是随着纳米技术与纳米材料的发展而逐渐形成的，且目前依然处在不断发展的阶段。该书不仅在当年，即便是现在，也是一本比较全面、精练的专业教材。本书对于尚不能直接阅读英文版原著的各类人员，包括研究生、本科生、其他科研人员等，尽快地了解和深入学习纳米化学是非常有益的。希望他们通过阅读本书，能够受到启发，创造出新的合成 / 制备新型纳米材料 / 纳米结构的化学方法，为纳米化学的发展做出新的贡献。

原著作者将纳米化学定义为：纳米化学是化学的一个分支学科，主要涉及构造模块的合成与自组装以及与其表面、尺寸、形状和缺陷相关的性质，还有其在化学与物理学、材料科学与工程学以及生物学和医学等领域应用的可行性。

根据译者在纳米材料领域将近30年的研究工作，译者认为纳米化学不仅仅涉及原著作者所定义的领域或学科，还涉及所有在纳米尺度存在或出现化学问题的研究领域或学科，且随着纳米科学的不断发展，纳米化学所涉及的领域或学科也必然会不断扩展，其所包含的内容也将会更加广泛、深入，因为纳米化学也是纳米科学的一个重要的分支学科。

感谢天津大学2011级硕士研究生张蓉、李燕、阚迪、曹杰、肖文理（汉语骨干教师培训班）、张丽爽、李义伟、张竞赛、王佳、禚司飞、李玲、陈丽洁（汉语骨干教师培训班）、张园、杨鑫参与了原著的初译工作，其中肖文理、张丽爽、李义伟、禚司飞、李玲参与了各自初译稿的修改稿的录入工作。

感谢天津大学研究生创新人才项目的部分资助。

虽然译者已经尽了很大的努力，但限于经验与水平，书中难免存在一些翻译不妥与疏漏之处，敬请专家和读者批评指正。

崔屾

2021年1月于天津大学新校区

序言

在过去的 50 年，纳米技术的化学——“纳米化学”，与纳米技术的发展一直是并驾齐驱的。

纳米化学学科的理念基础就是假设利用巧妙的化学过程，有可能设计并合成具有特殊性质的构造模块，从而能够实现从分子尺度到纳米尺度的自组装，生成具有多种功能的多级结构。

材料的微型化使其具有尺寸依赖效应，这不仅从技术角度，而且从理念角度，向化学界提出了许多挑战。为此，需要考虑化学更广泛的潜在能力，不仅有超分子化学促进的自组装，还要在该领域的主流词汇中加入尺寸和形状。

纳米技术的起源是很难确定的，因为它是一个以多种方式扩展至整个自然科学范畴的领域，且通常不会立即被认清。这种由许多发现和不同研究领域构成的嵌合体仍然存在，使得面向多学科的学生群体的教学主题成为很有前途的工作。

在本书中，作者使用统一的概念作为黏合剂以及关键的材料作为案例发展史，将纳米化学的各个方面有机地结合在一起。主题素材的这种独特的组织方式是非常值得欣赏的，因为这种方式不仅使得本书内容简单易学，而且有趣味性，很好地表达了不同主题之间的微妙关系。

本书撰写的方法是通过概念和栩栩如生的实例、案例发展史和通俗易懂的语言，使得教学的有效性和严谨性之间达到了很好的平衡。它不仅适用于对纳米化学感兴趣的学生，也适用于那些跨学科的学生，因为他们想要了解纳米化学是如何影响其研究领域的。

本书不仅非常适合相关专业的教师和学生阅读，而且对于许多想在这一正在蓬勃发展的领域寻找机遇的人也是非常有益的。

Jean-Marie Lehn

前言

为何应当关注纳米化学?

在人类历史上曾经有过许多次，因为一个科学上的重大发现而促成了社会的重大转变，如铁器、发动机、晶体管、网络以及光纤等，都是非常著名的实例。之所以如此，是因为这些新的发现对当时许多主要的假设提出了疑问，然后通过推翻这些假设，改变了人类文明。

纳米技术被认为是下一次重大转变，即下一次工业革命的核心。科学家认为，掌握纳米技术的各种可能性是未来国家之间竞争的关键。但是，纳米技术能带来什么呢？它将如何改善我们的生活、创造新的商机、解决地球所面临的重大问题呢？

许多科学家认为，纳米技术将给予发展中国家更廉价的解决问题的方案，使得发展中国家的人民身体更健康、寿命更长；还有一些科学家认为，纳米技术将带来更好的太阳能电池、体积更小运算更快的计算机、环境保护措施以及治愈癌症的方法；还有一些科学家认为，纳米技术将有助于解决全球变暖的问题。

重要的是，除了要了解围绕纳米技术的大量宣传和其许多发现所带来的乐趣外，还应当知道正是由于纳米技术的独特性，才使其成为重大转变的主因。其不仅仅是发现一个难题更好的解决方案或更明智的解决方法，而且还提供了解决问题的新的思维方式。

很多宣传引起了人们对纳米材料毒性的关注。有关石棉（一种纳米材料）的事件人们依然记忆犹新，因为至今社会仍在为其付出代价。人们不断增加的关注正在引起许多国家政府的重视，不断增强纳米材料毒性研究的资助力度。特别在医学诊断和治疗领域内的资助力度较大。

世界各国政府也看到了纳米技术在创造新企业方面的颠覆性潜力。在历史上的每次变革中，已有的行业往往不能适应新的游戏规则，它们被更小、更年轻、适应能力更强且更灵活的企业所取代。因此，没有人愿意错过这个难得的发展机遇。

政府也正在推动将纳米技术尽快地引入大学课程中。纳米工程、纳米技术和纳米科学的各种学位正在世界各地出现，而且这种转变的步伐正在影响着教师们，但是在大多数情况下，这些教师并没有接受过纳米科学方面的专业训练。这些变化必然要产生为不同水平的课程以及不同背景的学生提供教学资源的需求。传统学科的范围是有限的，由此产生了融合化学、物理、生物学、医学和材料科学与工程等学科内容的交叉学科。

在大学课程的初期阶段讲授纳米科学是有多方面原因的。一方面，让新一代研究生或本科生熟悉纳米科学的概念是非常重要的；另一方面，从一个更适宜教学的角度来讲，将纳米科学的教学安排在研究生新生或本科生阶段，将会对接受者的思维方式产生深远的影响。一个普遍的事实是，新生阶段的学习会确定一位科学家的思维模式。在学士学位的最初两年中作为化学家进行培养的学生，其未来往往会成为终身的化学家。这就解释了为何许多化学专业的博士研究生难于“进入”纳米化学领域，同时也解释了为什么一个化学家进入一个完全不同的化学领域要比进入一个紧密相关的物理的二级学科更容易。

在研究生新生或本科生阶段讲授纳米科学课程，将给予学生以非常有效且跨学科的方法学习该课程所必需的工具。

尽管确定正确的思维模式是政策制定者和教育家的一个明确的重要目标，但是纳米科学可以帮助我们应对一个更大的挑战。在一个急于迈向以知识为驱动力的创造商机和财富的社会，人们的需求与生活习惯可能都要发生巨大的变化，研究生或本科生科学研究能力的欠缺可能是灾难性的。在北美洲，这已经成为优先考虑的重点工作之一，因为高技术公司不得不从国外聘请人才来填补其各级职位的空缺。

在研究生新生甚至本科生课程的初期阶段引入纳米科学课程可能会有助于增加研究生新生和本科生对科学的兴趣。许久以来解释科学领域的低入学率的理由是“硬科学很难”，这就意味着大多数学生都是“懒虫”。一个可能比较正确的解释则是学生们在这种硬科学中看不到出路。比起一个能生产出更好的电池阴极材料的工作来说，学生们更想要一份能够谋生的工作。现在已经给出了“立足”于社会的重要性，并且学生们也知道他们将总会被同龄人问到他们在学什么或在研究什么，他们想能够大声地回答这些问题，而不是低声地回答。同样地，学生们大多会喜欢一份工资高，而且能够为他们自己及其家庭提供舒适生活的工作，而不是一份声名狼藉的低薪工作。

这些明显是一些普遍情况。实际上一些同事已经用他们的许多发明挽救了数以百万计的生命，其中有些人还是百万富翁。但是隐藏在特例背后的问题却从未得到解决。

通过阅读本书，读者可以了解和学习纳米科学，从而有可能决定去解决地球所面临的一些非常重要的问题：从全球变暖到环境治理，从 CO_2 捕获和循环利用到烃类化合物再到氢能源汽车，从发展中国家的平均寿命到治愈癌症，从任何伤口的再生到发现生命的起源。读者可以决定想要挑战什么问题；可以决定如何度过时光；可以决定期望应当在哪里，即可以决定自己的舞台。

实际上，对于许多其他的不同学科，如传统的化学和物理学，类似的事物也是成立的。不同的是，纳米科学是一个全新的事物，开启了一系列全新的可能性，但目前只有少数人可以参与其中。读者可能成为这些少数人中的一员，参与这个可能随处都可以领先的竞赛。

有了这些动机，我们便着手探索写一本适合研究生新生和本科生的学术性的教材。最初以传统的方法来接近这个题目，从我们认为的基础开始。从原子、晶格结构、结构 - 性能的关系等开始，但很快就停止了写作，因为如此写作非常像固体化学的缩写本。

很明显，在那时我们犯了一些错误。许多来自纳米化学的论题，如嵌段共聚物，在这本书中是很难介绍的，因为它们不仅仅是固体化学的一部分。此外，本书定位为可以适合于任何背景的读者，不是专门为化学家而写的。因为几乎没有生物学家清楚检测 Bravais 晶格的要点，尽管他想知道使用脂质体和胶体量子点检测癌细胞时他能做什么。同样的道理，几乎没有化学家知道细胞分裂的详细机制的要点，尽管他们对如何使用金纳米棒实现单分子检测感兴趣。进一步尝试修改初稿，最终不可避免地超出了大纲，包括了更多的实例和解释。

当时做了一些自我反省。我们仍然相信，可以以一种精练简洁且又完整的方式来讲授纳米化学的实例和原理。

在我们的实验室，日复一日地，看到纳米化学是如何形成之后，才有了正确的认识。我们明白了，在实验室集思广益的讨论会以及午餐会期间常常讨论的概念层次上的内容，本质上并不是化学、物理学或工程技术的问题，恰恰是纳米化学的内容。在化学方面没有什么知识背景的学生们，可以对讨论很快地做出具有重大意义的贡献，而在集体推理的基础上还会产生一些其他的概念。

这些概念就是我们认为的纳米化学的核心，是设计纳米化学解决方案中的具有持久性的指导原则，也是激发新想法产生的无限源泉。这些概念是本书的核心，也是需要掌握的纳米化学最重要的方面。

本书专为初学者设计，更重视基础概念的描述，有利于初学者更轻松地掌握专业核心思想，理解基础概念，能够帮助初学者流畅地阅读专业论文，并帮助他们理解相关专业领域在纳米化学范畴所处的位置。本书中解释的概念将展示不同主题之间的内在联系。虽然不能像学术专著那样紧跟领域的发展前沿，但本书却可以提供最广泛和最坚实的基础，为纳米化学研究工作奠定基础。

本书也适合作为教材，课程可以设定为 8 ～ 16 课时（每章 1 课时或 2 课时），或者选择部分章节设定一门课时更少的课程。无论使用哪种方法，概念介绍都是必读部分，因为概念奠定了本书的主题，并阐明了其在纳米化学领域的意义。

总之，我们希望读者能够喜欢这本试验性的书籍。我们确信，掌握本书中的内容能够帮助您领先那些只关注和跟踪纳米化学领域未解决问题的学生。

Concepts of Nanochemistry

纳 米 化 学 概 论

目录

0 绪论

纳米化学是什么？

纳米化学代表了纳米科学的化学方面，即化学进入纳米领域的突破口。虽然实际上纳米科学是一个完全交叉的学科，在纳米化学、纳米物理学、纳米生物学和纳米工程学之间不应当有明显的界限，但是一定程度的分类还是有益的。其原因在于不论是纳米化学、纳米物理学、纳米生物学还是纳米工程学，纳米化学的核心概念是一样的。不同之处是这些概念在使用、研究、应用以及相互联系起来并获得研究结果时的方式。

纳米化学一直是发生在纳米技术革命开端、跨越整个纳米科学领域的“错误标记”的受害者。当科学家们认识到，在材料的尺寸达到纳米尺度时，会发生许多神奇的事情时，于是便给出了最初的定义，由此诞生了“纳米”这个前缀。

于是纳米化学被定义为涉及纳米尺度结构的合成和化学修饰的科学，显示出尺寸依赖效应。

紧接着产生的争论就是，标志着一种材料是否为纳米级的尺寸界线应当是多少。这引起了很大的反响，尤其是因为资金将投入到任何有关纳米的研究中。但是只有很少的科学家对他们的研究是否真的归属于纳米范畴有清晰的了解，而有的人则是在“赶时髦”，如先前一直称为“分子络合物”，现在则开始改称为“分子纳米络合物”。

当时将纳米级的临界值确定为100nm，我们则建议一个更大的临界值，即1000nm，否则有许多纳米科学的论题都将处于中间状态。但是，随着越来越多的纳米科学的论文开始打破那些依然存在的许多限制的边界，直觉告诉人们，还是缺少点什么，即纳米化学的简单性。

一个简单的考虑有助于理解基于长度尺度来定义某种材料的极限。因为长度是连续的，所以从1nm到10000nm的连续性问题是无法解决的。该区间所有的值构成了一个连续的变化，不可能产生跳跃。

当讨论量子限制效应时，CdSe（一种纳米科学喜欢的物质）在5nm时能产生此效应，而硒化铅（PbSe）则在40nm时才有此效应。两种都是纳米科学的现象。毛细作用力的作用距离很长，但是它们也是纳米尺度自组装的关键因素之一。应该因此区分不同种类的毛细作用力，即指出哪个是纳米的，哪个不是吗？如果这样做，感觉就很不完美了。

通过长度尺度来定义纳米化学的缺点在于其僵硬性，即缺少综合性以及不能解释一种现象的多维性，就像将电影《指环王》中的Gandalf定义为“一个戴尖帽子的男人”。

通过纳米化学的核心概念可以发现一个更令人满意的定义。建立一个定义的基础是应当给予其一种广泛性，即更适合于描述具有多样性及学科交叉的领域。

我们选择的这些概念包括了纳米化学的各个方面，不用过多地、绞尽脑汁地思考就能想到的。这些概念允许用结构连贯紧密的简单术语来表达纳米化学的每个成就。简单地说，这些概念不是定义纳米化学，而是它们的整体、它们之间的相互作用以及它们对彼此的影响。正是这些概念的全部在整体上定义了该领域，并且体现了纳米化学家的思维特征。

这些概念是表面、尺寸、形状、自组装、缺陷和生物纳米。所有这些概念在概念介绍部分都有单独的解释，即定义和阐明了这些概念在纳米化学中的代表性作用。

一种新的纳米材料的合成总会涉及其表面化学、构造模块的尺寸和形状，以及这些表面、尺寸和形状如何协调将构造模块自组装为功能化结构的；虽然这些结构可能存在着功能缺陷，但却可能是电子学或光学、医学或生物学问题的解决途径。尽管实际上尺寸问题总是存在的，因为小尺寸是纳米化学所必需的，但在这种结构中，长度范围不需要太严格的定义。

认识这些概念应该是本书的核心，我们就试图围绕这些概念建立本书的大纲。但是又产生了新的困惑，我们的写作方法导致了各概念之间形成了非常强烈的分离感，而将这些概念形成一个网络才是目的。

经过进一步自我反省之后，我们中的一个人想起了由 Walter Moore 撰写的一本关于固体化学的非常古老的书，该书的名称为 *Seven Solid States*[1]。Moore 因其 *Physical Chemistry* 教科书而出名，该书曾在 30 年的时间内被作为标准教材[2]。但是在他关于固态物质的书中，他使用了一种前所未有的方法来讲述一个非常著名的难题，即不是从基础开始，而是从 Bravais 晶格和对称性开始，然后解释电子结构等。他将研究实例的发展史与传统的循序渐进的教学方式结合在一起。这本书一共有七章，每一章都专门集中于一种材料，如 NaCl 或 Si，以其研究实例发展史的形式来解释一整类固体的化学和物理性质。阅读这本书就是一种享受，因为会有一种学习已经知道且每天都会看到的某种事物的相关内容的感觉。通过解释，他们发现了像 NaCl 或 Si 这些日常材料令人惊奇的方方面面的性质，非常完美地展示了化学和物理学的美学，且以教科书的形式展示了科学家在壮丽的自然面前取得的杰出成就。

据此，我们决定通过定义六种材料的方式来完成本书。借助这六种材料，可以说明纳米化学在所有方面的变革力量。我们想确定纳米化学在任何真正重要的领域都没有被忽略，这就意味着要花费很长的时间来寻找粒径最小的一组材料。

“纳米化学的六种情况”包括了 SiO_2、金、PDMS、CdSe、氧化铁及碳。所有这些材料，除 PDMS 与 CdSe 外，可能都是常见的物质。通过了解纳米化学将它们转化为其他材料的方法，会发现还有许多新发现的可能性。

在每一章中，将会看到每节都比较详细地侧重于某一个核心概念以及应用于那种材料的这个概念是如何允许科学家去创造一个全新的解决问题的方案或发现一个新奇的现象。

通过阅读本书，读者将会看到氧化铁（铁锈的主要成分）是如何通过纳米化学被制成用于磁共振成像的非常有效的造影剂，且具有检测和杀死早期癌细胞的独特潜力；将会看到如何设计、使用 SiO_2（玻璃）来控制光流及阻止其传播；将会看到如何使用 PDMS 制成用于流体的电路，使发展中国家获得发达国家所具有的病原体检测能力；还将会看到如何将碳材料塑造成任意形态，且很有可能成为下一种电子材料的基材。

希望通过这种方法，能够展示纳米化学与化学的其他分支学科的不同，并不是仅限于材料的原子组成和结构，而是依据纳米化学的概念将一个甚至是最不起眼的材料转变为一个问题或一个令人费解的事物的解决方案。虽然迄今为止化学一直在周期表提供的“多自由度”范围内起作用，可是纳米化学却已开启了六种更多的“多自由度”的洪水之门，借此可以控制材料的行为，足以使许多科研人员保持一段时间的忙碌与兴奋。

因此，我们所提出的纳米化学的定义是这样表述的：纳米化学是化学的一个分支学科，主要涉及构造模块的合成与自组装以及与其表面、尺寸、形状和缺陷相关的性质，还有其在化学与物理学、材料科学与工程学以及生物学和医学等领域应用的可行性。

纳米化学不仅动摇了传统科学之间的界限，而且能够证明是为未来意义深远的许多科学挑战提供解决方案的关键工具。

参考文献

[1] Moore, W. J. (1967) *Seven Solid States*, W. A. Benjamin.

[2] Moore, W. J. (1962) *Physical Chemistry*, Prentice-Hall.

1 纳米化学概述

1.1 纳米化学的含义

纳米化学不应该仅仅以长度范围来定义，而不顾及其名称与历史，因为这样的定义会错失许多有关纳米化学概念的新奇性和多样性。该领域的教学方法应当是将概念、观点和工具集为一体，从而使纳米化学区别于化学和物理的其他分支学科。本章的目的就是介绍这些概念。

介绍该主题所采用的方法是多学科的，介绍的概念易于被来自化学与物理、材料科学与工程以及生物与医学学科的教师和学生们所接受。例如，一位物理学家，按照所描述的路线图，可以使用物理语言，向一群物理专业的学生讲授纳米化学的原理和实践。在这样的班级里，来自其他学科的纳米科学专业的学生会因此受益良多，了解纳米材料的物理分析方法以及适量的纳米化学细节。具有其他学科、工程和生物学背景的教师也是如此。

这种教学理念应该可以吸引任何学科的教师，其目的就是以一种同时适合教师与学生的方式来讲解清楚纳米化学的基本原理。通过纳米化学的讲授来学习纳米科学和纳米技术还是一个实验，且是“纳米”食物链的起点，而我们则都是其中的实验对象。

讲授纳米化学的挑战在于其多样性，其论题和目标似乎常常是不相关的。发现其内在的联系非常像是到历史悠久的文化之乡的旅行，在那里每个城镇都有其自己的传统、习惯、食物和方言，即使只是粗略地感受一个民族的精神，也要花费数年的时光。

能够将纳米化学问题分解为最简单组分的工具，可以使学习过程变得更容易一些。而这些工具之间存在着若有若无的关系。在本书中会看到这些关系，并因此有希望看到该领域所包含的解决方案、可能性以及不可思议的多样性。

为寻找这条捷径需要付出一定的代价是因为这些工具本质上均是相当概念化的。在这里找不到细节，也找不到数学证明，能够找到的只是概念的浓缩，其中一些还有点哲学的意味，但许多都不同于其他学科教科书中阐述的内容。

1.2 关于物体的表面

科学家喜欢近似。他们喜欢能够快速地认知难题或迅速地解决问题的捷径。在固体物理和化学共用的近似中，最著名的一个就是不存在界面。界面是在空间中可以将体积大得多的不同物质分隔开，如两种不同的固体、一种固体和一种液体之间的界面等。界面常常可以被近似为一个表面。

数学，一种科学的语言，不喜欢剧烈的变化，所以对于科学家来说，界面与混乱是同义词。因此，在不同的均匀体系中，表面常常被看作扰动，甚至完全被忽略[1]。这些方法通常适用于体相材料❶，因为此时表面只占其体积的很小一部分。

随着纳米技术的诞生以及材料微型化至纳米尺度，表面不能被忽略。如图 1.1 所示，球形纳米晶体的表面积与体积的比值随着直径的减小而增大。对于 PbS 结构来说，约 5nm 的直径就足以使大多数原子均位于表面。

尽管现在可能看到了其相关性，但可能仍然想知道表面看起来究竟像什么。如果将每个原子想象成一个盒子，表面就会像图 1.2 所示的例子。

表面原子通常具有不饱和键❷，就像图 1.2 中所示的突出的圆柱体。由于是不饱和键（未填充满电子的），通常带有部分电荷，且增加了表面和整个材料的能量，所以可以用一个量表示为

❶ 体相材料：尺寸足够大的材料，以至于对于大多数性质和应用，其表面和尺寸效应可以忽略不计，不是纳米级的。

❷ 不饱和键：当原子具有未填充满电子的外层轨道（化合价）壳层时，就在表面产生了这样的键。

$$\gamma=n_{db}\left(\Phi/2\right)$$

式中，γ 是表面能；n_{db} 是不饱和键的表面密度；Φ 是键能。从该公式中可以知道，表面能 γ 随着不饱和键密度 n_{db} 的增大而增大，而该密度由表面组成、粗糙度及弯曲程度所决定。这个重要的公式还表明，暴露出不同的原子密度或种类的不同晶面，将具有不同的不饱和键数目和种类，因而具有不同的表面能。稍后会看到如何利用这个事实来生长具有完全不同形状的纳米晶体，以及这些形状和晶体平面是如何影响晶体的物理和化学性质、功能及在纳米技术中的最终用途。

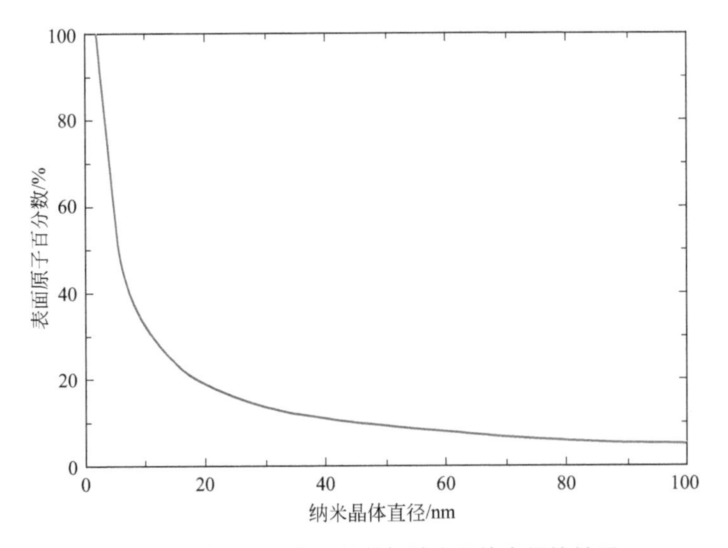

图 1.1　表面原子的百分数与纳米晶体直径的关系

假定纳米晶体为球形且具有 PbS 晶格

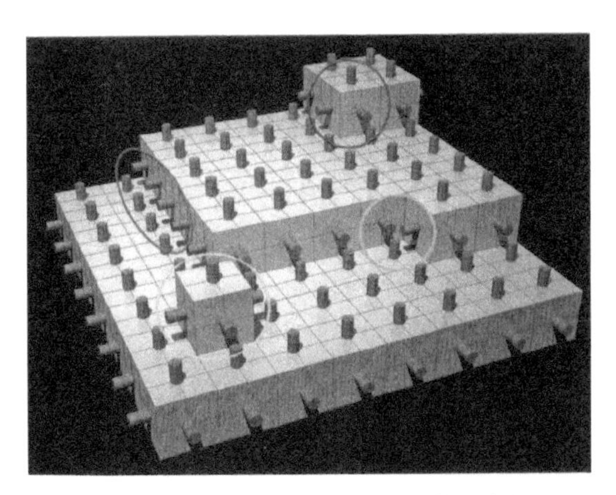

图 1.2　原子晶体表面不饱和键的示意图

图 1.2 显示了一个具有代表性的、在原子晶体生长模型中常见的表面。每个 4×4 的立方体代表一个原子，每个棒状体代表一个不饱和键或不饱和化合价，换言之，代表突出于空间的轨道。它可以是不含电子的空轨道，也可以是有一个单电子或有一对价电子的轨道。可以清楚地看到在表面出现不平整的地方（犄角、死角、边缘），不饱和键的密度增加。不同种类的不平整（椭圆形或圆形区域）也会产生不同密度的不饱和键，且具有不同的稳定性。例如，接近左下角的椭圆形标示的原子是非常不稳定的，因为它只有一个键受晶体约束；而中上部偏右的圆形标示的原子就比较稳定，因为它被三个键约束在表面。不饱和键的密度不仅决定了表面能，还决定了局部电子密度及反应活性。这就是晶体生长以及许多化学及催化反应优先发生在高能量位置的原因，如边缘（左中部偏上的椭圆形区域）或者死角（近似中部偏右的圆形区域）位置。

现在来回答“表面能是什么？”实际上必须要记住，自然倾向于减小自由能。这就意味着通过不饱和键的反应可以降低表面能，而化学家则希望将不饱和键作为表面反应的底物。表面能决定了表面如何与环境相互作用。具有更高能量的表面更易于参与反应，因为通过与环境相互作用，其更易于减少自身的能量。例如，杂质很容易被吸附到表面，然后被分离，因为它们可以补偿不饱和键，从而减小表面能（图 1.3）。该实例在固体合成中具有独一无二的重要作用，对一些领域有着很大的影响，如催化、燃料电池、电池和化学传感器等。在这些领域，高表面活性和高选择性是非常重要的。

图 1.3 所示的横截面在纳米体系中有着重要的表面效应，正如本书中所描述的那样。在该图的顶部，可以看到表面的功能化，即分子或功能基团通过表面化学作用嫁接到表面的不饱和键上。这种嫁接可以减少表面电荷，并且如箭头所示，减小表面能产生的压力。表面修饰也会有一些缺陷，常常与边缘、死角相关，使得局部表面具有更高的反应活性。在表面功能化下方，可以看到晶体表面减小的现象，即通过创建不饱和键更少的原子级平坦的表面，使表面能降低。图 1.3 的左侧偏上显示了吸附杂质可以减少不饱和键和表面电荷，从而降低表面能和压力。在图 1.3 底部的左侧，可以看到如何利用表面电荷来沉积单层或多层的聚合电解质类的带电物质。在图 1.3 底部的右侧显示了一个具有代表性的表面重构，即不饱和键重新组合、原子重新定位，以便减小表面能。在图 1.3 的右侧偏上显示了与体相材料相比，纳米级凸出的表面可以显著地增大溶解度和降低熔化温度；而在空腔的中心位置，对于纳米级凹形表面，现象正相反。在空腔的中心位置还显示了如何使用分

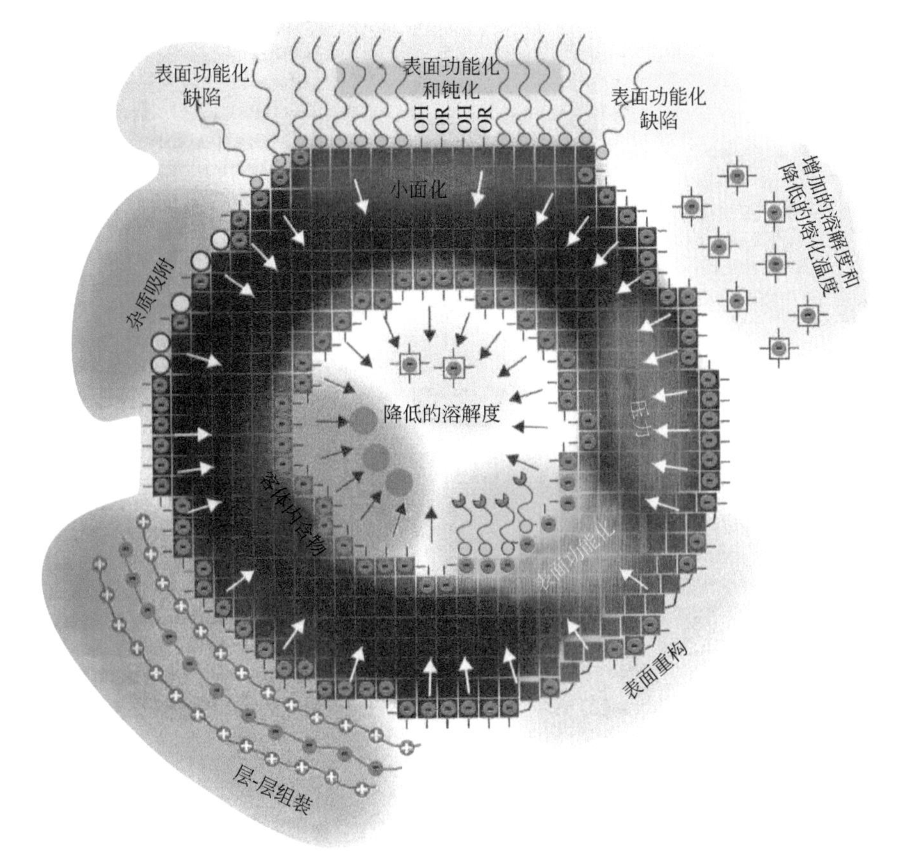

图 1.3 一个空心纳米晶体的横截面示意图

也可以看作是一根纳米管的横截面

子将凹形表面功能化，以及如何利用这些空腔来诱捕客体。

读者可能会质疑，通过创建这么多的表面，纳米化学不是真的在“逆流而上”、与自然作对吧？实际上，这张图中只有部分是准确的。不过读者将在本书中学到一些特别的技术，借此可以通过巧妙、特定的表面化学反应来控制和调节表面能，使得纳米晶体的“游泳”变得更容易一些。

除了吸附杂质，表面较高的能量常常通过称之为表面重构的过程被部分抵消（图 1.3）。表面原子的位置和成键情况通常不同于体相中的原子。此外，表面原子受到外界压力的挤压，可由拉普拉斯定律表示，其方向取决于表面曲率，即

$$\Delta P=2\ (\gamma/r)\ \text{（适用于球形表面）}$$

式中，符号 Δ 为“……的差值”；P 为压力；r 为颗粒半径；γ 为表面能（通常其数量级为 $1\mathrm{J/m^2}$）。当半径为 2nm 时，表面压力差可高达 1GPa[2]。这

是个很大的压力，它可以挤压表面以下数层原子的原子结构，甚至彻底地改变其形状（图 1.3）。一个经典的例子就是体相四方晶系的铁电性❶的钙钛矿，如纳米级 $BaTiO_3$，经过表面重构转变为顺电性❷的立方相，形成了从材料外部到内部的性质梯度。另一个实例就是在合金纳米材料中发现的表面分离，即具有最低表面自由能的成分迁移至表面，将固体溶液（原子或分子成分的统计学混合物）转变为相分离的核 - 壳结构的纳米材料（一种成分在体相，另一种成分在表面）；但是，如果不能确认成分，同样会有点麻烦。

表面的压力、应力和聚集的能量可以通过溶解或不饱和键的表面功能化得以部分缓解（图 1.3）[3]。依靠表面化学，可以嫁接不同种类的分子。表面嫁接通常被认为是分子与分子之间的反应，其中的一种分子提供表面的不饱和键或一个官能团。例如（请注意 R 为任意一种有机官能团）：

—OH（裸露基团，亲水的，对于氧化物表面是典型的）+CH_3OSiR_3（一种溶胶 - 凝胶的前驱体）$\rightleftharpoons$—$OSiR_3$（定位分子，疏水的）+CH_3OH（甲醇）

该反应的结果就是将表面由亲水性转化为疏水性，其行为就如同家用的涂覆了一层特氟龙的平底锅一样❸。现在可以想象将具有传感性的分子、发光分子或者具有任何所期望性质的分子黏附在一个表面上，这就是现在全世界最先进的纳米实验室正在合成的许许多多的器件。实际上，当使用适当的分子作为普通的涂层材料，就可以得到同样的效果时，为什么还要使用昂贵的、具有特定表面性质的纯净材料呢？

表面功能化如此容易是有代价的。表面与体相是不同的，即表面不是静止不变的。它们可以发展、变化、对环境做出反应。不饱和键或表面基团随着时间的推移，常常与大气中的一些分子反应，生成一层“钝化”层，可以保护表层以下的材料。在存在硫化物污染物的条件下，银质餐具会失去光泽，生成一层深色的硫化银薄膜，这就是一个钝化的例子。可以使用化学清洁剂抛光、去除这层薄膜。同样地，纯净的硅表面可以自发地与氧气反应，生成坚韧的氧化硅薄膜钝化层，改变了表面的一些性质，并使其反应活性降低（图 1.3）。

---

❶ 铁电性：铁电性或顺电性决定了材料中的电偶极子置于电场中后的响应方式。在铁电性的材料中，相同取向的电偶极子在其构成的区域中是有序排列的，而施加一个电场会使这样的区域取向，但是取消电场后其不能恢复到随机的状态，因此在材料中产生了残留极化。与之相反，在顺电性材料中，电偶极子不会形成取向的区域，只能在电场的作用下才能取向，取消电场后又恢复到随机的状态。

❷ 顺电性：见“铁电性”。

❸ 疏水性与超疏水性材料是非常热门的课题，因为它们是许多技术的基础，例如微观应用流体学，即研究操控微观渠道中的流体，从而可以用流体代替电子来进行计算。

尽管钝化和嫁接是非常有效的方法，但表面功能化不需要生成共价或配位性质的键。在大多数情况中，表面带有由不饱和键、表面基团的质子化或去质子化产生的电荷，如羟基去质子化变成阴离子，或者胺质子化变成阳离子。这样的电荷是可控的，可以定量测量的，且在许多方面得到应用。首先，利用静电（库仑）吸引作用，可以将带有正电荷的分子、团簇、高分子涂覆在带有负电荷的表面。通过在表面交替地沉积带电物质，可以重复此过程，生成多层结构。这种构建具有纳米级精度的功能化纳米层状结构的方法，稍后还会详细介绍［图 1.3 以及 CdSe 一章（第 5 章）］[4]。

那么在表面反应的竞争中，纳米材料究竟在哪里才显示出其真正的力量呢？正是因为其尺寸特点，纳米材料具有很大的比表面积，通常在 100 ～ 1000m^2/g 范围内 [5]。这意味着表面展示其广泛功能的任何现象都将会利用增大的表面积。例如，可以考虑纳米尺度的传感、催化作用或者两种纳米级固体之间的可控扩散反应。涂覆典型的一居室可能需要使用十几千克的体相材料，而数克纳米材料的表面积就足以覆盖同样的面积。在试图高灵敏度地检测一些分子，尽最大可能地加速化学反应，或者迅速、有效地驱动固态反应完成等方面，纳米材料显然具有很大的优势。

但是一些影响变得更深远。实际上，在体相材料中，表面功能化、嫁接和吸附仅仅影响到表面性质，而在纳米材料中，它们还会影响到体相的性质。因此硅纳米线的电传导性能会由于表面吸附了一些分子而受到影响。例如，可以制作很小的 pH 计或灯的开关，或以这种方式探测病原体或病毒 [6]。

纳米材料的另外一个违反直觉的方面是，纳米材料的表面会因为曲率不同而表现出非常不同的行为，不论其是凹面还是凸面。这是一个普遍的现象，但是纳米结构因为其微小的尺寸，本身就具有很大的表面曲率，所以一些影响是非常显著的。正如在图 1.3 中看到的一样，主要影响之一就是凹面的溶解性要小于凸面。可以尝试直观地解释这一现象。请看图 1.3 中的空心纳米晶体。现在从整个外表面中移取一些正方形，然后溶解该材料，使得表面积明显地减小，因此可以预期这种现象从能量上讲是有利的。再只从外表面平坦的部分取走一些正方形，此时无法确定表面积是否减小了，所以无法预期此种情况是有利的还是不利的。现在从内表面移取一些正方形，使得孔隙更大，可以得到更大的表面积。与上述两种情况比较，这是相对不利的，因而其溶解度更低。这就部分地解释了高度弯曲的表面的溶解度会得到改善的现象，并且引入了凹面的纳米级表面的概念，进而可以扩展到空心纳米结构和纳米孔材料。

尽管可能更习惯于将纳米化学看作是纳米固体的科学，但其却是一门重要的纳米空间的科学，该纳米空间可以是零维的（如实心的或空心的纳米晶体）、一维的（纳米纤维、纳米管或一些介孔材料）、二维的（层状体系）或三维的（如胶状晶体）。在接下来的章节中，将会学到化学家通过使用多孔材料获得的一些惊人的成果。现在可以尽情地想象，可以设想能够输送并且依照指令释放药物的空心纳米囊；还可以将功能化的多孔材料转化为传感器或储氢材料；或者用所选择的材料填塞多孔材料，然后除去孔形模具，留下纳米尺寸的复制品……不胜枚举。全世界的许多实验室已经开始实现这些想法，而且纳米空间存在着许许多多的可能性。

表面性质的影响并不止于此。它们不仅影响到表面下的纳米级固体，还影响到其与环境以及与其他表面的相互作用方式。这样的相互作用可以得到调节，从而获得自组装[7]。这里可以将自组装简略地定义为构造模块自发或定向地组装成具有一定功能的结构。

例如，表面电荷及其产生的吸引或排斥作用，可以用于自组装非常复杂的由纳米晶体组成的纳米结构[8,9]（图 1.4）。类似地，固定在纳米棒表面的分子之间的范德华力可以用于自组装具有各向异性的（即在与纳米棒的轴平行及垂直方向上的性质是不同的）拟液态晶体排列的纳米棒［图 1.4（b）］[10]。液态晶体中棒状分子排序与纳米棒排列之间的关系对于之后要讨论的应用广泛的纳米技术的含义是非常重要的，且对科研人员具有极大的吸引力。

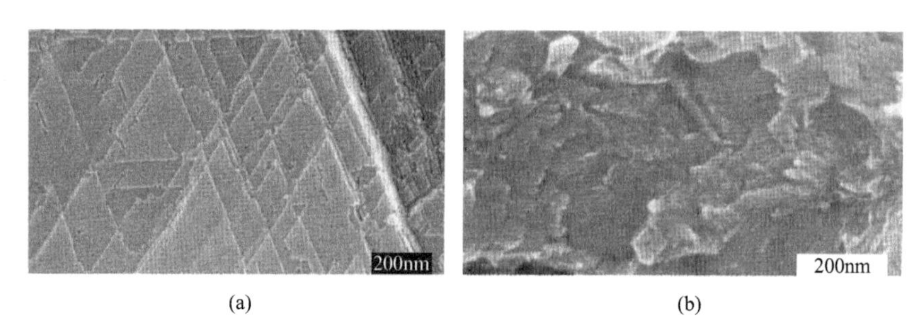

图 1.4　通过纳米晶体表面性质的调节实现其自组装的实例

(a) 硫化铅纳米晶体的超晶格的 SEM 照片[11]；(b) 硫化铋纳米棒的拟液态晶体排列的 SEM 照片[10]

1.3 尺寸几乎就是一切

当一个问题的所有解决方法似乎都失败的时候，就会开始问“为什么”？思维方式限制了能够更快地做出决定的思考范围。之所以如此是因为使用了假定，即假定一些概念是正确的，尽管没有确切的证据。但是科学不是关于相信什么的学问，而是关于如何接近真理的学问。所以科学家不得不与自然的本能作斗争，避免不加鉴别地接受假定。这样的趋势是很自然的，而且是相当容易上瘾的。假定可以消除人们的疑虑，保持人们的热情而不是迷惑，避免令人不愉快的无知。但是，因为隐藏了无知，也就阻止了探索及解决问题。这就是为什么应该记住，作为科学家的创新能力不应当完全由做了多少工作来决定（即使某项工作很优秀），而是由想象力、知识以及暂时忘记自以为知道的内容的能力来决定。可以引用爱因斯坦的一句名言来总结，即“每个人都知道什么不能做，直到出现了一个天真的、不懂得这个道理的人，并且做成了。”

通过本书的学习，将会看到纳米化学是一项多么好的基础训练，即可以学会如何超越假定，因为本书的主要内容均是基于纳米领域的突破。我们所了解的有关体相材料或分子的有充分根据的一些假定，在纳米领域常常是完全错误的。将要讨论的是物质和分子之间的中间区域，即两者之间以及涉及它们的传统学科之间的模糊的界面。

正如名称所表示的那样，纳米化学也是尺寸及长度范围在 10^{-9} ～ 10^{-6}m 之间的科学。但是，读者可能会问“在这个长度范围内有什么是很特别的吗？”这可以回溯到早期一些科学家认识到的许多介观现象就发生在该尺寸范围之内。介观是指“在中间”，而介观现象则是指出现在体相材料（经典的）与分子（量子的）之间的种种效应。在这个中间区域，一些物体变得“不同寻常”，即随着尺寸的变化，呈现出一种奇特的经典与量子行为的混合，预示了一个全新的、存在多种可能性的世界。众所周知，量子力学是违反直觉的。如果一种材料的宏观行为是受量子力学支配的，那将是多么奇怪呀？我们将列举几个这样的例子。

但是，纳米究竟多“大”或多“小”？可是大和小是不属于科学语言的。科学地讲，应该说纳米尺度在 1 ～ 1000nm 之间，即近似于 10 ～ 10000 个氢原子之间。如果 1m 与地球的圆周一样长，那么 1nm 就近似于拇指的长度（图 1.5）。但是，还是不应当认为纳米就是很小的物质。作为一名科学家应该知道，没有任何物质是“大”或“小”的，因为尺寸总是相对于某种物质的。一个纳米晶体相对于一个分子来说是巨大的，但相对于人类细胞来说却是微小的；一根单独的纳米线是不能用眼睛看到的，但是大量的纳米线平行组装则可以达到 $1cm^2$ 那么大。在下面内容中会看到，像“大”或“小”这样的字眼在纳米科学中是没有意义的，因为真正重要的是尺寸关系。爱因斯

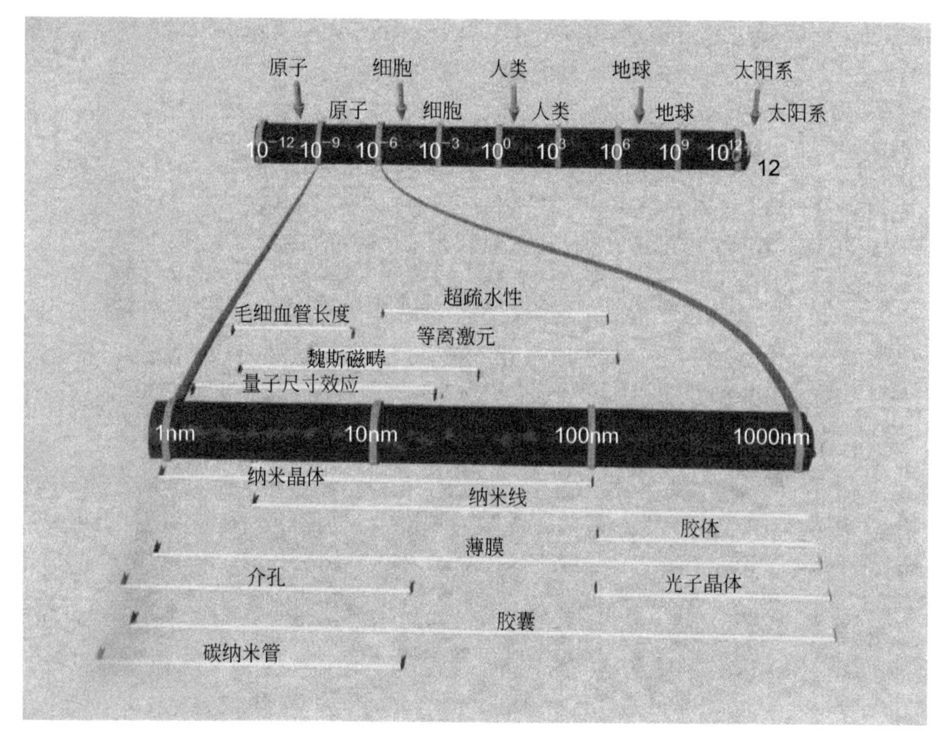

图 1.5　实物与尺寸的关系图

顶部标尺表示从 10^{-12}m 到 10^{12}m 的长度范围；底部标尺是纳米尺度区域的放大照片。在底部标尺的上面表示的是一些性质对应的长度范围，而在底部标尺的下面则显示出一些可以得到的纳米材料及其典型尺寸的范围

坦说过，时间是相对的，尺寸也是如此。

尺寸关系决定了与尺寸相关的效应。描述许多性质的一些关键参数往往都是与长度一起测量的，可以将其定义为特征长度（图 1.5 中的几个实例）。

当某种性质的特征长度变得与显示出该性质的材料的特征长度可比拟或是受到该性质的影响时，大多数介观现象就会出现。例如，固体中被激发的电子离开了其“母体”原子，但却保持在一定距离内围绕着该原子运动，该距离称为“激发子[1]玻尔半径”，其范围大致在 2 ～ 20nm 之间，这取决于不

[1] 激发子：由被激发离开所属原子的电子和剩下的正电荷（称为“空穴”）组成的实体；两者带有相反的电荷，互相吸引，形成一个大的类氢原子体系；事实上，其与氢原子的体系是如此相似，也具有能级、玻尔半径（激发子的玻尔半径），以及如氢原子中那样标记的轨道；与氢原子的主要区别是，激发子只具有有限的寿命（在 10^{-9} ～ 10^{-6}s 之间），且它们通过重新组合可以产生热或光。

同的材料。当材料的实际尺寸变得小于这个距离或与之相差无几时，这些电子就会开始表现异常，进而影响到整个电子结构以及半导体的电学和光学性质，正如之后会看到的那样[12]。

铁磁性（永久磁性）是通过“外斯（Weiss）磁畴”表现其特征的，其中与未成对电子自旋相关的磁偶极子的取向是一致的。这些磁畴的尺寸也是纳米尺度的（通常是 10 ～ 50nm）。当制造类似尺寸或更小尺寸的铁磁性材料时，材料的磁序会发生巨大的变化，变成所谓的巨顺磁性或“超顺磁性”。铁电体材料基本是应用于电场的铁磁性材料的类似物（它们被极化后具有剩余电场），也遵循相似的规则。

因此，可以将先前段落的内容概括为，体相材料的特性工作原理来源于这样的事实，即体相材料要比这些特性的特征长度大得多。当这种情况不再如此，纳米科学就出现了。

如果将一种材料想象成一块上面绘有某种性质的油画布，就能够将这种二分法转化成更熟悉的术语，即这种性质的“长度尺度”可以用画笔笔触的尺寸来表示。如果油画布比画笔的笔触大许多，就看不见画笔的笔触，只会看到一个莱昂纳多的画作。但是，如果油画布在尺寸上与画笔的笔触是可比拟的，就会看到一幅完全不同的画作，其外观就会受到画笔笔触性质与形状的直接影响，就像在梵高的画作中看到的那样。换言之，如果体相材料是莱昂纳多的画作，那么纳米材料就是梵高的画作。

尺寸达到纳米的时候，可以做如下思考：在考虑一种性质或一种现象时，应该能够确定其特征长度。而这样的长度常常存在于纳米尺度，因此在纳米材料中，这种性质或现象就可以得到改变。

尺寸效应比上述内容更加有趣，但它们不是一种“开 - 关”类的东西。它们是平滑地与尺寸相关的。每个临界值以下的尺寸对应着一种不同的、由尺寸规律确定性质的纳米材料。以金为例，当其减小至纳米尺度时，就会从非常熟悉的具有金属光泽的金，转变为随着尺寸的持续减小而呈现出不同颜色的金。这种现象在公元前 4 ～ 5 世纪的埃及和中国就被用来制作彩色的陶瓷制品，但是直到 150 年前，从法拉第开始，才完全知晓了其中的道理[13]。因为在此之前，仅仅知道一种单一的、以体相材料形式存在的金及其具有的相应的化学和物理性质，而现在则有了一个完整的金的化学与物理性质的调色板，因而形成一类无穷多的金纳米材料，其中不同的金纳米材料具有不同的尺寸范围。现在可以想象，调整这样一个无穷的金纳米材料库的功能与用途将会有多么巨大的机遇。虽然改变一种材料的颜色听起来是很愚蠢的，特别是考虑到媒体对纳米技术的报道，但是这个简单的发现却是此前所提到的正在测试的全新一代的癌症治疗与生物分子检测平台的基础。

纳米技术革命之一就是，在可能的情况下，通过纳米化学，将所有已知材料减小至其原有性质的长度范围以下。借此基本上可以“重建体相材料的周期表”，包括已知的以及未知的无穷多的体相材料。由这些材料产生的纳米材料具有相同的组成，但却具有不同的性质与功能，因而提供了创建一类崭新的纳米技术与纳米材料应用的无限机遇。

1.4 形状

纳米科学中总是（至少）有两种方法来“看”一个概念或一个问题：从外到里和从里到外的方法[1]。用前一种方法考虑纳米尺度问题时，是在宏观尺度下想象。如塞进微观孔道中的纳米晶体可以“看”作掉进洞里的高尔夫球，纳米线的网状物可以“看”作蜘蛛网，六边形密集堆积的纳米孔道阵列类似于蜂箱中的蜂巢。

通过这种方法可以依据对宏观世界的感觉和经验得出结论，不会迷失在许多不熟悉的微观细节中。能够以置身其中的方式，在脑海中思考一个问题或一个现象，这就消除了那些使直觉变得比较困难的长度尺度的障碍。如果将一根纳米棒想象为一根 1m 长的棒状物，尝试预测其行为往往就变得比较容易。

虽然会因为许多纳米材料表现得如此“宏观”而感到惊讶，但这种方法对于真正了解纳米科学问题显然是不够的。然而，对于如何在脑海中构建一种现象的模型，且没有被其复杂性所难住，这种方法是非常有价值的引导。一旦能够在脑海中“看”到一个过程的模型，就可以更容易地形成假设。整个研究过程需要一个内在的逻辑，因为假设需要检验，推论需要验证，以便控制实验的进行。

细节可能会使整个初始模型发生改变。通向真理的道路变成了从一个近似到另一个近似的一系列跳跃，且还会受到一系列假设的失败所带来的刺激。但是，这正是研究工作的魅力与挑战所在，而且这也是为什么必须保持灵活性，且不能变得依附于对事物最初的“了解”（不幸的是，像我们这样的科学家，作为一种职业习惯，都倾向于这样做）。必须开放思维，且总是

[1] 从外到里的方法：通过将一个纳米尺度变化的过程想象为一个熟悉的宏观过程的转化，对其行为进行推测。从里到外的方法：对一种材料的行为在最广泛的、可能的细节了解的基础上，建立一种认识。

提醒自己所了解的还远远不够，因为只有这样才会越来越接近真理，才能成为一名科学家。

在其他一些情况下，这种现象是不能用宏观术语来解释的。这通常是当一个或多个性质发生了巨大的改变以压倒其宏观行为时。一个实例就是纳米级物体在流体中的移动，这是近期纳米科学中一个非常热门的课题。在这样长度尺度下黏性的影响与在宏观世界中所发现的是如此不同，很难用一种明确的直觉来表示。通过机载催化反应在水中推进的纳米棒[14,15]就像是你在糖浆中游泳，现在就不同了。像这样的情况，可能就不得不采用从里到外的方法，即由问题的内部找到出路，从最微小的细节得到最全的图像。这通常是一个痛苦的过程，因为每一件事情从一开始时就需要考虑和衡量，以便在普遍行为的基础上得到一些推论。

在考虑形状的概念时，就可以理解这两种方法了。形状对于之前讨论的与尺寸相关的性质具有深远和敏感的影响，而且还常常以直接的方式，强烈地影响到纳米尺寸物体的“宏观类似物”行为。原因就是形状是由尺寸不变的概念确定的，这些概念的作用与体系的特征尺寸无关。

形状和尺寸之间的关系是存在的，但它是相对值的结果，而不是绝对测量值的结果。例如，一根棒之所以具有棒的形状，是因为按照长径比测量，其在一个方向上的尺寸要大于其他两个方向上的尺寸。这就是形状为什么以及如何影响与尺寸相关的性质的。这就允许给出其方向性。例如，像金这样的纳米级金属的颜色是由导电的电子“海”能够发生振荡（这样的振荡称为等离激元）的频率决定的。球形的纳米级金（各向同性的，即每个方向的性质是相同的）通常是红色的，因为导电的电子具有一个单一的共振频率，导致了在波长约 520nm 处对光的显著吸收。如果纳米金是棒状的（各向异性的），就会有两个不同的频率（横向的和纵向的），因为它有两个不同的尺寸：直径和长度（图 1.6）。其影响就是金纳米棒的颜色是非同寻常的，因为其中一个频率（纵向的）能够通过改变纳米棒的长径比而被调节至红外区域。

由尺寸不变效应决定的形状主要与该物体和其他物体之间如何相互作用有关。例如，两个齿轮可以安装在一起，发挥一种“几何的”和动力的功能，即转矩的传送。但是一个齿轮和一个磁盘之间就不可能如此了。锁与钥匙的结构就是一个很清楚的与尺寸无关的、形状驱动的、以几何结构为基础发挥功能的例子（图 1.6）。它最初是在分子世界中发展起来的，当时从自然现象中了解到，酶所需的选择性和效率也可通过使其活性位点的几何形状来适应

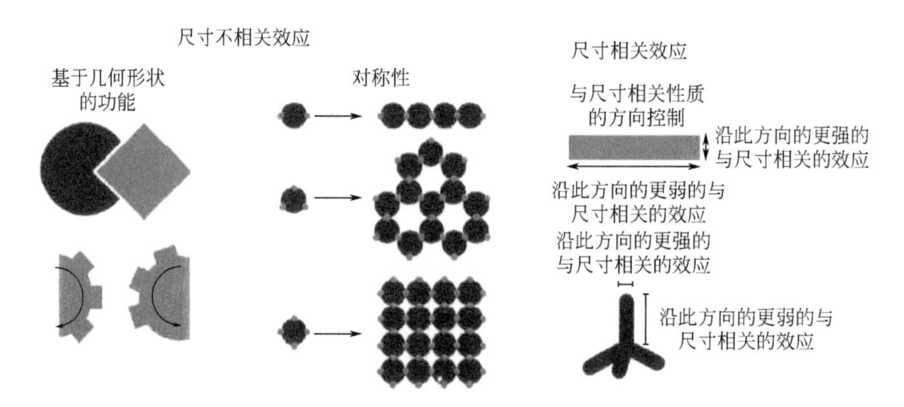

图 1.6 形状对功能影响的示意图

一直试图尽可能地保持普遍性与概念性，以便在这里包括尽可能多的例子

底物分子实现。人类在几百年后，才独立地发现了同一概念，然后用其来给小偷制造麻烦。

当几何结构具有对称性时，一些物体就变得非常有趣。对称性可以简单地定义为一个物体具有这样一种性质，即通过一组刚性的几何结构变化仍然不会改变其表观形貌，如立方体可以被旋转 90°而不会改变其外形。具体到纳米科学，发现除了对许多物理和量化性质产生不明显的影响外，对称性通常会诱导和决定自组装的周期性（图 1.6）。例如，假定需要一个连接在一起的纳米晶体链，即一个一维的周期性体系。所需要做的就是将纳米晶体仅仅在相反的两端连接起来，这是一个双重对称的例子[16]。如果想要纳米晶体生成一个二维的正方形晶格，就需要将一个平面上的互为 90°的 4 个点的纳米晶体连接起来，这是一个四重对称的实例（图 1.6）。现在已经看到了如何从周期性过渡到对称性，也可以反其道而行之。例如，如果在一个自组装体系中发现了一定的周期性，通常还能发现在其构造模块或形成自组装的驱动力中会存在着一种固有的对称性。可以再回顾图 1.4：图 1.4（a）显示了由纳米晶体形成的漂亮的超晶格，它们采取这种方式堆积（一种称为面心立方的晶格，或简写为 fcc）的原因就是颗粒大致是球形的，一个与形状相关的问题；而多分散性则是与尺寸相关的问题，主要决定周期性断裂的平均距离。图 1.4（b）展示了厚度相当均匀的纳米棒近似于互相平行地堆积在一起，这同样也是由其形状决定的。纳米晶体的自组装体是各向同性的，而纳米棒的自组装体则是各向异性的。由此可见，纳米级的构造模块的自组装主要受到其表面、形状和尺寸均匀性的影响，但还没有开始讨论自组装。

当构造模块自发地组装在一起的时候，其形状通常决定了生成的结构，实际上形状决定了彼此之间相互作用的方向性。例如，如果两个纳米棒的表面之间有很强的吸引力，它们就不会选择在棒端接触，而是倾向于并排排列，以使这种相互吸引作用最大化，这就是表面驱动效应。但是通过创造性的表面功能化化学，有可能迫使纳米棒生成末端相连的线型结构[17]。

最后，不论是在宏观还是纳米材料世界，人们必须想出一种合成方法，可以用来针对具有特定形状的特定成分。在过去的几年，纳米化学家已经学会了如何相当好地玩“形状游戏”，可以看到许多例子。通过成核❶与生长的化学指令，可以使得控制包括多种长度尺度的材料的形状成为可能。不同于想象的形状控制（如雕塑家运用的方法），化学家喜欢依靠化学作用力使材料“服从”，以一种特定的形状生长；还可以使用有效的化学方法来增加特定晶面（即沿着相对于其他晶面的特殊的结晶方向）的生长速率，从而剪裁成所希望得到的形状。这种水平的控制产生了纳米晶体形状的多样性。

总而言之，我们的建议是至少在涉及功能时，应该想到形状，作为一名工程师也应当考虑将其作为一种可以创造具有某种性质的结构的工具。本书将介绍几何结构 - 性质 - 功能相互关联的某些方面以及合成不同形状物质的化学方法。正如前人所说，形状是（纳米）材料世界中的一切，所以准备好塑造纳米物质吧。

1.5 自组装

前文已经介绍了构造模块的基本特征，即尺寸、表面和形状，下面就可以拓宽想象了，然后看如何能够在更大的范围内使用这些概念。现在是考虑结构、蓝图、建造、组装、组织的时候了，也是考虑有关构造的“小”与“大”的时候了。

近年来科学范式的转变之一与我们对自然的态度有关。在伽利略和拉普拉斯时代，自然是需要了解的某种事物；在爱因斯坦和法拉第时代，自然是需要控制的某种事物；在我们的时代，自然正在逐渐地成为需要学习的

❶ 成核：在大多数纳米材料形成的初期生成的不同的相，称为成核。例如，在水结冰的过程中，并不是立刻生成冰的；有时可以使水温低于冰点以下，但并没有形成冰（如瀑布）；只有生成足够稳定的晶核，即这些晶核都需要大得足以形成热力学稳定的冰的颗粒，才会生成冰；这种初始相即称为成核；其后生成的相就是其余材料在稳定的晶核的顶端（外围）生长的。

某种事物。人类开始逐渐地认识到，以人类为中心的目标与其生存不一定是相容的。我们逐渐意识到，实际上在每一个事例中，自然都要比我们“更聪明”或做得更好。

针对这种范式转变的结果，科学领域出现了一种新的视野：自组装。这是一种基于模仿发生在自然中的“所有”长度范围内的自组织现象的想法，一种设计能够自发地组装成具有某种功能结构的构造模块的想法。这种概念的普遍性是使人震惊的，尽管带来了许多问题。为什么对自组装如此着迷？在其中真正寻找的又是什么？

大多数人对生长中的生物有一种先天的爱，自然发展的奇迹是无可争辩的。尽管生物化学家可能习惯于使用自组装，化学家也可能将其作为解决问题的途径，但自组装通常是与无生命的物质有关，且可以满足一些特殊的需要。

除了其哲学的相关性，自组装是一个很难明确定义的概念[7]。在平衡态或没有外力时，自组装可以进行至由其构造模块决定的能量的最小值，然后固定并且静止下来。在非平衡态或存在外力、外场时，可以观察到动态的自组装，其能量也是趋于最小化，因此生成的结构取决于注入系统的能量的多少，一旦停止提供能量，系统就会崩溃。这些结构是有适应能力的，即结构能够发生变化以适应新的环境。人体就是一个极其复杂的动态自组装系统的很好的例子：食物、氧气、热量是保持身体处于良好工作条件所必需的能量来源，当这些来源停止供应时，系统就会“分解”（图 1.7）。

这两类不同的自组装具有不同的目标。静态的自组装通常倾向于生成一种具有所预想的某种性质的复杂结构，如用于传感的大的表面积、用于保护性涂层的高强度、用于光学镀层的介电常数、用于热电学的低热导率、用于电子纸的机械柔韧性等。正如前面章节所写的那样，最初可以将一个纳米结构想象为宏观世界中的一个能够“自动建造”的建筑物。请记住像表面积、空隙（孔隙）、结构强度（机械性质）、表面化学（电荷、官能团）等概念。于是就可以发现所需要的最小的构造模块，然后试着找到一种将其自组装为所需要结构的方法。要想成为一名具有创造力的“建筑师”，就要大胆地假设，玩转纳米。

纳米化学是与客观实物有关的，而且正因为如此，通过学习纳米化学就有可能成为这些客观实物的工程师。将它们想象为砖块和水泥，然后找到一种方法，借助自然之力来完成将其自组装到一起的艰苦工作。

图 1.7 显示的几种自组装之间的边界是有意使其模糊不清的，以便强调

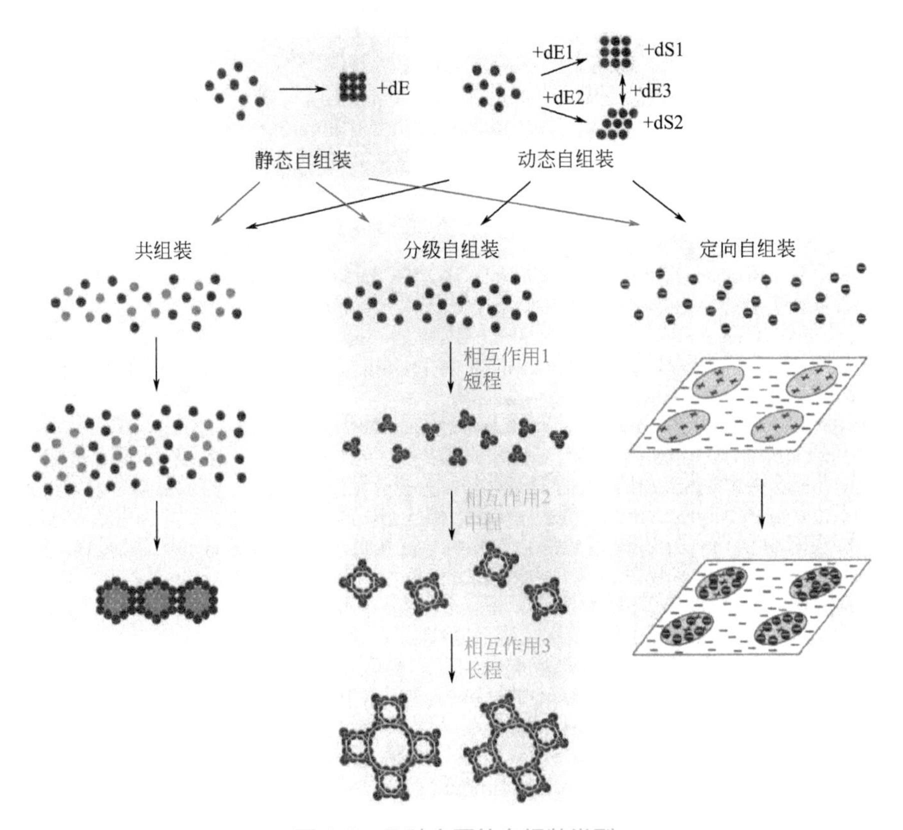

图 1.7 几种主要的自组装类型

这种分类存在着不可避免的缺陷。位于该图（这些图得到了西北大学 Bartosz Gtzybowsky 课题组工作的启发）顶部的是本书中讨论的两种主要的自组装（静态的和动态的）方法。自组装可以进一步细分为共自组装、分级自组装和定向自组装。这三种亚类有相当大的交集，通过分级共自组装或分级定向自组装可以获得一些不同的体系。共自组装通常定义为这样一种自组装，即两种或更多种不同的组分同时并相互依赖地自组装生成一个复杂的结构，其中两种成分通常是分开的，不是完全混合的。正如本书中解释的那样，分级自组装是基本构造模块首先自组装为由短程作用力保持的初级结构，这样的初级结构之后又成为自组装生成的二级结构的构造模块，这种二级结构是由不同的、更长距离的作用力而保持的。该过程自身可以重复，直至达到最高级别的分级结构。自然可以轻松地创建分级结构，最多可以达到具有七种不同分级水平的结构。相反地，定向自组装则是使用由人类创建和控制的外力来引导基本构造模块的自组装。图 1.7 中显示了在负电荷的海洋中，使用由带有正表面电荷的岛屿构成的图案的表面，如何将带负电荷的构造模块引导到正电荷区域进行自组装。具有 10、20 或 30 个空隙的多孔材料也可以引导构造模块组装为一种复合结构，称为主 - 客体内含物，稍后有更多的解释（图 1.8）。

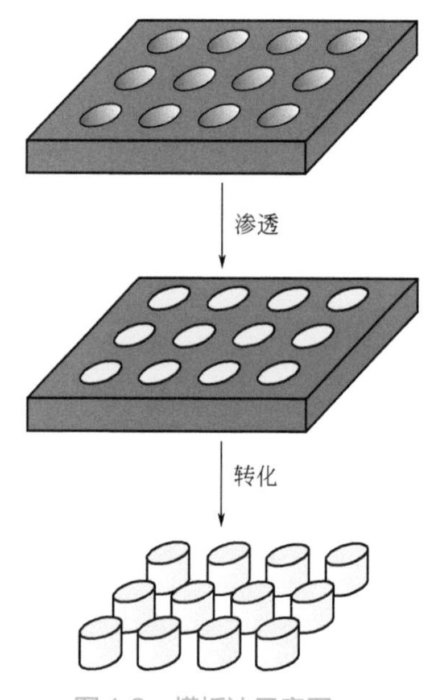

图 1.8　模板法示意图

首先制得有孔的模板，然后使选择的材料（溶胶 - 凝胶母体，分子，高分子，纳米晶体，纳米棒，纳米线等）渗入这些孔中，再选择性地溶解掉模板，留下了由渗入孔内的选择材料所组成的相反的结构

通过借助自然的力量和大量的智慧，可以实现静态自组装，其通常被视为一种廉价的制造复杂结构的方法。现在，只将它看作是一种比其他制造方法更廉价的方法，真的是不公平的，因为与任何其他制造方法相比，自组装能够制造出极为复杂的结构。至少到现在为止，所熟知的自上而下[1]的大多数纳米制造技术从类型来说都是平面的，而自组装则可以轻易地形成三维结构。与已建立的纳米制造技术相比，自组装的缺点是其通常会存在着固有的、不需要的缺陷，即自组装生成的结构从来都是不完美的。这就是为什么必须记住，从自组装结构中寻求功能必须能够容忍缺陷。这是近来一个相当

[1] 自上而下及自下而上是纳米化学家中非常流行的两种术语。自下而上过程是从最小的组分出发，从头开始组装想要得到的结构。自上而下的方法则是从一大块材料开始，将其切割、修剪，直到得到纳米级结构。通常自下而上的方法是与化学及合成相关的，而自上而下的方法则是与物理过程及技术相关的，如气相沉积和平版印刷术。

流行的概念，从容错计算机到纳米光子晶体电路，都是如此。想想人类的身体，当遇到一个毛病时，它将努力去纠正、隔离，或者适应。新一代的纳米技术支持的器件也需要类似的灵活性。

有时自发的自组装是不容易发生的，于是化学家又发展了一种强有力的方法来制造复杂结构——铸造，或者用材料化学的术语来说是制模，如图1.8所示。雕塑家们几百年前就在使用这项技术了，只不过是在完全不同的长度尺度罢了。可以找到一个有洞的模板（一个模具），然后用材料填满它。使材料固化，然后除去模板。所得到的就是与模具相反的结构。由黏土模板铸造青铜雕塑的过程就是制模成型的一个例子。有时模板本身就是一种自组装材料，因而会使得一些事情变得非常有趣。

相反，动态自组装关注的是一些非常不同和更有意义的事情。它所瞄准的是发展具有适应能力的体系，即这些体系可以适应环境，可以学习，甚至可以通过取消能量输入来“关闭”体系。

现在比较认真地考虑这些含义。设想有一个可以通过某些改变来认知环境的体系。再设想这样的体系的潜能，如去解决一些问题。如果这些化学机器可以通过“学习”自身的环境而学会一些事情，那么就能够从它们所学到的事情中学到一些内容。我们可以拥有这样一个体系，在该体系中可以进行自然选择，以至于只有那些最好的结构得以保持和复制。不需要经过难以置信的复杂的数字计算，只需要足够的时间，就可以建立能够帮助找到解决办法的自然体系。

这一愿景是由我们希望让机器来帮助学习的愿望所驱动的，实际上，它是学习自然是如何从失败及错误中汲取教训的，以便我们了解如何更好地处理错误，这是非常必要的品质。一些人可能玩过某些视频游戏，可以“看见”和“指挥”一个开放的体系。如果在现实世界也能这样做，但是没有引号，结果又会怎样？

当我们写作的时候，还仅仅只是想象，并且也没有达到那种水平。但是科学正是追求想象，绝不仅仅是解决问题。尽管读者可能更喜欢解决问题，当您在追求一种想象的时候，肯定会发现许多新事物。

读者可能在想这真的是相当令人惊异的，然而自组装最终仅仅只是一个工具。自然利用自组装从一个阶段发展到下一个阶段。自然能够同时在许多不同长度尺度范围内进行自组装，产生不同的称之为“分级”的结构。但不应当将这个名词与在大多数有组织的社团中，包括大学，发现的常常令人不愉快的分级制度联系到一起。纳米化学中的分级意味着物质以不同长度尺度组织在一起，形成一个完整的体系，既有可能是化学体系，也有可能是物理或者生物体系。构造模块自组装形成初级结构，该初级结构又成为二级结构的构造模块，以此类推，直至自组装达到分级的最高级别。不同级别的自组装是由不同的力驱动的，且该驱动力可以在更大的长度尺度下起作用（图 1.7）。

为什么自然能够做到呢？这很难回答。但是我们认为，自然不得不采用相同的构造模块，在许多不同的长度尺度范围内，创造出不同的结构。自然就是如此吝啬，最小的构造模块可以组装形成一个初级结构。然后这些初级结构利用不同的作用力，开始相互作用，自组装形成二级结构等。因此这些结构中的每一种结构都是使用不同的作用力，在不同的长度尺度范围内组装的（图 1.7）。最后的结果常常是具有非凡性质的有序材料。一个典型例子就是氨基酸初级模块，该模块自组装形成蛋白质高分子的二级结构，该二级结构又形成双螺旋的三级结构，该三级结构折叠形成分级结构中的最高级别——四级结构。吝啬的自然可能发现这种方法是很实际的，因为可以从非常小的且结构确定的分子构造模块来组装非常复杂和庞大的结构。自然还会允许与不同尺寸和形状相关的性质出现在同一种结构中。例如，同一种结构在特定长度尺度范围内可能是纤维状的，但是在另一个长度尺度范围内则有可能是多孔或者层状材料。

为什么我们不能够做到这些呢？答案很简单——分级体系很难设计。目前还没有完全了解形成初级结构的过程以及这些结构能够在不同级别自发地进行组装的原因。这可能就是读者为之做出贡献的重要任务之一。

为了制备一些更有趣和更复杂的物质，可以想象使用不同种类的构造模块共同组装成一个结构。这样的共组装体系通常由 2 种或 2 种以上成分组成，它们在协同作用下驱动各自的自组装，形成更复杂的结构（图 1.7）。例如，Utrecht 大学[18]、IBM[8] 和 Northwestern 大学[9] 的一些有才华的同行已经证明，通过调整所用构造模块的表面性质以及相对尺寸和形状，可以使用不同的纳米晶体和胶体共组装生成具有相同对称性的混合物，即不同的原子可以组装生成标准原子晶体的类似物（图 1.9）。

对这样的纳米结构组装的兴趣是：大多数情况下，纳米结构之间的距离小到什么程度时才会影响到与尺寸相关的性质？对于原子，其轨道的重叠产生分子轨道；在纳米结构组装中，与尺寸相关的性质随着原子之间相互距离的改变而逐渐改变。而且纳米化学家通过调整表面功能化，已经能够将纳米结构之间的距离有效控制到埃（Å，$1Å=10^{-10}m$）的数量级。

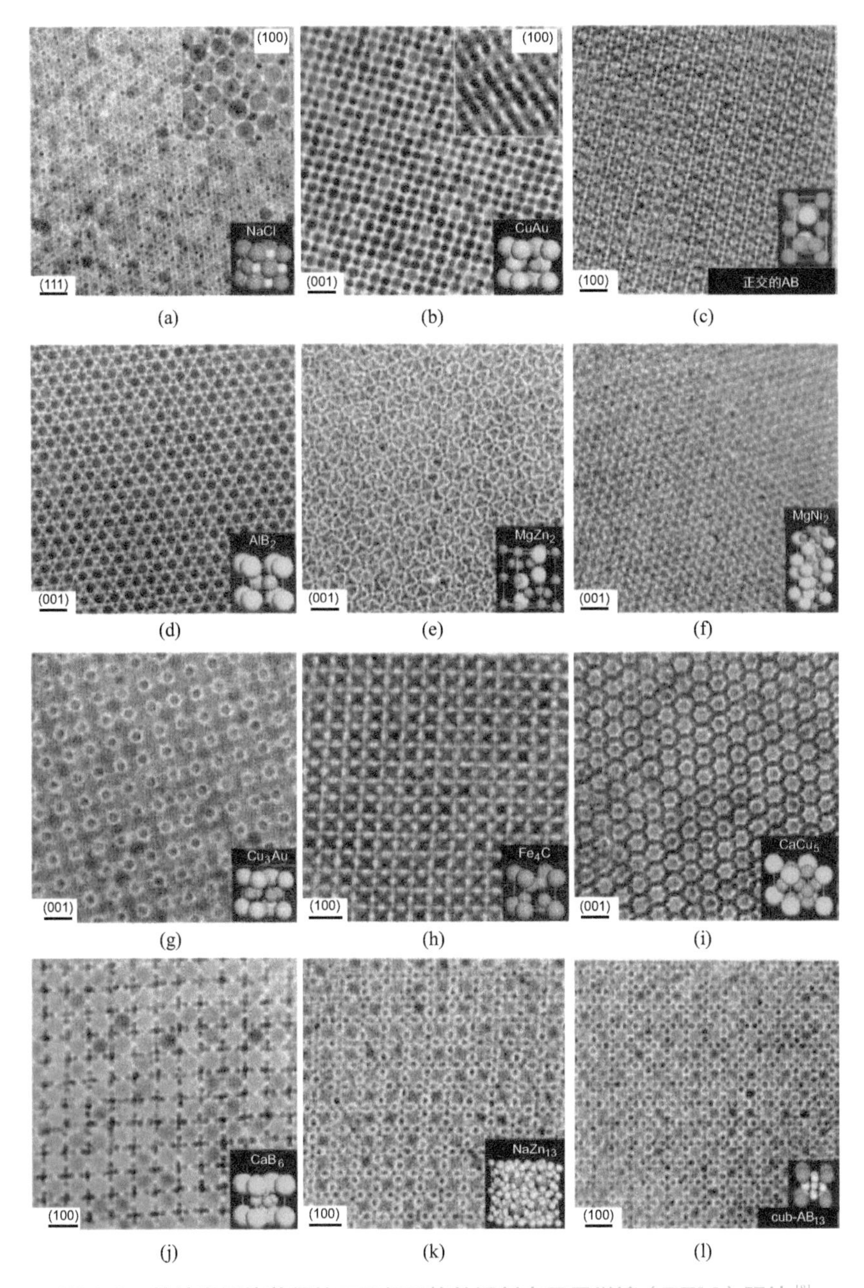

图 1.9　从纳米晶体获得的二元超晶格的透射电子显微镜（TEM）照片[8]

在每个插图中均可以发现标准原子晶体的类似物。这些二元超晶格❶是由组成、性质和功能均不同的纳米晶体组成的。其性质集成在一个单一、有序的材料中是一个引人注目的成就[8]

❶ 二元超晶格：由两种不同的纳米晶体构成的有序的晶体点阵，能够显示出为人所熟知的二元原子晶格的相同的对称性。

考虑性质是由于偶合作用才发生了改变，就得到了一个如何很好地应用边界条件设想的例子。请看一下这个很有说服力的例子。已知没有相互作用的纳米材料具有与常规材料不同的特性。可以将许多这样的纳米材料放在一起，并且知道随着它们彼此之间距离的变化，其性质也会发生改变。现在，非常关键的一步，就是依据边界问题，可以自问："如果间距是如此的小，以至于等于零，那将会发生什么呢？"显然此时将不再有纳米材料，而是一个宏观的块状材料，其行为类似于常规材料。在这两种极端情况之间，应当有一个平缓的过渡，因为自然不喜欢有一个急剧的过渡（请记住此前说过的界面）。界面内部的偶合是纳米物质的一种有趣的性质，其性质介于纳米材料与块状材料之间，并且依赖于纳米材料组分之间的偶合强度以及它们彼此之间的排列方式。这种偶合是与距离相关的，如上所述，该距离可以控制在埃的数量级，而且是可调的。有了可调的偶合，就可以得到可调的性质，就会有可调的器件。

上述例子说明两点。首先，纳米材料构造模块之间的偶合通常产生介于纳米材料和块状材料之间的性质；其次，在预测一个变化的影响时，最好先设想该变化在其极限情况下的结果，因为在极限情况下的预测通常都是简单明了的。尽管"边界条件设想"并不总是正确的，但在大多数情况下它们给出了一些很好的线索。如果发现一些事情与预测结果相差很大，就有可能发现一些非常有趣的事情。

至此，读者可能想知道，化学家是如何设法控制自组装过程的。主要遵循两种哲学思想来获得复杂的自组装行为。第一种，也是最精彩的观点，认为组装应当是完全自发的，而且最终结构必须是完全由构造模块的特性所决定的，有点像人类，由按照一种模板自组装生成的氨基酸组成：构造模块为DNA，又称生命编码。第二种观点认为自组装也可以通过使用外力来引导生成一种特定的结构，如此前提到的那样。第一种观点是简洁的，而且其方法正是自然所采用的自组装方法。目前纳米化学家还不能如此高效地控制构造模块，尽管已经迈出了令人鼓舞的一步。而第二种观点是"导向自组装"的一种，确实是比较普遍的。例如，可以利用液体流动使纳米线自组装成为平行线；或者可以将带负电荷的颗粒沉积在一个表面上特定的点，前提是可以先选择性地将正电荷放在这些点上（图 1.7）。可以看到在纳米化学中，大部分自组装过程确实是被化学家操纵、引导的。

在此要提醒读者，自组装不仅仅是一种纳米尺度的现象。自组装借助于不同的驱动力，可以发生在每一个长度尺度下[7,19]。人们可以看到，宇宙就是在重力作用下的一个自组装体系。纳米自组装的特殊的实用性在于能够在纳米尺度使用各种各样的化学与物理的力来引发并驱动自组装。另外，纳米级操作还是原始的，然而似乎依然是不切实际的，所以自组装代表了一个由纳米级构造模块创造不同结构的非常吸引人的途径。

科学界已经开始进行有关自组装的研究，而且对于每一位想在这方面做出贡献的科研人员都还有足够的发展空间。每一个人都可以感觉到，一些令人惊异的事物就在前面，在一个未知的地方，偶然发现的每一件事物都将是新奇的。

1.6 关于缺陷的两个名词

到目前为止，已经给出了这样的印象，并且是一个错误的印象，即纳米结构可能在某种程度上是完美的。但是没有任何材料是完美的。

曾经提到晶体是由位于具有平移周期性的晶格的原子构成的，因此这些原子的位置是完全确定的。可是，事实并非如此。实际上原子可以是缺失的（空穴）、错位的或被取代的（杂质）。因为这些变化仅仅涉及单一种类的原子，所以将其统称为点缺陷。

这样的缺陷可以使固体增加或减少电子，因此通过一个称为“掺杂”的过程，可以改变固体的电子和光学性质。硅在缺电子和多电子区域的可控掺杂（分别称为 p- 掺杂和 n- 掺杂）是现代电子学的核心内容。为了使器件具有某些功能，百万分之几的掺杂就足以了，但这里不想就掺杂剂讨论太多。但是，如何控制将硼掺杂到由 1000 个原子构成的硅纳米晶体中？现在可以看到，在试图掺杂一些纳米材料来控制其性质和功能时，遇到了一些合成方面的挑战。

除了点缺陷，还存在着线缺陷，即晶格中的一整行原子都错位了（位错）。这样的位错是金属机械性质的基础，因为位错的移动对应于塑性形变。

缺陷甚至可以从一维扩展到二维，即整个平面的原子都缺失或错位了（堆垛层错）。

因为大多数物质并不是由一种单晶构成的，所以在不同种类的晶粒之间是存在界面的。这样的界面称为晶粒边界，并且是产生材料许多其他性质的原因（如离子传导、扩散、力学性质等）。实际上，一种所谓完美的单晶常常是组成整个晶体的更小单晶的镶嵌体，因而彼此之间的排列并不是很完美的。这种现象称为镶嵌。

这些缺陷之间也可以相互作用。它们可以结合成缺陷簇，一种具有确定形状的缺陷的自组装，且隐藏于母体晶格中。晶格中的杂质也可以阻止出现位错，并限制它们的移动，从而使材料更坚硬。这就是增强合金力学性能的基本原理。

一个更普遍的问题就是，由于缺陷是如此广泛，所以材料的组成也会受到影响。当学习化学的时候，习惯于认为精制食盐是 NaCl，因此对应每一个 Cl 原子，一定会有一个 Na 原子，这就是化学计量比，也是许多非化学人士（包括一些化学家）憎恶化学的原因。然而，一种固体完美的化学计量比只是一个近似值，因为所有材料的物相在一个“相当大”的组成范围内都是稳定的（很可能 1%）。这样的非化学计量比是一个绝对普遍的现象，并且是许多热门材料，如透明导体、多相催化剂、陶瓷超导体等的基础。

除了缺陷的普遍重要性外，纳米结构中缺陷的特殊实用性就是其表面常常被看作一种缺陷。请看下面的例子。热电学涉及这样一类器件，即当其置于存在温度梯度的环境中时，能够产生电压，反之亦然。当向此类器件施加一个电压时，该类器件就会产生一个温度梯度。这就非常有可能使一种完全无用的能量（热）转化为一种可用形式的能量（电压）。可以想象给汽车引擎（产生令人讨厌的热量）装上这样的器件，从而将废热转化为电压，就可以为车内照明提供电源，非常节省能量。

目前热电学的问题就是器件的效率非常低。其原因就是它们需要由导热非常慢但导电性又非常好的材料来构成。这是一个有点令人头疼的问题，因为构成电流的电子也是导热的。热传递的其他贡献来源于声子，基本上是原子在晶格中的量子振动。如果晶格是完美的，该振动就能够很好地传播；但是，当晶格中有缺陷存在时，该振动就会被散射。缺陷可以是空穴、位错、晶粒边界表面等。

纳米材料很自然地被赋予了如此大的表面，以至于其热导率非常低。声子得到连续不断的散射，使得其到达器件另一侧变得相当困难，非常像游泳池中的一个球。相反，电子的传导率却不会受到如此巨大的影响，因为电子能够比声子更有效地跃过界面。至此，上述问题就可以解决了。缓慢的热传导、快速的电子传导，正是完美的热电器件所需要的，也许只需要数年的时间就可以实现这一目标。

纳米材料很大的表面积对缺陷的另一个影响就是化学计量比。例如，一个 5nm 的 PbS 纳米晶体，其表面上主要是 Pb 原子。这样的纳米晶体是很容易得到的，稍后再加以解释。对于一个 5nm 的晶体，因为晶体表面的原子占了全部原子的一半，这意味着纳米材料的化学计量比与 Pb_1S_1 将是非常不同的，在某种程度上更像 $Pb_{1.15}S_{0.85}$。非化学计量比是材料的一种普遍情况，但是对于纳米材料却是尤其确定和显著的。

其他种类的缺陷，像空穴或者杂质，在纳米材料内部反而是很少见的。由于纳米结构的高表面能，所以点缺陷通常会被分散到表面，以便减小表面能。这意味着纳米晶体通常是无点缺陷或杂质的。

综上所述，正如在体相材料或者任何其他的生命物质中，纳米材料中的缺陷也是必须要记住的，因为它们是普遍存在的。一些缺陷可以通过控制纳米材料的生长条件（升高温度和 / 或降低生长速度）来消除，而一些其他的缺陷却是固有的，所以它们是体系热力学平衡的一部分。

但是，谁说材料或者纳米材料需要处于热力学平衡状态才能存在？尽管亚稳态材料是物质的热力学不稳定相，但是它们可以存在数个世纪，因为它们的稳定性是由动力学决定的，即由它们转化为热力学稳定相的速率决定的。一个非常普通的例子就是玻璃，但是这有点偏离主题，因此不做详细介绍。

1.7 生物-纳米的交集

如果读者是一个生物化学家，在阅读了前面的内容后，可能会问："那又怎样？"可能已经知道系统并没有显示出与尺寸相关的行为，所以想知道为什么还要阅读这份资料；为什么要阅读关于纳米晶体和纳米线的内容；生物系统是如此的复杂与优秀，而且它们不需要流一滴汗就可以进行自组装，为什么要关注无生命的、冰冷的物质呢？

如果告诉读者，可以制备一种能够分散到血液中的纳米材料，它可以选择性地黏附到癌细胞上，使之可以被准确地检测到，然后通过弱的激光照射，就可以准确地消除肿瘤，但却不会影响到皮肤和健康的细胞，这样听起来不就很有趣了吗？

然而，这仅仅是冰山之一角。在写作本书的时候，所谓的生物 - 纳米的交集可能比纳米科学的其他应用更有前途。其主要原因就是纳米材料的尺寸使得其可以直接与生物过程和结构发生相互作用。这意味着可以使用发荧光的纳米晶体监测蛋白质或者细胞的运动；可以将特定的分子连接到纳米结构的表面，使得其可以与特定的组织结合在一起；可以设计能够刺激和引导细胞生长的纳米结构，使得伤口或者断裂的骨骼能够再生；可以将含有药物的纳米胶囊输送到病灶治愈疾病。

精确地控制尺寸、形状、结构和表面化学，就可以创造一种能够以可调的方式与生物世界相互作用的材料。现在已经可以使得所熟知的材料非常接近于生物过程运作的分子尺度。这样做可以得到一些在20年前被认为是不可想象的材料。

健康基金机构对疾病的诊断与治疗以及生物分析技术的改进非常感兴趣。但是绝不应忘记纳米科学的巨大潜力，尤其是与生物学相结合，就能够用于某些不那么高尚的意图。

科学“将”决定未来，尤其是面对正在困扰世界的令人惊异的环境和医学方面的挑战。每项工作都有可能产生极好的或者极坏的结果。如Fleming❶发现了盘尼西林，挽救了数百万人的生命。这是一名科学家（或者更有可能是一个科学家团队）能够产生好的结果的实例，但是也潜藏产生不好结果的可能。而阅读有关Fritz Haber❷的生平和工作的资料，则可以看到科学努力也可能产生破坏性的结果。

正如在有关尺寸一节所提到的，每一种材料都有一个特征的长度尺度，而且以不同的方式显示出这个尺度或受到其影响，这依赖于材料的尺寸。生物学也拥有不同的长度尺度，而且正因为如此，材料才能够与之有不同的相互作用。基于这样的相互作用，在生物纳米中出现了几种不同的趋势。

第一个趋势就是为了分析使用纳米材料。当前生物学中的巨大挑战之一，也是像国家健康研究所（NIH）这样的基金组织大量投资的研究方向，就是确认和解释细胞内部真正的工作机制，尤其是性质、化学结构、浓度、详细的蛋白质作用机理等。这项挑战被称为蛋白质组学❸，并且是现代生物化学的圣杯之一[20,21]。虽然有可能得不到一个全景图，因为人体是一个协同作用的体系，其整体要远大于各部分的加和，但却有可能极大地帮助了解疾病和老化的根源。

与蛋白质组学相关的问题是很多的，而且大多与人体组织里许多基础蛋

---

❶ 亚历山大•弗莱明（1881—1955年），英国细菌学家。首先发现的青霉素（即盘尼西林）。后经英国病理学家弗劳雷、德国生物化学家钱恩进一步研究、改进，成功地用于医治人类的疾病，三人共同获得诺贝尔生理或医学奖。译者注。

❷ 弗里茨•哈伯（1868—1934年），德国化学家。1909年成为第一名从空气中制造出氨的科学家，使人类从此摆脱了依靠天然氮肥的被动局面，加速了世界农业的发展，因此获得诺贝尔化学奖。在第一次世界大战中，哈伯担任化学兵工厂厂长时负责研制、生产氯气、芥子气等毒气，并用于战争中，造成近百万人伤亡，遭到了美、英、法、中等国科学家的谴责。译者注。

❸ 蛋白质组学：细胞中的蛋白质工作机制的研究。

白质的低浓度有关，这使得它们很难分离、表征和跟踪，但它们却是在细胞内进行日常工作的主体。纳米材料非凡的表面积和其性质对表面化学的敏感性使得它们很自然地被用于超灵敏传感器。

该研究领域的主要结果基于两种方法。在第一种方法中，将具有极高特异性的待检测分子连接到纳米材料表面，再将分析物连接到传感分子，就可以改变并检测纳米材料的一种确定的性质（如传导性）。这是纳米线传感器的常用方法。

第二种方法依赖于纳米金发生聚集时的颜色变化（从红到蓝）[22]。如果将分析物同时连接到两种不同的纳米晶体上，就会导致聚集，并通过颜色变化发出信号。如前所述，颜色来自等离激元共振，而该共振又来源于金属表面自由电子的振荡。任何连接到或接近这样振荡的电子云物质，如另一个金属纳米颗粒，将改变其频率，且经常是大幅度的。表面增强拉曼光谱❶（SERS）信号亦与此有关，但又有不同，该信号来源于连接到金属的纳米结构或纳米级粗糙的金属表面的分析物。这些很强的 SERS 信号，并不是通常所预期的分子振动的微弱的拉曼信号，也是由等离激元产生的。如此快速的载流电子振荡能产生巨大的电场，这些电场能够有效地激发非常接近或连接到金属表面的任何分子的拉曼光谱（银就是一个很好的例子）。这些增强能够超过正常的拉曼光谱强度 12 个数量级，并且在使生物纳米体系中的传感和诊断达到单分子水平方面起着主要作用[23]。

总的来说，使用纳米化学的生物分析方法大多依赖于监测连接着分析物或由分析物诱导的偶合产生的纳米结构性质的变化。

另一个里程碑式的医学挑战就是分子成像，其中纳米化学肯定会起到一定的作用[24]。部分原因是因为必须要跟踪细胞中的单分子，以便了解并推测其作用。整体想法就是将一个探针连接到目标，就可以观察分子在细胞中的运动。这里描述的最终目标是一个长期的目标，而早期的结果是以特殊的组织为研究目标的，如肿瘤或斑块。

这样的结果将会对临床实践和病理学预防措施产生巨大的影响。预防及治疗癌症以及大多数血管疾病的最严重的限制之一就是成像技术有限的分辨率。然而对于病理学来说，预防是非常经济且又吸引人的解决方法，但它需要人口普查（因此需要快速检测和 / 或廉价的仪器）以及在疾病的最初阶段检测其病理学的可行性（因此需要高选择性、高敏感性和高分辨率）。虽然

❶ 表面增强拉曼光谱：一种利用吸附在金属纳米颗粒或者粗糙金属表面的分子来放大拉曼振动光谱的分析技术。

有一个非凡的工程研究正致力于改进仪器（其中材料依然起着巨大的作用），但还是需要发展新的造影剂，尤其是探针，将探针注入到血液中可以增加成像技术的敏感性。这种新的造影剂正越来越依赖于具有不同性质的纳米颗粒，这主要取决于它们与何种仪器一起使用。以计算机断层成像技术（CT）为例，最近开发的 Bi_2S_3 纳米晶体与现在用于临床实践的碘化分子相比，对比度提高了五倍[25]。

图 1.10 中显示的三个主要领域分别是分析、靶向（以成像、治疗或者输送为目的）及再生（例如组织、器官、骨骼及细胞）。通常通过测量纳米结构的性质来完成分析。该纳米结构与分析物接触时，其性质被改变。这种被测量的性质通常是颜色或导电性。靶向是以主动或者被动的方式完成的。前者是将靶向的主体与探针相连（可以是一个纳米晶体、一个胶囊或者其他的纳米结构），然后再以这种方式准确地连接到目标受体上。被动靶向的方式通常利用增强的渗透与滞留（EPR）效应，按照此效应，与健康的组织相比，肿瘤拥有非常容易渗漏的血管。正是由于这种渗漏，肿瘤中的纳米晶体可以分离出来。在靶向以后，探针可以有不同的作用。它既可以作为一个造影剂工作，并且因此使得特殊的组织甚至分子成像；还可以起到热疗剂的作用，如果外部刺激能导致探针变热；还可以用作输送试剂，如果药物可以被包裹其中或与其相连。作为替代的再生方法，通常是使用一个插入骨折处或伤口处的支架。该支架能够促进组织的再生，并为其提供正确的几何结构约束及支撑，同时保证在此期间的生物降解。生物纳米技术经常是混合使用的，如再生方法经常使用支架，而支架又包含了输送装置，以便刺激组织能够比以自然的方式再生更快一些。

就治疗方面而言，通常一致认为，理想的情况是有一种非常有效的药物，只输送到患病部位或组织，然后释放出其全部作用。可以与战争做一个对比。如果正在试图去摧毁城市中心的一座建筑，可以有两个选择：一是可以使用一个“聪明的”炸弹，仅仅击中目标并将其摧毁，但不毁坏其周围的建筑；二是可以进行地毯式轰炸，但会产生众所周知的副作用。遗憾的是，目前药理学的大多数作用都是以地毯式轰炸的方式来完成的（考虑一下化疗）。使用大剂量的高毒性药物，只是为了靶向有机组织中很小的一部分。如果药物能够直接输送到正确的部位，仅仅需要非常少量的药物就可以了。创造一个可以将药物携带到目标处然后释放的容器的想法，得益于麻省理工学院 Robert Langer 开创的药物输送概念[26]。药物输送的另一个优点是可以调整、控制药物，从而能够保证在目标处的药物浓度处于正确水平，避免了药量不足或者过量的风险。这种预先确定的将药物输送到预期部位的计划可以精心安排为连续的、分级的或者脉冲式的，实际上以获得想得到的临床结果为准。

在这方面已经付出了巨大的努力，以便发展复杂的、能够将药物安全地输送到病患部位的载体。对纳米化学家的挑战在于发展一种多孔的纳米结构，该纳米结构可以对外部或者内部的刺激做出响应，然后以一种程序化的方式释放出在其孔中运载的药物。这项任务是复杂的，因为相对于外来物质而言，血流是一个很容易受到侵犯的环境。人类的身体装备齐全，足以清除或处理任何种类的被认为是“外来的”实体。为此，科学家开发了称为“隐形脂质体”的一类容器，即使用特定的分子包裹容器，使得其对于血液中的蛋白质来说是狡猾的或隐形的，否则蛋白质就有可能清除它们[27]。

可是生物纳米化学不是仅限于分析、检测和输送。实际上纳米结构可以直接用作治疗试剂。此前曾经提到过纳米级金属的光学性质，如金在可见光或红外光区域存在一个很强的吸收，决定于其形状和尺寸。然而，因为金纳米颗粒一般是不发光的，所以被吸收的能量就不得不以其他的形式释放出来，而在生物纳米的情况下是以热的形式释放出来。一种正在变得越来越有把握的治疗方法（称为“光热治疗”❶）就是使用尺寸和形状可控的纳米级金颗粒作为人体内的纳米级加热器。当功能化的纳米级金颗粒到达目标癌细胞时，红外激光束透过皮肤照射就能够引发局部的加热，其热量足以摧毁癌细胞（图 1.10）。这种治疗方法已经成功地得到应用，而且对健康细胞的损坏程度通常是极小的[28]。

使用磁性纳米晶体可以得到类似的结果，因为磁体在一个振荡磁场中趋向于变热[29]。可以想象到这种方法的优点。激光在人体组织中可以达到的最大透射深度约为数厘米，决定于其波长。而磁场则可以透射整个身体，可以对深层组织中的癌细胞进行非侵入性治疗。巧妙的表面生物功能化的磁纳米晶体是这种惊人的、新的癌症治疗方法成功的关键。

前面提到的最近的三个研究方向（分子成像、治疗和输送）全都依赖于使用纳米结构靶向特定的器官、组织、骨骼或者细胞的可能性。靶向可以是主动的，也可以是被动的。主动靶向是通过将靶向的生物体连接到某些纳米结构上来完成的，因为这些纳米结构能够准确地连接到目标上。被动靶向则是利用肿瘤内血管的渗漏使得纳米级探针进入恶性组织中（图 1.10）[30]。

---

❶ 光热治疗：利用光活性的反应或变化产生的热量摧毁癌细胞。

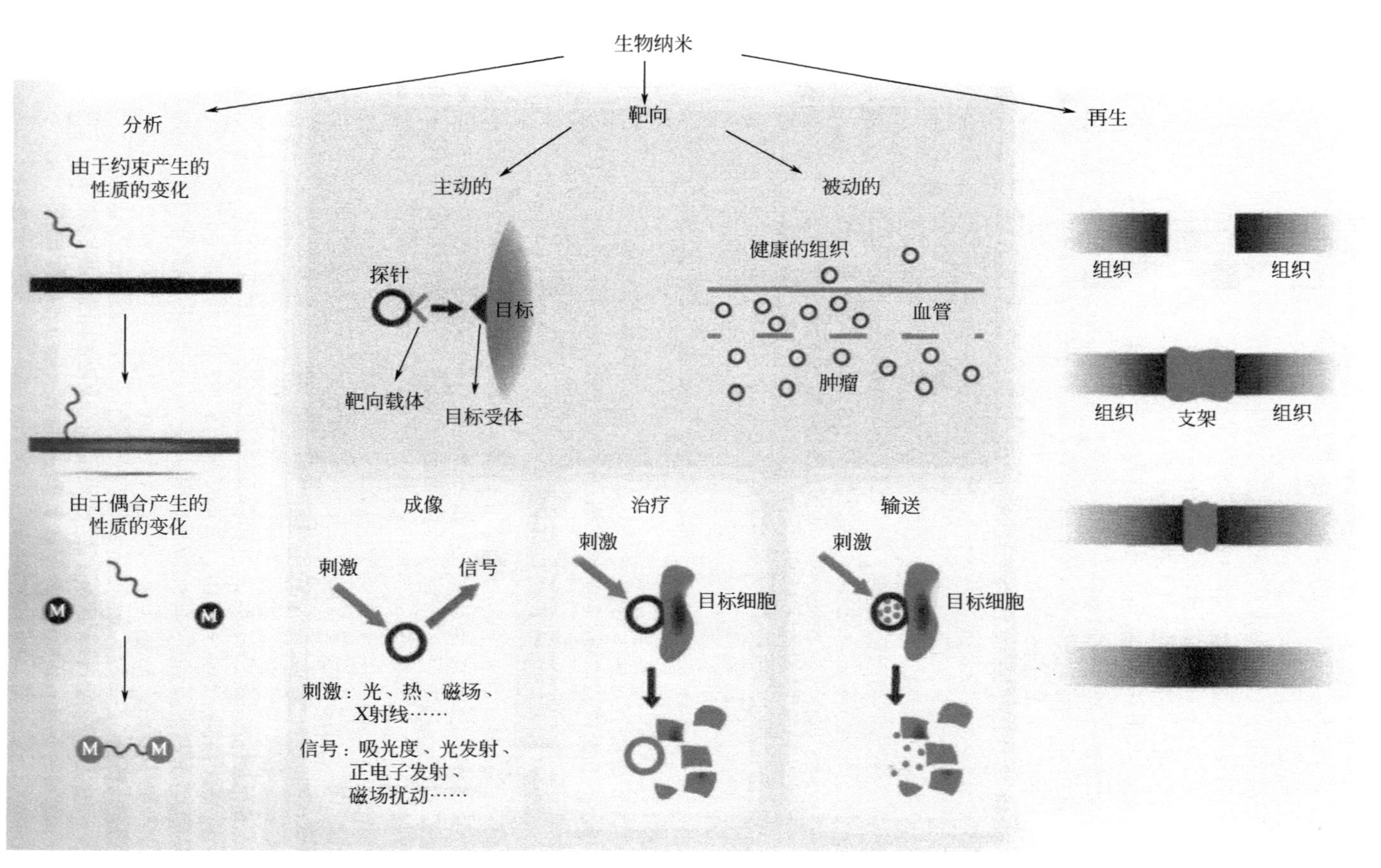

图 1.10 生物纳米及其主要研究路线

在此阶段没有必要纠缠于太多的细节，因为这些靶向的方法可能会有很大的变化，主要取决于需要靶向的目标及需要输送的药物。

尽管前景是有限的，但是毫无疑问，目前发展越来越特殊、有效的靶向方法对于绝大多数形形色色的目标来说均是非常重要的，以便成像、治疗和输送均能以更好的效果完成。

生物纳米最近正在发展的但却不是最小的一个方向就是再生医学。一些定义是有争议的（以往也是如此），但是我们想出了一个非常好的定义，即再生医学包括了用以促进和引导人体自身再生的所有方法。这是一个奇妙的领域，其起始于组织工程❶，创始人之一依然是Robert Langer，正在发展出更多种类的技术，且经常与药物输送部分交叉[31]。该想法就是通过给有机组织提供一个可以让细胞复制和繁殖的多孔支架，使身体相信它有机会修复伤口，然后它就会启动再生机制。有时身体只是需要一定的结构、一定的几何形状；而在其他情况下，它还需要一些特殊的化学刺激（如生长因子）和生物指令（干细胞），这些常常都可以植入多孔支架中，这些支架表面通常被可以改进新生成细胞黏附力的分子所功能化（图 1.10）。

这样的多孔结构对于生物纳米化学家来说存在着化学挑战，因为它们需要满足一系列要求，即它们必须是生物可降解且无毒的，而且如果可能的话，它们需要能够以与组织的再生速率相同的速率降解。此外，这种多孔结构的级别和形状以及在其表面的刺激物的分布均起着重要的作用。许多组分都必须同时存在，才能保证再生组织起作用。实际上有时候，人体只能确认其中的一部分再生，以至于最终的新组织是不能存活的。已经获得了一些惊人的研究结果，如恢复切断了视觉神经或者脊椎的老鼠的视力或者运动能力，以及恢复血管的功能[32]。在一个更先进的水平上，一些支架可以用于骨骼和软骨的再生。这些结果的重要性是不言而喻的。

尤其重要的是，纳米科学的许多应用可以使患者的治疗费用减少。再生就是一个例子，改进的成像技术则是另外一个例子。这种考虑可能听起来是直言不讳的实用主义，就好像一个人的健康被赋予了一个价格。但是，事实上确实是这样的，这就是为什么再生医学对于发展中国家来说是极具价值的，因为发展中国家的医学治疗和设备的费用太高了。正是由于这个原因，无数人得不到足够的卫生保健。减少卫生保健的费用和提高其有效性是科学家目前应当考虑的两个主要目标。使发展中国家有可能负担得起独立的、有效的

❶ 组织工程：在人体内的损坏部位植入一个多孔支架，以便促进细胞再生复制及繁殖，从而哄骗身体自己痊愈。

卫生保健，就可以挽救无数人的生命，许多地区的经济会更好，而且通常也会对缓解社会的紧张做出贡献。

虽然可能习惯于认为新技术本身是更昂贵的，这是因为它们通常是基于一些新增加的改进。但真正的突破是从一个全新的方向解决问题，因此将会大幅度减少创新和技术的成本。这样的突破目前在纳米医学领域是非常有可能发生的，因为一些全新的疾病诊断和治疗方法正在开发中。

所以，读者现在有一个发布令人激动的声明的机会，即通过向医生们提供一些仪器设备，可以帮助解决数百万人的问题，包括在您的国家。而在几年前，医生们只能梦想得到这些仪器设备[33-35]。这个信息意味着，读者不仅有可能为医学做出贡献，而且还可能对科学产生影响，甚至是巨大的影响。

这里所概括的有可能仅仅是生物化学和医学领域一个真正的革命的开端，但是这个革命的进展程度将依赖于安全评估研究的结果，接下来将会予以详述。请记住自然绝不会免费给予任何东西，总要为了得到的某种东西付出一些代价。这恰恰就是代价是什么的问题，即是否可以承受得起这个代价，或者是否愿意付出这个代价。

1.8 安全

正如可能已经从一些新闻报道中注意到的，对与纳米材料相关的、可能的安全问题的关注正在逐渐增加。这种形势应当引起每个人的思考，尤其是大学生和研究生。

科学主要是一个自治的（或者也许应当说没有自治的）、个人主义的人类现象，而科学家们则是非常不守规矩的。这不是偶然的，正如纳米技术之父 Richard Feynman❶ 将科学定义为“不迷信专家的信仰”。一个发现总是会颠覆权威，并向流行的观点宣战。科学家对合理性的痴迷和对假设的颠覆导致了一些科学家为他们的直觉辩护，哪怕是在势不可挡的权力面前。这样的实例包括 Galileo Galilei 或者 Giordano Bruno，他们由于自己的辩护而被视为异教徒，分别被流放或烧死在木桩上。

当面对一个新开辟的研究领域时，科学家们会像蝗虫一样蜂拥而至。当一个非常有趣的结果可以唾手可得的时候，很少有人考虑到后果，也很少有

❶ Richard Feynman：美国物理学家，通常被认为是纳米技术的哲学之父。

人考虑一个缓慢的、一步一步的、有可能覆盖所有盲点的发展速度。这在很大程度上是不可避免的，而且是人类好奇心的一个直接的影响结果，在电影《指环王》中的莫里亚小矮人充分地表现了这一点。正如在 Tolkien 的杰作中的神奇描述一样，挖掘自然的秘密是有副作用的。因此问题就是：“将会发现一个生物纳米的恶魔吗？”

评估这些研究结果，尽管可能听起来像是在一顿大餐后洗净碟碗，却是一项必要的且必需的工作，而且这项工作需要优异的研究技能与绝对可靠的职业道德规范。

安全问题只是这些研究结果中的一部分。在评估纳米材料安全时，应该记住的主要问题是其标准化。根据文献报道，已知在实验室中可以制备出数千种不同的纳米结构，而且其中的绝大多数对于合成条件都是极其敏感的。在我们的实验室制备的 PbS 纳米晶体可能稍微不同于另外一个实验室制备的 PbS 纳米晶体，尽管采用的“处方”是相同的。表面电荷、杂质浓度、尺寸、形状等也可能有差异。即使在相同分散的纳米晶体中，也还是有性质、尺寸、形状、表面的差异，所有的这些方面均对纳米材料的整体安全有影响，一种目前未知的且尚不能直接测量的影响，因为通常还不能生产出完全相同的纳米材料。

在常规的药学中，处理的是完全确定的分子，它们能够被纯化到相当高的纯度。而现在处理的则是复杂得多的，且具有不确定、更大程度可变性的实体。

一些研究小组目前正在处理一些可以得到的纳米材料的安全评估问题，而另外一些研究小组则正在寻找纳米材料合成的标准化，如反应是在微流体芯片中的空间和几何完全确定的微孔道中完成的，并且“人的因素”应当从方程式中排除，从而可以改进重现性，并使得产物的性质和标准化更均一[36,37]。

评估纳米结构对人类健康的影响是一个巨大的挑战，因为合成的纳米结构的数量之多令人气馁。而且协调大学研究实验室之间系统的表征工作是非常困难的，因为这些实验室在研究内容的选择上基本都是独立的。但是，这仅仅意味着不得不先详细地研究一些很有把握的关键结构，以便尽快得到一些结论。从这些初步的研究中，也许可以获得一些设计无毒或者低毒替代物的指导方针。

另一个目标是发明能够由人体处理的纳米结构。例如，如果能够发明在人体中仅仅循环数小时，然后就被完全排出或者分解为无毒的亚成分的纳米颗粒，毒性方面的要求就会比以往倾向于在肝脏或者淋巴结中积累的颗粒要低得多[1]。

如前所述，作为一名研究人员，安全评估需要一些特殊的技能，因为这项工作需要在一个多学科的环境中，研究非常复杂的、有许多参数需要控制的体系。这项工作还需要有强烈的职业道德，因为该研究可能被认为是一个潜在的上万亿美元的全球性工业的障碍。这种想法与一个陈旧的思维学派是一致的，但却是需要克服的，为了最终的“消费者”的利益，为什么不找到一个创造性的、严密的方法去建立一个符合安全评估的商业呢？为什么不创造符合消费者利益的“利益”呢？现在似乎这些挑战正在为许多研究人员所接受，而且一些资助机构正在为一些企业提供资金支持。

请记住，一些问题总会有解决办法的。找到解决办法有时是一个智慧问题，有时是一个勇气问题，还有时是一个运气问题，但始终是一个决定性问题。然而我们坚信，有可能建立一个可以安全生产出开创性的、对人体无害的产品的纳米技术工业。作为科学家，也能够胜任这一过程的监察人，应当阻止不惜一切代价去获得商业结果和利润的驱动力，而且基于职业习惯，应该关注、聚焦于长远的影响。

与此同时，确信所有的纳米材料都应该作为高毒性的化学品来处理。在没有得到证明以前，没有安全的纳米材料。纳米材料的干燥粉末必须避免敞开放置，这样可使扩散的危险性小一些，因为它们是可以被吸入的（请记住石棉是一个自然存在的纳米线），并且也具有潜在的爆炸性和易燃性。在处理纳米材料的时候，操作者应当总是戴着防护眼镜、口罩、手套，并穿着实验服。

不需要为纳米材料建立一系列新的安全程序。用于处理高毒性化学品的规定是为了防止接触到有毒的分子。到目前为止，没有理由认为它们不能应用于更大的范围。化学家们已经将实验室范围内的安全变为一种艺术形式，即全世界的许多实验室均可以在接近绝对安全的条件下处理难以置信的危险物质。安全地处理材料是化学和制药工业大多数工作岗位的要求之一，有许多很厚的安全手册可以证明这一点，必须利用每一个机会去学习。对于许多年轻的研究人员，安全并不是最优先的，这是极端危险的。在安全方面的成熟与专业，也许有机会被主攻纳米材料安全评估的公司所雇佣。

---

[1] 肝脏和淋巴结是有机组织的过滤器。众所周知，一定尺寸的非生物物体（该尺寸还在争论中，但应当是 10nm 左右）将会被捕获，尤其是在肝脏、脾脏和淋巴结中。通过改变纳米颗粒的尺寸、形状和表面的性质，这些有问题的生物分布是可以控制的，尽管现在还不完全清楚如何去做。

参考文献

[1] Ashcroft, N. W., Mermin, N. D. (1976) *Solid State Physics*, Brooks Cole.

[2] Roduner, E.（2006）*Nanoscopic Materials: Size Dependent Phenomena*, Royal Society of Chemistry.

[3] Goldstein, A. N., Echer, C. M., Alivisatos, A. P. (1992) *Science*, 256 (5062), 1425-27.

[4] Decher, G. (1997) *Science*, 277 (5330), 1232-37.

[5] Kresge, C. T., Leonowicz, M. E., Roth, W. J., Vartuli, J. C., Beck, J. S. (1992) *Nature*, 359 (6397), 710-12.

[6] Wang, W. U., Chen, C., Lin, K. H., Fang, Y., Lieber, C. M. (2005) *Proc. Natl, Acad. Sci. U. S. A.*, 102 (9), 3208-12.

[7] Whitesides, G. M., Grzybowski, B. (2002) *Science*, 295 (5564), 2418-21.

[8] Shevchenko, E. V., Talapin, D. V., Kotov, N. A., O′ Brien, S., Murray, C. B. (2006) *Nature*, 439 (7072), 55-59.

[9] Kalsin, A. M., Fialkowski, M., Paszewski, M., Smoukov, S. K., Bishop, K. J. M., Grzybowski, B. A. (2006) *Science*, 312 (5772), 420-24.

[10] Malakooti, R., Cademartiri, L., Akcakir, Y., Petrov, S., Migliori, A., Ozin, G. A. (2006) *Adv. Mater.*, 18 (16), 2189-94.

[11] Cademartiri, L., Montanari, E., Calestani, G., Migliori, A., Guagliardi, A., Ozin, G. A. (2006) *J. Am. Chem. Soc.*, 128 (31), 10337-46.

[12] Alivisatos, A. P. (1996) *Science*, 271 (5251), 933-37.

[13] Faraday, M. (1957) *Philos. Trans. R. Soc. London*, 147, 145-81.

[14] Paxton, W. F., Kistler, K. C., Olmeda, C. C., Sen, A., St Angelo, S. K., Cao, Y. Y., Mallouk, T. E., Lammert, P. E., Crespi, V. H. (2004) *J. Am. Chem. Soc.*, 126 (41), 13, 424-31.

[15] Fournier-Bidoz, S., Arsenault, A. C., Manners, I., Ozin, G. A. (2005) *Chem. Commun.*, 4 441-43.

[16] DeVries, G. A., Brunnbauer, M., Hu, Y., Jackson, A. M., Long, B., Neltner, B. T., Uzun, O., Wunsch, B. H., Stellacci, F. (2007) *Science*, 315 (5810), 358-61.

[17] Nie, Z. H., Fava, D., Kumacheva, E., Zou, S., Walker, G. C., Rubinstein, M. (2007) *Nature Mater.*, 6 (8), 609-14.

[18] Leunissen, M. E., Christova, C. G., Hynninen, A. P., Royall, C. P., Campbell, A. I., Imhof, A., Dijkstra, M., van Roij, R., van Blaaderen, A. (2005) *Nature*, 437 (7056), 235-40.

[19] Ozin, G. A. (1992) *Adv. Mater.*, 4 (10), 612-49.

[20] Aebersold, R., Mann, M. (2003) *Nature*, 422 (6928), 198-207.

[21] Pandey, A., Mann, M. (2000) *Nature*, 405 (6788), 837-46.

[22] Elghanian, R., Storhoff, J. J., Mucic, R. C., Letsinger, R. L., Mirkin, C. A. (1997) *Science*, 277 (5329), 1078-81.

[23] Kneipp, K., Wang, Y., Kneipp, H., Perelman, L. T., Itzkan, I., Dasari, R., Feld, M. S. (1997) *Phys. Rev. Lett.*, 78 (9), 1667-70.

[24] Weissleder, R., Mahmood, U. (2001) *Radiology*, 219 (2), 316-33.

[25] Rabin, O., Perez, J. M., Grimm, J., Wojtkiewicz, G., Weissleder, R. (2006) *Nature Mater.*, 5 (2), 118-22.

[26] Langer, R. (1998) *Nature*, 392 (6679), 5-10.

[27] Allen, T. M. (1994) *Trends Pharmacol. Sci.*, 15 (7), 215-20.

[28] Huang, X., El-Sayed, I. H., Qian, W., El-Sayed, M. A. (2006) *J. Am. Chem. Soc.*, 128 (6), 2115-20.

[29] Hergt, R., Andra, W., d'Ambly, C. G., Hilger, I., Kaiser, W. A., Richter, U., Schmidt, H. G. (1994) *IEEE Trans. Magn.*, 34 (5), 3745-54.

[30] Maeda, H., Wu, J., Sawa, T., Matsumura, Y., Hori, K. (2000) *J. Controlled Rel.*, 65 (1-2), 271-84.

[31] Langer, R., Vacanti, J. P. (1993) *Science*, 260 (5110), 920-26.

[32] Rajangam, K., Behanna, H. A., Hui, M. J., Han, X. Q., Hulvat, J. F., Lomasney, J. W., Stupp, S. I. (2006) *Nano Lett.*, 6 (9), 2086-90.

[33] Mnyusiwalla, A., Daar, A.S., Singer, P. A. (2003) *Nanotechnology*, 14(3), R9-R13.

[34] Salamanca-Buentello, F., Persad, D. L., Court, E. B., Martin, D. K. Daar, A. S., Singer. P. A. (2005) *PLoS Medicine*, 2(5), 383-86.

[35] Singer, P. A., Salamanca-Buentello, F., Daar, A. S. (2005) *Iss. Sci. Technol.*, 21(4), 57-64.

[36] Chan, E. M., Mathies, R. A., Alivisatos, A. P. (2003) *Nano Lett.*, 3 (2), 199-201.

[37] Yen, B. K. H., Stott, N. E., Jensen, K. F., Bawendi, M. G. (2003) *Adv. Mater.*, 15 (21), 1858-62.

2 二氧化硅

2.1 引言

古老的谚语中蕴涵着真理，而现实比虚构更让人吃惊，这里给出的就是一个生动的例子。SiO_2 是地球上最普通的矿物，几乎没有任何人指望在这种已经为人类熟知数千年的物质中发现任何独特的、创新性的用途。然而，在本章中可以看到纳米化学是如何使之变成了真正的纳米技术的原材料之一。

SiO_2 以玻璃的形式构成了大多数熟悉的东西，从啤酒瓶到具有艺术气息的雕塑，再到在欧洲达数世纪之久的教堂的染色玻璃窗。当人们走在沙滩上时，它就在脚下。有一种 SiO_2 的晶体称为石英，是手表的核心部件。

SiO_2 是由四面体的 $[SiO_4]^{4-}$ 基础模块构成的。这些四面体是刚性的，但是它们能够通过氧原子（形成 Si—O—Si 桥）连接起来，且角度是灵活可变的，形成从直线型到四面体型的结构。这种灵活性使得 SiO_2 成为极好的玻璃原料。制造玻璃的主要方法是迅速冷却（淬火）熔化物。如果一种材料是很好的玻璃原料（如 SiO_2），那么在迅速冷却时，其原子将没有时间占据在晶体中应当占据的位置；相反，这些原子将会冻结在称为玻璃的亚稳定相中。SiO_2 可以很容易地形成玻璃的特点，可以看出大多数 SiO_2 都是无定形相（玻璃态）。

虽然 SiO_2 有点特别，且是“化学友好的”，但在本章中学到的内容却可以广泛地应用于大多数氧化物。本章中描述的概念具有普遍性，且是很重要的。

亚稳态

如果一个系统是热力学不稳定的（其自由能不是该系统可能的最低值），但却是动力学稳定的（使该系统能量达到最低值的时间比实验的时间长很多），则将其定义为亚稳态。金刚石就是亚稳态的，因为在室温和常压下，石墨才是碳的热力学稳定形态。但是，从动力学角度，金刚石转变为石墨需要数百万年。

2.2 表面

SiO_2 的表面是化学家巨大的画布之一[1]，因为对其化学性质已经得到了充分的了解，且相当简单。修饰 SiO_2 表面的主要工具是硅羟基，即位于表面的以及受到更大程度限制的体相 Si—OH 基团。可以很容易地理解在相邻的硅羟基和水分子之间存在着一个简单的化学平衡，如图 2.1 所示。

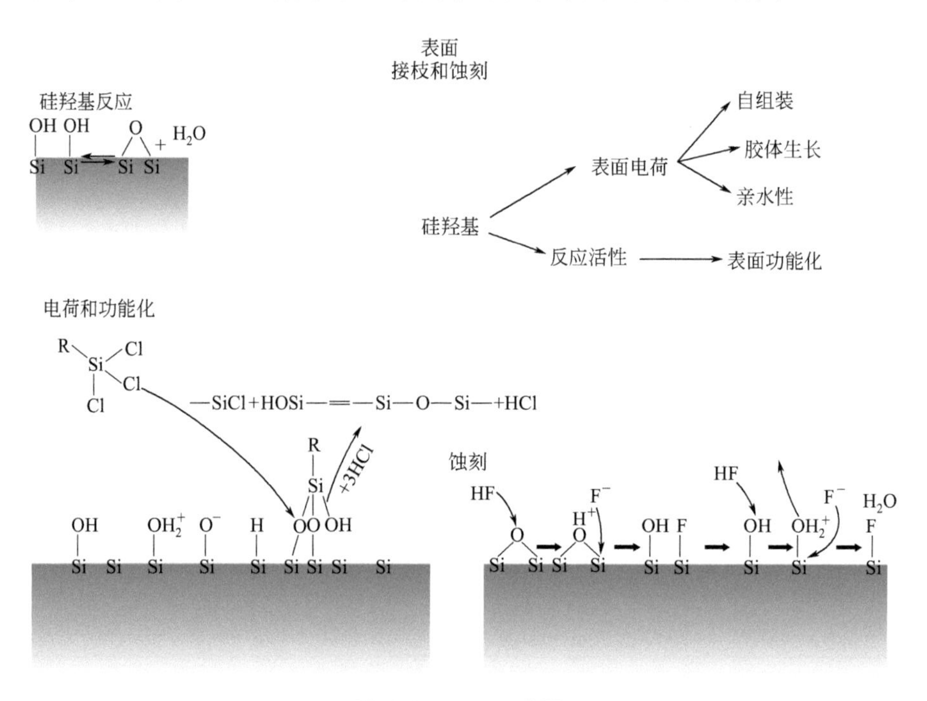

图 2.1　SiO_2- 表面

图 2.1 的左上角显示了表面 Si—O 键的缩合与水解反应之间的化学平衡。该平衡受湿度和非中性 pH 的影响很严重，即高湿度一般将使平衡向左移动（因为此时系统中水分子的浓度增大），酸或碱的存在将会破坏 Si—O—Si 桥（平衡向左移动）；该平衡还强烈地依赖于温度（升高温度将促进水分子的蒸发，有效地驱动平衡向右移动）[2]。图 2.1 的右上角显示的是硅羟基的各种作用及相应的结果。硅羟基会影响表面电荷和反应活性，而表面电荷和反应活性又强烈地影响 SiO_2 的大多数用途。由于无定形 SiO_2 是多孔的（缘于其无序的晶格），所以硅羟基化学对于 SiO_2 体相的化学性质也是很重要的。图 2.1 的左下角显示了典型的表面接枝过程，即氯硅烷与裸露的硅羟基反应，导致有机功能团 R 修饰在表面上。图 2.1 的右下角显示了通过氢氟酸（HF）蚀刻 SiO_2 的化学机制。HF 的质子进攻表面的一个氧原子，使之质子化，这可以减弱 Si—O 键，并且随着 F^- 进攻硅原子，Si—O 键断裂，硅原子以 SiF_4 或者 SF_6^{2-} 形式被剥离。

可以按下列几种方式改变 SiO_2 表面上的硅羟基浓度：

（1）通过暴露于氧的等离子体、空气的等离子体中，或者将表面浸渍于具有氧化性的强酸（HNO_3 或 $H_2SO_4+H_2O_2$）中，可以增加硅羟基浓度。这两种方法均可以破坏—Si—O—Si—键，暂时增加硅羟基浓度至平衡水平之上。在数小时之内，如果再置于空气中，表面将恢复到平衡状态。

（2）通过加热 SiO_2 至约 800℃，硅羟基浓度可以减少到每 $10nm^2$ 只有约 1 个。在这么高的温度下，硅羟基会缩合，释放出水，并形成新的—Si—O—Si—键。

如图 2.1 所示，硅羟基能被质子化或去质子化，完全依赖于环境的 pH。在 pH=7 时，SiO_2 表面带负电荷，因此硅羟基去质子化大于质子化[3]。表面电荷可以通过水在表面的接触角来确定[4]。较高的表面电荷对应着较小的接触角，或者较高的润湿能力❶，因为水总是试图使其与表面的相互作用最大化。在本章稍后将看到，表面电荷对于 SiO_2 纳米颗粒的生长和自组装的有序排列也是极其重要的。除此之外，表面电荷还能控制光的流动。

水-SiO_2 的相互作用是典型的液体 - 表面相互作用，对于许多应用都是非常重要的。例如，自清洁玻璃就是通过大幅度减弱润湿能力而再现荷叶的疏水特性，雨水或露水就不会沾在玻璃上，因此就不会沉积污染物，因为任何积聚在玻璃上的粉尘、颗粒都会被滚动的雨水或者露水带走。

❶ 润湿能力：一种固体表面被一种液体覆盖的难易程度，与接触角有关。

接触角

在液滴与其基底之间形成的角度，该值与液体-基底界面的表面能有关，而且通过表面功能化或者改变表面电荷、粗糙度可以得到调节。

在一些表面能得到约180°的大接触角，这就意味着当液滴的形状变成几乎与基底没有接触的球形时，液体就形成了所谓的“液体大理石”。

在聚二甲基硅氧烷一章（第4章）中，将会看到这种超疏水性质的机理。

在正常条件下，SiO_2表面是轻度亲水的，通常在其表面上保持约10nm厚的化学吸附/物理吸附的水层。

由于这层水与表面的强静电吸引及氢键相互作用，所以很难在室温下蒸发，一般需要在300℃才能暂时除去如此吸附的水。而置于水蒸气或者液态水中，将会立即恢复这样的水合层[5]。一定要牢记这个水合层，尤其是进行对水非常敏感的化学反应的时候，一个表面干燥的玻璃器皿仍然含有一定量的水，其原因就是存在着水合层。

如前所述，硅羟基不仅决定了表面电性，还决定了表面反应活性。实际上硅羟基很容易与氯化物（或者醇盐）反应，如图2.1所示，据此可以将任何分子通过共价键连接于SiO_2表面上[6]。这是修饰SiO_2或其他氧化物（通常使用有机分子），使之功能化的一个真正主流的纳米化学方法。此类反应一个优异的方面就是其能在溶液（SiO_2样品沉浸于氯化物或者醇盐溶液中）或者气相中（SiO_2样品置于含有氯化物或者醇盐的低压容器中）进行，只要前驱体具有足够的挥发性。在图2.1中，R是一个任意基团，可以是烷基链、羧酸、用于生物连接的胺或者任何其他基团，甚至是富勒烯。

如何制备亲水的或者疏水的SiO_2

取一片显微镜的载玻片，然后将其浸入比例为3∶1的H_2SO_4和H_2O_2的混合溶液中。该溶液亦称为“食人鱼”溶液，是非常危险的，应当在通风橱中制备，因为制备时产生大量的热。每次应当只制备少量的溶液（数十毫升）。将玻璃载玻片置于“食人鱼”溶液中1h，然后取出载玻片，再将其浸入1∶1的NH_4OH-H_2O_2溶液（碱性“食人鱼”溶液或者“RCA蚀刻剂”）。对此溶液应当给予同样的安全考虑。避免使用金属接触此溶液，因为NH_4OH有很强的腐蚀性。在此溶液中浸泡1h后，得到超亲水的SiO_2。

相比于这些液相亲水化方法，另外一个方法是将玻璃载玻片暴露于空气的等离子体中数分钟（任何等离子体清洁器都能起作用）。

玻璃载玻片变为超亲水载玻片后，还可以将其置于下列一种环境中，再将其变为疏水载玻片：

（1）像十八烷基三氯硅烷那样的长链氯硅烷蒸气中。

（2）长链氯硅烷的溶液，通常是在甲苯中。

第一种情况，只需将玻璃载玻片放入一个封闭的容器中，其中存在着一个含有氯硅烷的小瓶。在某些情况下，氯硅烷不易挥发，这时就需要降低放置有小瓶和玻璃载玻片容器的真空度（像一个真空干燥器）。此步骤通常需要约 20min。

第二种情况，可以在甲苯中配制 0.5% ～ 1%（体积分数）的氯硅烷溶液，然后将玻璃载玻片浸入其中数分钟。

上述方法可以应用于大多数氧化物和大多数氯硅烷。

最近，对 SiO_2 表面的主要研究内容是其对 HF 的敏感性 [7] 以及其对所有普通酸的抗腐蚀性，如硫酸和盐酸，很少有其他的材料具有如此选择性的反应活性。这种特点使得有可能在许多其他材料存在的条件下，选择性地蚀刻 SiO_2，反之亦然。这就使得模板法成为可能，而模板法是创建形状可控的纳米结构的基础。作为一名纳米化学家，牢记材料的溶解性及其与他物质的关系是非常重要的。

图 2.1 显示了 HF 蚀刻 SiO_2 的化学过程。HF 通过质子化氧原子和 F^- 与硅原子配位而攻击 Si—O 键，这导致了 Si—O 键断裂，并生成了一个硅羟基和一个 Si—F 键。该过程是连续进行的。随着 HF 的消耗，生成了 H_2O 和 SiF_4（SiF_4 在室温和常压下是一种气体）。Si—F 键是非常稳定的，因此其逆反应是很难进行的。在水溶液条件下，F^- 还可以与 SiF_4 配位，生成稳定的六氟硅酸盐阴离子 $[SiF_6]^{2-}$。

虽然 HF 是一种温和的酸，但其对有机组织却是极其危险的，因为 HF 能够非常强烈地与对很大范围的新陈代谢起关键作用的钙相结合，所以 HF 在很低的剂量下就能致命（注意，谷氨酸钙是解毒剂）。这种危险主要是因为其既没有气味又没有颜色，而且接触后不会即刻显示出疼痛，这使得其比其他的能够由感觉发出警告的浓酸要危险得多。

2.3 尺寸

当尺寸的概念应用于 SiO_2 时，就开启了胶体和溶胶 - 凝胶的化学世界之门。在学习化学的时候，有时会遇到一些简单的反应和概念，其力量、灵活性和潜能恰好启发了许多的创造性思维。胶体和溶胶 - 凝胶化学就在其中，且理当属于本书的开篇。

胶体通常定义为由连续相和分散相形成的混合物，其稳定性（即两相保持均匀混合的趋势）由两相的表面能和电荷所决定。例如，牛奶就属于一类称为乳胶的胶体，其中的两相均为液体。在牛奶中，脂肪构成了被分散相，借助称为乳化剂的分子稳定存在于水（分散相）中。纳米化学中胶体这个术语常用于表示将固体颗粒分散在液态的连续相中。

正如在概念介绍部分提到的，尺寸的概念意味着需要投入巨大的努力来控制尺寸的一致性，并通过所谓的多分散性（通常定义为颗粒尺寸分布的标准偏差 σ，图 2.2）来定量。许多胶体具有一些依赖于其尺寸的性质，在本书中会重复见到。结果就是，只有能够限制胶体的多分散性，才能够得到完全确定的、均一的性质。

一般来说，通过溶液中的一系列的可控的晶核形成、生长及析出反应，才能制备出胶体。

颗粒尺寸的控制大多是通过下列 3 个方面实施的：

（1）通过控制表面化学或者颗粒的电荷，可以防止其聚集形成块体。

（2）通过控制最初的过饱和程度，可以决定在反应开始时生成的晶核的数目。如果反应进行的程度相同，则更多的晶核有利于生成较小的颗粒，因为 SiO_2 被分散到更大数目的颗粒中。

（3）通过提供足够的试剂，可以使晶核能够生长至所需的尺寸。

使用 Stöber 方法[8]，可以在溶液中制得 SiO_2 胶体。该方法背后的化学原理是简单的、一流的、丰富多彩的。这么多的优点使得其直至现在，一直用于制备大多数氧化物的纳米结构。该方法称为溶胶 - 凝胶化学。

溶胶 - 凝胶化学是基于适当的金属 - 有机前驱体的水解和缩合反应，如具有分子式 $M(OR)_n$ 的醇盐，其中，M 为氧化价态为 $+n$ 的金属，R 为一个有机基团（通常是乙基）。一系列的水解和缩合反应导致形成 M—O—M 键，同时释放出水和醇分子 ROH，如图 2.2 所示。

在图 2.2 的左上角显示出一种典型（可能有点理想化）的胶体粒径分布，

表示出每增加一个单位尺寸的胶体分数。在图 2.2 的右上角可以看到在硅醇盐存在的情况下，确定溶胶 - 凝胶化学的三个主要反应：首先是醇盐的水解；其次，与其他醇盐缩合生成 Si—O—Si 键；最后，形成一个连续的 3D 网状结构。图 2.2 的中部显示的是 Stöber 制备反应随时间变化的简图。正硅酸乙酯（TEOS）的水 / 乙醇溶液在氨基催化剂存在下，发生水解和缩合反应；水解的 TEOS 分子迅速地反应形成晶种，这些晶种由于表面电荷而形成稳定的胶体，然后快速生长；反应终了，TEOS 完全水解并且与能够利用的、已经完全形成 SiO_2 胶体的晶种发生反应。在图 2.2 的下部可以看到两幅有代表性的、由这种方法制备的 SiO_2 胶体的扫描电子显微镜（SEM）照片，其中

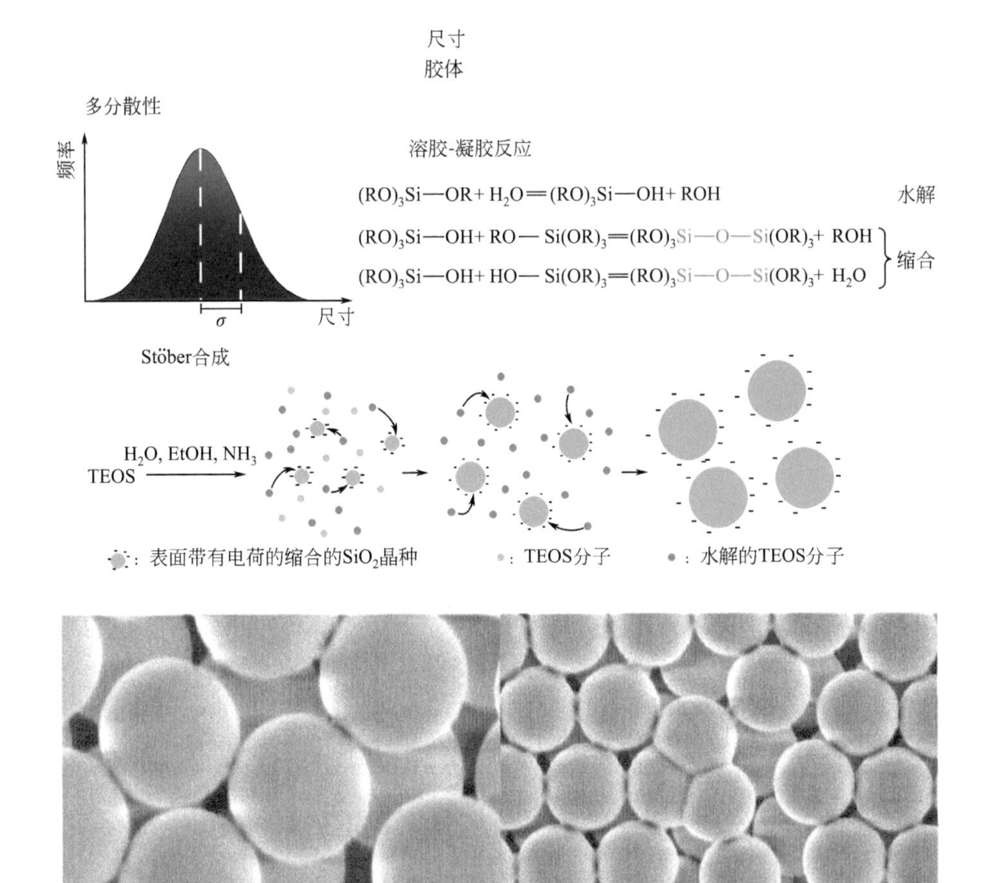

图 2.2　SiO_2 - 尺寸

（显微镜照片由 V. Kitaev 提供）

的右图显示出再生长方法导致了 SiO_2 胶体在生长过程中的部分聚集。

溶胶 - 凝胶反应的每一步对湿度、R 基团的性质及 pH 的敏感性是不同的。高湿度、小的 R 基团或者非中性的 pH 能在很大程度上改变这些反应的动力学，有时甚至超出了可控制范围。利用溶胶 - 凝胶化学过程常常意味着要研究这些条件。改变 R 基团、pH 和湿度是为了使得反应能够按照期望的方向进行。

在 Stöber 反应中[8]，TEOS 溶于水 / 乙醇的混合液体中。在 pH=7 时，TEOS 与水在空气中非常缓慢地反应。通过滴加氨水可以引发该反应，因为氨水增大了 pH 值，从而催化了该反应的进行。如图 2.2 所示，数分钟后，该分散相由三种变化的物种构成：正在形成的晶核，能添加到晶核上的水解的 TEOS 以及还没有水解的、起着中性非试剂作用的 TOES。由于 SiO_2 本身较多的表面负电荷，所以晶核在静电上是互相排斥的，保证了各自的独立性，从而使聚集最小化。

值得注意的是，这种静电排斥力的效率取决于连续相的离子强度。高的离子强度将会使得相邻的 SiO_2 颗粒上的表面电荷互相屏蔽，减弱了颗粒间的排斥，进而导致更多的聚集。水中的分散相是否为胶体，一个标准的检测方法就是加盐，然后看是否析出沉淀。

随着时间的变化，水解的 TEOS 分子添加到晶核上，而未水解的 TEOS 仍然需要时间才能水解。假设产物是非晶态的，没有晶体的切面以及任何其他种类原子晶格的各向异性，即在胶体表面的不同位置之间没有实际的差异，那么在各个方向上的生长就会以相同的速率进行，就会生成完整的球形颗粒。

在反应结束时，所有的 TOES 都已经水解并添加到颗粒上。颗粒的最终尺寸由最初形成的晶核的数目以及之后可用的 TEOS 的数量所决定。该原理可用于再生长方法，即先通过 Stöber 方法合成较小的 SiO_2 颗粒，然后用作生长较大颗粒的晶种[9,10]。这种方法的优势在于，已经知道在反应容器中有多少“晶核”（晶种）。只要能够测量有多少 TEOS 与这些晶核反应，就能确定将得到的颗粒直径的预期值，通常误差小于 10nm。值得注意的是，晶种可以是其他的纳米颗粒[11]，如金的纳米晶体或者氧化铁的纳米晶体。而且使用 TEOS 的再生长可以生成表示为 Au/SiO_2 和 Fe_3O_4/SiO_2 这样的核 - 壳颗粒（或者按照另一种不常用的惯例表示为 $SiO_2@Au$ 和 $SiO_2@Fe_3O_4$）。SiO_2 外壳能够起到保护纳米颗粒内核的作用，还能够促进 SiO_2 表面的化学功能化。在后续的章节中，在制备和使用多功能纳米颗粒的论述中，将会提到诸如光学和磁学活性的纳米结构的实例。

在 SiO_2 胶体的合成中，另外一个难题就是生成聚集体，如图 2.2 所示。这样的颗粒将会干扰胶体的自组装，因为它们的尺寸远远大于平均值。为减小该问题的影响，可以通过离心分离将这些聚集体从产物的溶液中分离出去。因为它们比较大且比较重，所以会沉淀得更快。这种通过离心法进行分离的原理，通常能应用于所有的胶体，只要能用离心机将它们沉淀[12]。另外一种比离心分离要慢的方法是重力沉淀方法。

Stöber 方法合成的产物通常是胶体分散的球形 SiO_2 颗粒，其尺寸在 100 ～ 400nm 范围内。比较大的颗粒通常是通过再生长技术得到的，而比较小的颗粒则需要特殊的修饰反应[13,14]。以这种方法生成的球形颗粒通常是多孔的，且这种多孔性对于其在气相色谱柱中的应用是非常重要的。此类应用要求有很大的内部和外部的表面积。多孔性还减小了其折射率（SiO_2 的折射率约 1.45，空气的是 1.00），这对一些特定的光学应用是非常有益的。如果能够认识到，对于将成为固体的颗粒来说，缩合反应并不需要是完全的，就可以理解这种多孔性的起因了。在颗粒内的大量硅羟基没有机会与相邻的硅羟基缩合，从而在颗粒内留下许多空余的空间。SiO_2 底物的进一步网状结构化减小了硅羟基运动的自由度，使得硅羟基的进一步反应变得更加困难。因为硅羟基被束缚到刚性越来越强的底物上，所以就越来越难以移动并与另一个硅羟基进行反应。这对于了解通过溶胶 - 凝胶化学过程得到的氧化物的孔性质是极其重要的。许多材料的性质都会受到多孔性程度的影响，如密度、机械强度、介电常数等。

为了消除这种多孔性，像无定形 SiO_2 这样的溶胶 - 凝胶氧化物就需要“煅烧”。这意味着它们要在空气中加热至很高的温度（对于 SiO_2，通常是 600 ～ 650℃）。该过程导致固体的收缩，因为剩余的硅羟基按照方程式 Si—OH+HO—SiSi—O—Si+H_2O 进一步缩合，导致材料失去多孔性，体积减小，密度增大。

通过这种热处理引起的收缩是溶胶 - 凝胶化学过程应用于不同材料时所遇到的主要挑战之一，因为这通常会使材料内部产生应力，导致氧化物开裂，尤其是当材料固定在表面上的时候。例如，如果通过溶胶 - 凝胶法在蓝宝石基底上生成一层无定形 SiO_2，然后煅烧，就会观察到形成大量的裂缝，这些裂缝通常减少了该材料在器件应用领域的用途。通过小心控制煅烧温度的升温速率和湿度，这个问题多少能够得到些改善，但仍然是此类化学过程的一个非常复杂的方面。

烧结

烧结是一个这样的过程，通过该过程，材料同与该材料接触的颗粒被加热到一定温度，在该温度下，可以观察到原子在表面扩散（顺时针流动），最终导致锋锐的边缘变得平滑，且颗粒熔合在一起。该过程是制备建筑用砖块的核心。

对于大多数氧化物来说，煅烧还能导致结晶化。如果温度很高（超过1000℃），SiO_2 反而会保持无定形，且会熔化。因此在该阶段使用一个足够高的温度来完成缩合反应是很重要的，但是温度不能高到导致颗粒烧结。

2.4 形状

纳米化学文献中有许多 SiO_2 能够呈现形状的实例。然而我们决定在这里提供一个简单的例子，以便向读者介绍最典型的一种纳米结构制备方法——模板法。

尽管这个名词听起来可能有点模糊，但模板法就是铸造的纳米尺度模拟（以至于一些科学家更喜欢称之为纳米铸造）。从古希腊时期起，雕塑家就一直通过在模具中浇注熔化的金属，然后使之冷却的方法，创造青铜雕塑。这不是一个单独的例子，因为纳米技术中的许多制造技术就是纳米尺度版的古代制造方法，在本书中还能看到一些这样的例子。

模板

模板可以定义为能够作为底物用于制造纳米结构的（纳米）结构（可以是固体、液体或气体）。一滴液滴也能够用作模板；沉积了一层纳米晶体薄膜的载玻片可以认为是一种模板；液体中的气泡也可以用作模板。

现在想象一下，在纳米尺度上进行与希腊雕塑家相同的活动（图 2.3）[15,16]。最初的挑战是找到一个尽量可行的模具。在过去的 50 年，材料科学家和化学家已经发明了许多模具。图 2.3 中展示了一种非常流行的模具，即含有纳米孔道的薄膜。这样的结构存在于不同的材料中（如聚碳酸酯[17]、氧化铝[18] 或者硅[19]），且孔道的直径是纳米级的（通常在 50 ～ 1000nm 之间）。在一些特殊的例子中，孔道能够排列成周期性的图案，甚至在外界条件控制下，显示出直径随着长度呈现周期性的变化[19]。

之所以有这么多的研究者去研发这样的薄膜，原因之一就是它们构成了几乎是理想的制备一维纳米材料的模板，如图 2.3 中的例子所示。在该例子中，水解的 TEOS 分子将优先与膜反应，首先在孔壁上形成 SiO_2 薄膜。随着反应的进行，这些孔逐渐地被 SiO_2 填满，直至完全封闭。一旦该过程完成，模板能够被选择性地溶解掉（例如，在氧化铝存在的情况下，可以使用一种温和的酸去除氧化铝，留下未受到损伤的 SiO_2），留下由 SiO_2 纳米线构成的膜的复制品，如图 2.3 下面的图所示。

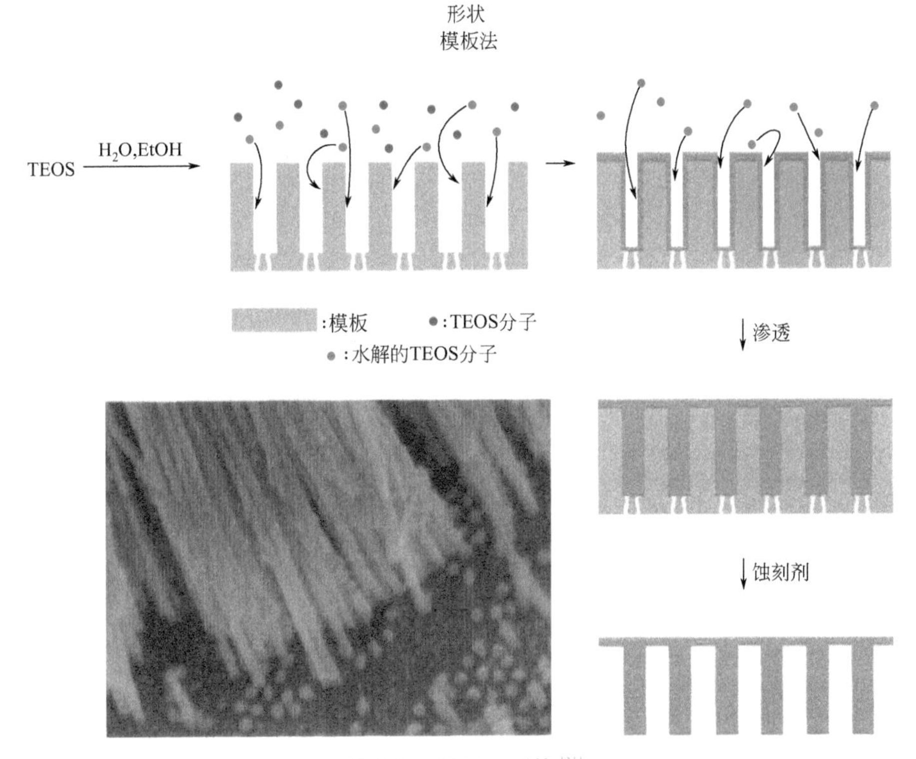

图 2.3 SiO_2-形状[21]

正如 Rocky Balboa❶ 所说，“生活并不总是阳光和彩虹”，对于模板法亦是如此。挑战之一在于渗透过程。下面列出了可能产生的一些难题。

问题 1：前驱体，例如溶胶 - 凝胶的前驱体，在与底物接触后发生原位水解反应，然后在溶液中继续与前驱体反应，导致很快地阻塞了所有的孔道。

解决方案：降低溶胶 - 凝胶的动力学反应速率和 / 或稀释前驱体。

问题 2：前驱体不能完全渗透模板，产生对产物均匀性不利的气泡。

解决方案：在溶液开始渗透之前，使用超声波赶走气泡。

❶ 美国著名影星史泰龙在电影《洛奇》中饰演的人物，表现的是洛奇的拳击生涯。译者注。

问题 3：由于前驱体缩合反应引起剧烈的体积减小，导致形成破碎的产物。

解决方案：通过连续的沉积过程沉积前驱体，让前驱体在其间缩合；每一个后续的沉积过程都能覆盖上一次沉积过程留下的裂缝，从而修复了产物。

尽管获取良好的模板存在着一些挑战，但该过程还是极其通用的。例如，如图 2.3 所示，当孔道中心还没有完全填满 SiO_2 时，就可以停止渗透，除去模板后会留下一个纳米管阵列。这样的纳米管结构在当前出现的纳米流体学领域是非常重要的。在该领域中，需要研究和利用限制在纳米级孔道内的流体的行为，其中包括研究和控制电解质的流动（可能因此形成离子晶体管或者转换器）以及在狭窄孔道中的 DNA 的结构和动力学（可能允许对混合 DNA 链进行大小选择性分离）[20]。

模板法的通用性并不是仅限于形状的控制，还可以扩展到可用模板和前驱体的选择。任何一种纳米结构都可能用于模板法，只要模板能够溶解且与渗透物质分离。模板应该可以通过蚀刻剂完全除去（蚀刻剂可以是溶剂、酸、碱、等离子体、紫外光或者仅仅是气体）。还有，任何一个分子比模板孔道尺寸小的液体或者可气体分散的物质均能用作渗透物质。可以找到一些纳米晶体或胶囊用作渗透模板的很好的实例[22,23]。

然而，使用这种方法，只能生成模板的负版的复制品，这只是单次翻版。如何得到正版的复制品呢？答案是，可以使用负版的复制品作为模板，来获得由另外一种材料构成的初始模板的正版的复制品。该过程称为二次翻版，是相对于单次翻版而言的，而且该过程已经用于获得非常复杂的光子晶体的光学结构[24]。

总而言之，牢记模板法的以下几个方面是很重要的：

（1）几乎任何纳米结构（甚至气泡）都可以用作模板。

（2）对于模板的要求是：（a）选择性溶解度；（b）除去模板的可能性。

（3）任何分子尺寸小于模板孔径的溶剂或者可气体分散的物质均可以用于此模板的渗透。

2.5 自组装

如何制备孔径为 2 ～ 3nm 且周期性排列的一块 SiO_2？你认为该如何实现？

首先假设你是一名物理学家或者工程师，更喜欢自上而下的方法，因此会考虑在硅上制备一层 SiO_2 膜，然后通过平版印刷技术在 SiO_2 上逐个地钻一些孔。简而言之，在 SiO_2 膜上旋转涂布一层防腐剂，用电子束在上面打孔，再使用 HF 溶液溶解孔下面的 SiO_2，然后再使用有机试剂溶解掉光致抗蚀剂，产物就是在硅上面专门设计的 SiO_2 薄膜，且具有想要的孔。一项多么神奇的技术，但却是很难大规模生产的方案。而且电子束刻写是一个极其缓慢且多步骤的过程。如果要将这种材料用于催化，需要约 50kg 甚至 1t 这种材料呢？

现在再假设你是一位化学家或者生物学家，可能喜欢许多材料是自下而上生长的。可以从想象如何生长布满孔道的 SiO_2 开始。SiO_2 将不得不在预先生成的“孔道”周围生长，这很自然地想起了刚才看到的模板法的概念。这样的模板可以是圆筒状的，且倾向于自组装成有序的阵列，非常像烟盒中香烟的排列。原则上能够选择模板的形状和尺寸，取决于材料具有什么种类的孔。此外，模板应当能够从 SiO_2 中除去。

这样的模板是存在的，称为胶束。它们是通过“双重性格的”分子生成的（更科学的表述为两亲分子[1]），这种分子是由两个相连的部分构成的：一部分是亲水的，通常是带有少量电荷或者极性化学基团；另外一部分则是憎水的，通常是以一个甲基结尾的长的亚甲基烷基链。这样的分子自发地形成具有确定形状和尺寸的组装体，以便在其自身两部分的需求之间找到最好的折中。圆筒状胶束是可能的组装体之一。它们是自发形成的，以便使水与这些分子亲水端的接触最大化，同时使水与憎水端尾部的接触最小化（图 2.4）。这样的胶束也可以是球形的，且是在水中形成的，前提条件是这些两亲分子的浓度超过了所谓的临界胶束浓度（CMC）。当低于此浓度时，它们只能形成分子溶液。

现在可以考虑如何使这些胶束的自组装和此前在与尺寸相关的章节中看到的溶胶 - 凝胶反应相结合。毕竟只是想在胶束周围生长 SiO_2，而溶胶 - 凝胶化学过程则允许在水溶液中完成。

图 2.4 中最上面的图是合成周期性介孔 SiO_2 的时间顺序示意图。合成包括表面活性剂与水解的 TEOS 分子的共组装，水解的 TEOS 分子在由表面活性剂形成的胶束的外壁缩合。这最终导致固体无定形框架具有由胶束确定的规则孔阵列。通过煅烧，能够将表面活性剂和胶束烧掉，构成多孔材料孔壁的 SiO_2 能够进一步缩合。在图 2.4 的中部左侧的一张高分辨率的 SEM 照片

[1] 两亲分子：一个分子或配合物，其一（些）部分喜欢极性环境，而另一（些）部分则喜欢非极性环境，因此可以存在于两种环境之间的界面处。

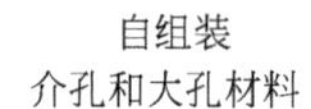

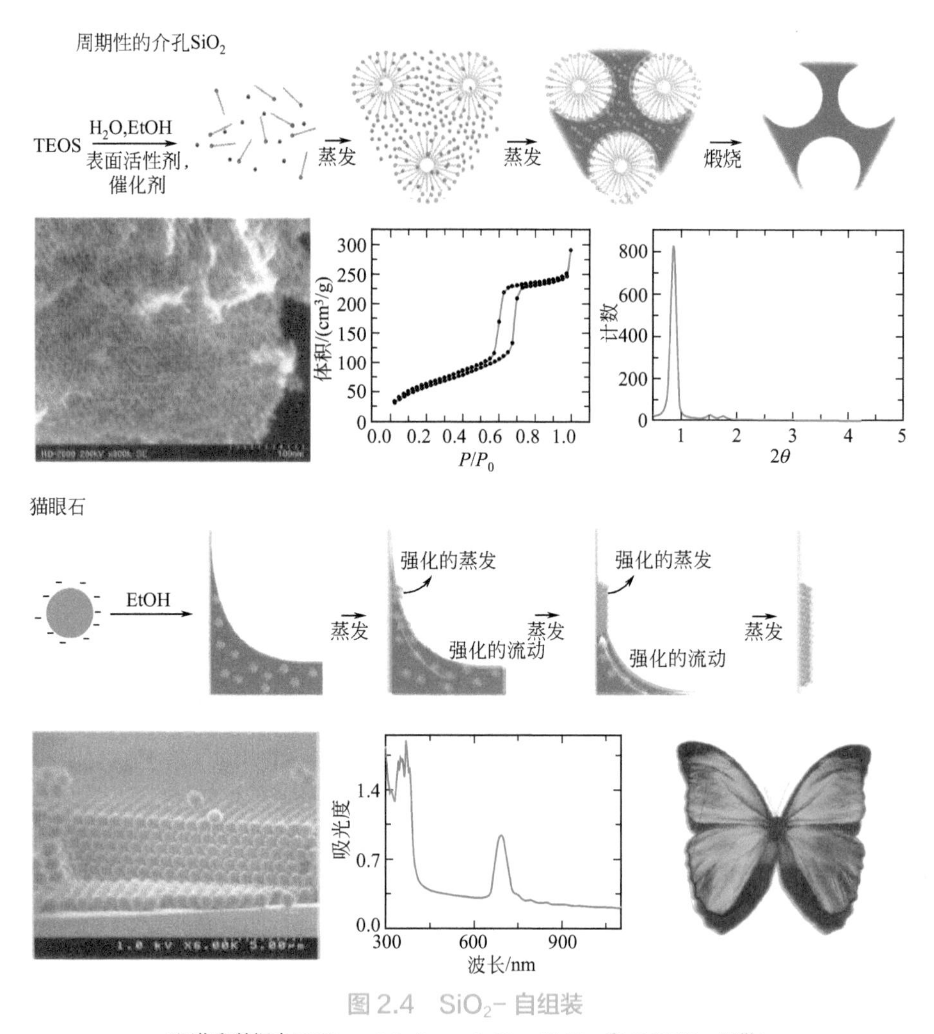

图 2.4 SiO_2- 自组装

（图像和数据由 V. Kitaev, J. Lofgreen, J. Chen, K. Hou 和 G. Phillips 提供）

清楚地显示出许多孔以及由这些孔组装成的六边形对称结构；中间的气体吸附等温线以及吸附 - 脱附回线显示出预期的介孔材料所具有的典型形状；右侧的小角 X 射线散射（SAXS）谱图显示了如何通过 X 射线检测和量化孔组装的顺序。在图 2.4 的中下部，可以看到如何从 Stöber 方法合成的 SiO_2 胶体中获得人造猫眼石。基板浸入用于蒸发的分散有胶体的乙醇中。向下运动的半月板[1] 最初将一些颗粒保留在基板和乙醇 - 空气的界面之间，该界面

[1] 半月板：在封闭的液体顶部形成的弯曲表面。

在此过程中变形。这种变形导致蒸发增强，这又使得胶体向生长前沿的流动增强。该过程最终引发了由球形颗粒间的毛细作用力驱动的强烈的定向自组装，从而在基板上生成了非常有序的猫眼石薄膜。图 2.4 最下面的左侧显示了一张高质量的人造猫眼石结构的 SEM 照片；中间猫眼石的紫外 - 可见吸收光谱显示，在 700nm 处出现一个强的吸收峰；右侧为一张在大闪蝶翅膀中的天然三维光子晶体的照片。

胶束与 SiO_2 的共组装过程（见 1.5 节）允许生成一类新奇的、称为周期性介孔 SiO_2（PMSs）的材料，且该材料已经改变了我们看待多孔材料和自组装的方式[25]。图 2.4 中显示了其机制，还有一张由这种化学方法得到的材料的扫描透射电镜（STEM）照片，清楚地显示出许多孔及其六边形的有序排列。这些材料的比表面积可以达到约 $1000m^2/g$，70mg 这样的材料的表面积大约相当于需要涂布的典型的一居室的面积。许多领域均与具有这么大表面积的材料有关，如催化、色谱、传感、电池、燃料电池、太阳能电池以及任何涉及液体、气体或者光与固体表面相互作用的功能。可以想象制备像这样的一种材料，且其管壁对砷具有很强的吸引力，相对很少量的这种材料就有可能帮助解决饮用水的砷污染问题（东南亚地区一个特别严重的问题）。

额外的技术优势是引人注目的：

（1）这些孔道是内部相互连接的；

（2）通过设计可以控制孔道的尺寸和形状；

（3）通过设计可以控制孔道的形态；

（4）通过设计可以控制孔道的方向；

（5）孔壁组成的选择是很广泛的，因为原则上其仅仅受到可用的溶胶 - 凝胶前驱体的限制。

介孔

依照国际纯粹与应用化学联合会（IUPAC）的规定，介孔定义为材料的孔径在 2 ～ 50nm 范围内的孔。

为了表征这些材料，通常要测量吸附等温线，如图 2.4 中上部的 STEM 照片右侧的图所示[26]。将样品放入液氮温度下的真空室，然后将一种气体通入室内，就可以测量材料的孔隙吸附了多少气体。达到大气压力后，再对样品减压，检测气体从孔中脱附的逆向过程。吸附 – 脱附曲线通常是不同的，并显示出一个滞后周期（其基本解释是，脱附气体比吸附气体更难）。

根据一些理论，这样的曲线可以测定的不仅有材料的表面积，还有平均孔径、孔径分布，甚至材料的弹性[26]。

可以用于介孔材料的另一个主要表征技术，通常是用于测定某种材料的介孔或纳米级孔的周期性变化，就是小角 X 射线散射（SAXS）。可以监测散射的 X 射线的量，依赖于散射的 X 射线束的偏转角度（通常在 0.1°～10°之间）。根据介孔材料的 SAXS 谱图，能够评估孔道的周期性、孔与孔之间的距离，有时甚至是孔的形状[27]。

电磁辐射，如 X 射线，在与周期性结构相互作用时可以被衍射[28]。衍射是一类特殊的散射。这种行为可以用布拉格定律表示，该定律定义了衍射条件取决于入射光的入射角 θ 和波长 λ 以及材料的周期性 d（n 为正整数）：

$$d=n\lambda/(2\sin\theta)$$

在 X 射线的情况下，n 一般为 1，其波长通常来自铜靶的波长，即 0.154nm。如果一种材料显示出的周期性 d 为 3nm，则 X 射线将在约 1.47°被散射，这个角度是很小的，这就是为什么该方法被称为小角 X 射线散射。

布拉格定律阐述了一个应该牢记的一般性概念：如果要探测具有特定长度尺度的结构，就应当找到一个类似长度尺度（波长）的探头（如电磁波）。原则上使用 X 射线可以看到微米尺度的周期性，但是能够观测到这样的周期性的角度是如此小，由简单的实验室的 X 射线衍射仪器是不能实现的。使用同步加速器有可能实现这样的观测，但从光学角度讲，实际上使用红外光更容易实现这样的观测，因为其波长在微米范围。

如前所见的 Stöber 方法合成的颗粒，PMS 的 SiO_2 框架也是多孔的，常常通过煅烧使其更加致密。同样遇到了已经描述过的与收缩和开裂相关的挑战。

煅烧，通常在空气气氛中进行高温加热，也是从缩合的介孔 SiO_2 材料中去除胶粒最常用的方法。能够获得同样的结果且 SiO_2 框架没有进一步缩合的替代方法是溶剂萃取、紫外线光解及等离子体处理。

另一类基于 SiO_2 纳米级的构造模块自组装的材料就是所谓的猫眼石，其作为一类光子晶体得到了深入的研究[29]。

猫眼石的名称应当能使人们想起那些璀璨的、与角度有关的发乳白色光的宝石。这样的奇迹就是地质形成的、几乎是单分散的 SiO_2 微球有序组装的结果。科学家们已经能够模仿该地质过程，将 Stöber 方法合成的 SiO_2 胶体自组装成有序的阵列，实现了制造人造猫眼石的愿望。

有许多方法能够用来组装尺寸在 100～400nm 的胶体颗粒，但最有效的方法应当是所有方法中最简单的。将基板（通常是玻璃）浸入到 SiO_2 胶体的乙醇分散液中，然后让其蒸发[30]。

随后的过程如图 2.4 所示：在蒸发过程中，半月板被迫向下移动，一些胶体留在基板和空气 - 溶剂界面之间；留下的胶体使它们周围的空气 - 溶剂界面呈现波纹状，导致空气 - 溶剂界面的表面积增大；增大空气 - 溶剂界面的表面积导致蒸发增强，因为有更多的表面积可供溶剂分子蒸发；加强的蒸发又导致溶剂向该区域的流量增加；溶剂试图减小空气 - 溶剂界面的表面积，因为其表面能很高。当水分子从湿的胶体主体蒸发时会增大这样的界面的面积，所以会从分散液相吸取更多的溶剂来进行补偿。

增加的液体流量将会携带更多的胶体颗粒，这些颗粒将不得不堆积在那些已经保留在空气 - 溶剂界面的胶体颗粒上，且由于颗粒间的毛细作用力而得到加强。这样强的作用力使得胶体颗粒能以最有效的方式排序，即形成了有序的面心立方（fcc）晶格。

当蒸发结束时，可以观察到一个非常漂亮的沉积在基板上的球形颗粒的有序阵列，如图 2.4 中左下角的 SEM 照片所示。

控制蒸发速率和分散液中胶体的体积分数就能控制薄膜的厚度。

这样有序的颗粒阵列可以看作许多物体：

（1）三维多孔模板；

（2）有序大孔材料；

（3）用于细胞生长的支架；

（4）用于研究封闭系统中生物分子扩散的支架；

（5）用于结构材料的多孔支架等。

但是下面将要集中注意的一件事就是它们的光子晶体性质，将看到这种性质使得控制光的流动成为可能。

正如在描述 SAXS 技术时所暗示的，光能够和周期性长度尺度与其波长相当的结构发生强相互作用。对于猫眼石来说，这是显而易见的，即其颜色就是光照射到它们后产生衍射而形成的。同样的原理可用于大闪蝶，其翅膀是由不含任何染料或色素的甲壳素、蛋白质构成的，而其极其绚丽的色彩是由于构成它们翅膀的周期性的结构框架。这明显优于染料和色素，因为这样的“结构性”颜色随着曝光量的增加会变得更亮，并且不会随时间的推移而衰减。

因其周期性而能与光相互作用的周期性结构通常称为“光子晶体”，因为它们能衍射光子，类似原子晶体衍射电子的方式[31]。

在图 2.4 显示的吸收光谱中能看到这样的衍射。在 700nm 处的强峰来自如左侧的 SEM 照片所显示的人造猫眼石在该波长的衍射。使用布拉格定律也能预测这样的强峰的存在。在该谱图中，固定角度变量为 90°以及参数 *d*（因为 SiO_2 微球不能真正地动态改变尺寸），然后监测衍射随波长的变化。

现在应该知道的重要事情是，光子晶体不仅仅只是非常好的变色材料，而且还能够控制光的流动，非常像半导体控制电子的流动。例如，在吸收光谱中，位于禁带边缘、峰位置在 700nm 附近的光，在光子晶体中流动会变慢，而在 700nm 的光则会被反射回去。如果在这样的猫眼石内部有一个如此波长的光源，其发射光子的速度将会大幅度减小。

可以与现实生活做个比较。想象由一个光源发射的光子就像进入餐馆的男男女女的人流。为了从光源发射出来，这样的光子必须被置于一个光子态。这样的光子态可以表示为餐馆里的一个空座位。如果没有光子可用的光子态，就不能在真空中放入更多的光子，就如同餐馆里所有的座位都坐满了，就无法坐更多的人。在餐馆里只有这么多的座位，就如同在真空中只有这么多光子态。没有找到光子态的光子不得不返回到光源，就如同在餐馆里如果找不到座位，人们将不得不离开餐馆。过一段时间后，吃完饭的顾客会离开餐馆，座位就会空出来了。同理，光子离开光子态后，空出来的光子态就可供其他光子使用了。

光子晶体能够改变“餐馆中的座位数”。如果光子具有与禁带中心相对应的波长，它们将很难找到“座位”，因此其发射会受到限制，光子 / 顾客流就会变慢。如果光子改为位于禁带的边缘，光子就能找到相当多的“座位”，光源的发射就会扩大，因而光子 / 顾客流就会增加。

除了这种对可用光子态密度的影响，光子晶体还可调节光在其内部的扩散速度，取决于光子的波长及其运动方向。这是一个相当复杂的课题，但应当知道，利用光子晶体可以有效地增加光子与材料发生相互作用的有效光程或时间（称为“慢光子”现象）。这可以导致更有效的光 - 材料相互作用现象，是提高光催化剂、太阳能电池、照明系统等效率的核心。

目前化学家对此的兴趣就是，光子晶体的光学性能很大程度上取决于所使用的材料和自组装的质量。例如，通过使用由硅制得的光子晶体，可以在减缓光速的能力方面获得巨大的改变，因为硅有很大的折射率。还有，已经发现了猫眼石的负版的复制品，称为反转猫眼石，可能比猫眼石本身具有更好的光学性质。通过所有可以想到的模板方法，已经得到许多材料的反转猫眼石，且它们的用途不会仅仅局限于光学，在电池设计、人体组织工程、传感器、涂料、显示器、认证设备、气相色谱的固定相等方面都得到了应用。

最后，同样重要的是，人们认识到猫眼石恰恰是一类能按照意愿控制光的光子晶体，且存在着数百种可能的结构。总有一天甚至能使用光子晶体来制造计算机，即用光子替代电子来处理信息。

2.6 缺陷

缺陷在任何材料体系中都发挥着重要作用。最熟知的缺陷就是晶体的缺陷[32]。

晶体是原子按长程有序排列的结构。尽管这可能听起来反常，但相对于非晶态的玻璃，自然通常对晶体显示出能量偏好，其原因就是非晶态材料有更多的缺陷，而缺陷是高能量的。随处可见的金属、石头、陶瓷大多是晶体或晶粒的聚集体（多晶体）。

晶体的缺陷就是指打破完美晶体的对称性、周期性，或者组成的缺陷。例如，大多数材料都不是“单一的”晶体，而是由晶粒组成的。

晶粒边界通常被认为是缺陷，因为它们破坏了局部的周期性。

其他常见的缺陷按其维数分类如下：

（1）零维：空穴（缺少一个原子），杂质（一个进入晶格的外来原子）；

（2）一维：位错（一行错误排列的原子）；

（3）二维：堆垛层错（晶面排列中的一种缺陷）；

（4）三维：内含物（进入晶格的外来原子簇）。

固态物理学的主要概念之一就是，材料的性质不仅取决于其组成，而且还与其原子位置的特定周期性和对称性有关[33]。而缺陷位于一个局部的位置，其性质不同于材料的其余部分（体相）。如果缺陷的浓度很大或程度很严重，其影响就不仅出现在局部，还将扩展到材料整体。

在非晶态 SiO_2 的情况下，由于原子结构是确定的，所以缺陷基本上是构成材料的主体。由于骨架无法避免的不完美缩合，存在于体相的硅羟基可以看作是非晶态 SiO_2 的缺陷。由于玻璃骨架的不规则性，这种不完美有点难以想象或设想。

作为替代方案，这里选择性地展示晶体缺陷的类似物，可以将其美化地设想成称为光子晶体的 SiO_2 胶体的组装体。由于胶体的尺寸及其有序的组装，它们代表了一种极其简单和典雅的模型体系，借此可以很容易地观察、研究及理解出现在规整的原子晶体中的晶体缺陷。

图 2.5 的左侧上部显示了能够在人造猫眼石中观察到的三种内部缺陷，其紧密程度非常接近于原子晶格。在图 2.5 的顶部，左侧的 SEM 照片显示了一个表面的空穴（缺少了一个球体）；在其右侧的共焦光学显微镜照片中，可以清楚地看到双体球形成的位错；第 2 行的 SEM 照片显示了三层猫眼石的两种不同的堆垛（ABA 和 ABC），其中 ABA 是在正常的面心立方 ABC 猫眼石晶格中的堆垛层错[34]；这样的堆垛层错对人造猫眼石的一些光学性质有着重要的影响。在图 2.5 下部的左侧能够看到一个外部缺陷的例子，通过化学气相沉积（CVD）方法已经能够规模化地获得此类缺陷。聚苯乙烯微球首先组装成猫眼石，通过 CVD 方法覆盖过量的 SiO_2，从而产生已知厚度的包覆层；然后，将该复合材料覆盖上一层猫眼石，再借助 CVD 方法包覆

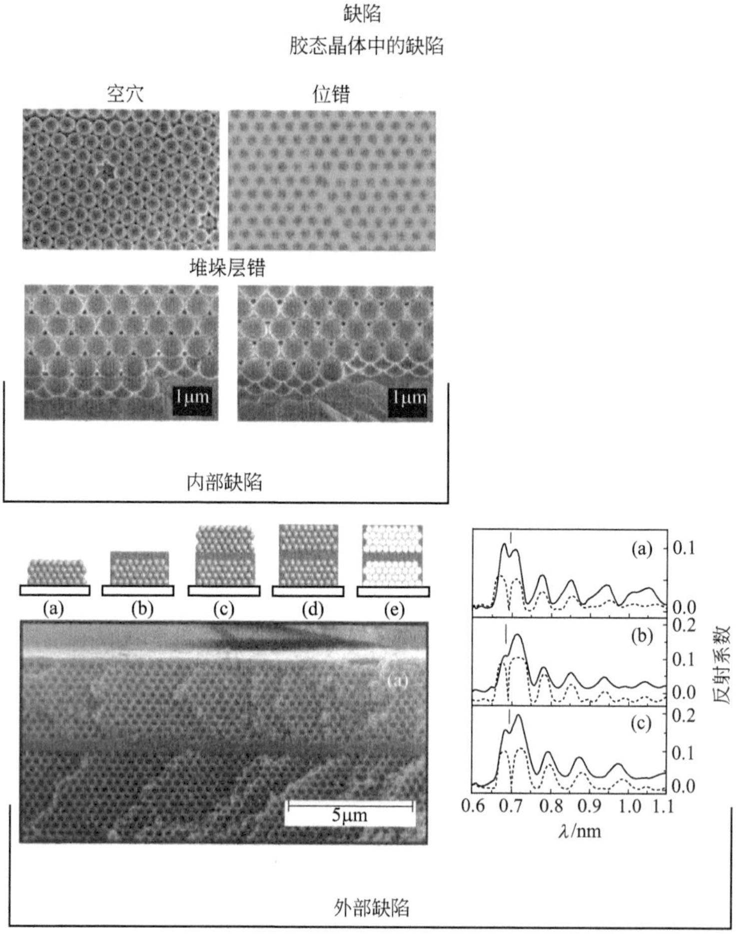
缺陷
胶态晶体中的缺陷
空穴
位错
堆垛层错
1μm
1μm
内部缺陷
(a)
(b)
(c)
(d)
(e)
5μm
(a)
(b)
(c)
0.1
0.0
0.2
0.1
0.0
0.2
0.1
0.0
反射系数
0.6 0.7 0.8 0.9 1.0 1.1
λ/nm
外部缺陷

图 2.5　SiO_2- 缺陷

（SEM 照片由 V. Kitaev 提供）

SiO_2 层；最后，将复合材料在空气中煅烧以除去聚苯乙烯猫眼石模板，得到中间夹有经过裁剪的 SiO_2 平面缺陷的反转的猫眼石。如图 2.5 右侧不同厚度的缺陷的反射光谱（实线）所示，其在禁带中显示的特征传输衰减与理论预测（虚线）相当吻合[35]。

在图 2.5 中，可以看到人造猫眼石中的内部或外部的缺陷。内部缺陷是热力学稳定的，因此对于系统来说是“自然的”缺陷。原子晶体中的某些缺陷也已经被证明是内部的，如空穴，而且一定缺陷的平衡浓度是热力学不可避免的。从这种意义上说，内部缺陷还可能是亚稳态的，也就是说它们可能是热力学不稳定的，但是动力学受限的。

相反，外部缺陷是可以控制的缺陷，通过设计可以增加这种缺陷，以便能以一种有益的方式来改变材料的性质。在本书的其余部分将会看到缺陷是如何成为主角的以及致力于其控制的大量研究。实际上，正是因为缺陷，大多数材料才是很有趣的。这可以看作是一种不完美与完美的匹配。

图 2.5 中右侧显示的两个位错是由一个球形二聚物杂质产生的，如同在再生合成方法中经常出现的那些杂质（图 2.2）。现在可以看到，在合成过程中这样小的不完美竟然能对自组装产生如此大的影响，最终对材料的结构和性质产生影响。因此，现在可以欣赏在纳米结构合成中的单分散性的实用性。为说明这一点，特列举一个例子，即每一万个球中只要有一个二聚物就能够产生此类缺陷。

至于外部缺陷，在图 2.5［(a)～(e)］中显示了一个创造性的例子，即借助在本章中已经学到的许多概念，如何像“变魔术”般地创造一个复杂的结构。该组图片可以说明在其下方的 SEM 照片中所显示的样品的自组装过程。

第一步，聚苯乙烯胶体沉积在基板上。第二步，SiO_2 从气相均匀沉积在作为模板的猫眼石的空隙中。这种沉积使用了所谓的 CVD 过程，即通过像氩气或氮气这样的惰性载气运输四氯化硅气体至模板，在有水蒸气存在的条件下与表面反应，形成共形的厚度可控的 SiO_2 涂层[36]。在此特定情况下，SiO_2 的 CVD 稍微过量一点，就能在猫眼石上形成覆盖层。这种覆盖层最终成为外部的平面缺陷层。鉴于对 CVD 过程的控制精确度在埃（10^{-10}）数量级，可以完全控制这种覆盖层的厚度，从而决定这种缺陷对最终样品性质的影响。在该过程的第三和第四步，在覆盖层上面生长另一层猫眼石，然后通过 CVD 进行另一次 SiO_2 的渗透。在最后一步，顶部和底部夹有或覆盖着平面缺陷的聚苯乙烯猫眼石模板被有机溶剂选择性地溶解掉，导致在中间形成具有二维缺陷的精心设计的猫眼石体系。

在图 2.5 右侧的反射光谱中观察到的峰与在图 2.4 中吸收光谱的峰有相同的起源，它代表了禁带，即能够阻止光进入猫眼石。

在这种情况下，平面缺陷引入了一种能够通过禁带中的传输衰减确认的缺陷态。通过折射率（依赖于 SiO_2 的密度）和缺陷层的厚度（相应地，通过 CVD 过程可以控制该厚度）可以控制峰的衰减位置。

这种缺陷态就是光子晶体的性质“暂停”的证据，正如最初提到的那样。因此，当周期性被破坏的时候，通过设计在结构中添加缺陷，就能够以一种有目的的方式控制光的传播。如果一定波长的光不能在一定程度完美的猫眼石中传播，这就意味着在同一猫眼石中引入外部缺陷将允许光传播通过这些缺陷，而在禁带所有其他波长的光只会被反射[37]。通常纳米材料中的缺陷允许一些在完美的结构中不可能存在的现象发生。

除了能够满足想了解如何控制自组装结构中缺陷形成的科学方面的学术兴趣之外，这样的结构在开发生物传感器方面已经显示出很好的前景，正如将在第 3 章中看到的那样。

2.7 生物纳米

本节展示一些 SiO_2 用于生物学和医学的新型工具开发方面的引人注目的实例。重点展示 PMSs 和光子晶体用作治疗或诊断设备平台的工作方式。

在图 2.6 显示的第一个例子中，考虑用 PMSs 作为药物输送平台[38]。药物输送是基于一个简单概念的、完全成熟的领域。输送一个药物最好的方法就是保持其在血液中浓度的稳定，并能更好地控制其到达感兴趣的位置再释放出来[39,40]。每天服用的普通药物不能保持其活性分子在血液中的浓度稳定，而是表现出浓度峰值及随后的突然下降。这意味着在血液中的药物浓度仅仅在一个较短的时间内是最佳的。此外，药物一般是系统管理的（通过整个身体），因此它们会在不想用药的组织中产生副作用。为了解决这个问题，化学家们已经设计了一种方法，即通过药物输送试剂使药物可以逐渐地释放到血液中，这些试剂可以是外部的，如片剂；或是内部的，如药物输送胶囊。

在图 2.6 的顶部可以看到如何将 PMSs 应用于药物输送，即使用纳米晶体作为“智能阀门”堵住含有药物分子的纳米通道，然后在一定刺激下开启并原位释放出药物。使用在胺和硅烷之间带有一个二硫化物基团的氨基硅烷使 PMS 官能团化，然后药物就能渗透进入 PMSs。单独设计的纳米晶体的表面暴露出一个羧酸，可以与胺反应实现酰胺化，通过酰胺化可以将纳米晶体连接到通道口。通过将二硫化物还原至硫醇，可以将固定纳米晶体的分子破坏，从而开启通道，引发药物的释放[41]。在图 2.6 的底部可以看到如何在猫眼石的内部设计 DNA 平面缺陷。将猫眼石暴露于最小量的柔毛霉素的一种对映异构体中，导致插入诱导的 DNA 缺陷的实质性膨胀以及随后在禁带中缺陷模式的变化。反之，暴露于另一种对于插入的 DNA 没有相适手性的对映异构体中，不会导致禁带中缺陷模式的实质性变化[42]。

纳米化学家开发了许多新的药物输送平台，但是在这个特例中，只聚焦于一种平台，即具有许多优势，且以 SiO_2 为基础的药物输送平台[41]。

已经看到如何由烷氧基硅烷和表面活性剂自组装成 PMSs，并且能够在纳米尺度范围内调节孔径的尺寸。如图 2.6 所示，可以使用载有三个具有特殊功能的不同基团的分子，使 PMS 中的孔壁功能化；硅烷基团具有将分子锚定在孔壁上的功能，如 2.2 节所描述的（图 2.1）；氨基具有用作孔的“软木塞”的功能（稍后介绍）；而硫化物基团则具有一种“桥”的功能，能被特殊的化学刺激（还原）破坏。

使用这些分子将 PMS 孔壁功能化后，就能够将药物分子与 PMS 相连。接下来的步骤是在体系中插入适当尺寸的、如图 2.6 所示的类似菱形的、已经被双官能团分子功能化的纳米晶体。这种分子含有一个巯基基团，起着锚定到纳米晶体表面的作用，而羧酸基团通过生物学上普遍存在的反应，与氨基反应生成稳定的酰胺键：

$$R—COOH+H_2N—R' \rightleftharpoons R—CON(H)—R'+H_2O$$

因此这些纳米晶体能用作纳米孔道的纳米级“软木塞”，因为它们通过生成酰胺的反应能够与孔壁上的分子发生反应，如图 2.6 中间部分的图所示。一旦孔道被纳米晶体所关闭，就能够对样品进行原位洗涤及处置。通过还原可以使硫化物裂解，锚定在 PMS 孔壁上的分子就会断开连接，纳米晶体就会离开孔道口，从而原位释放出药物。

这是一个优雅的例子，即使用如此巧妙的纳米化学和像 SiO_2 这样一种非常简单的材料就能够在纳米医学领域创造出新奇、精妙、具有技术意义的平台。

下面一个例子是基于光子晶体中的外部缺陷。在前面的一节中曾提到这样的平面缺陷如何影响猫眼石的光学性质，还提到这样的影响如何依赖于缺陷的折射率和厚度。这意味着，如果能够使受刺激层在厚度和 / 或折射

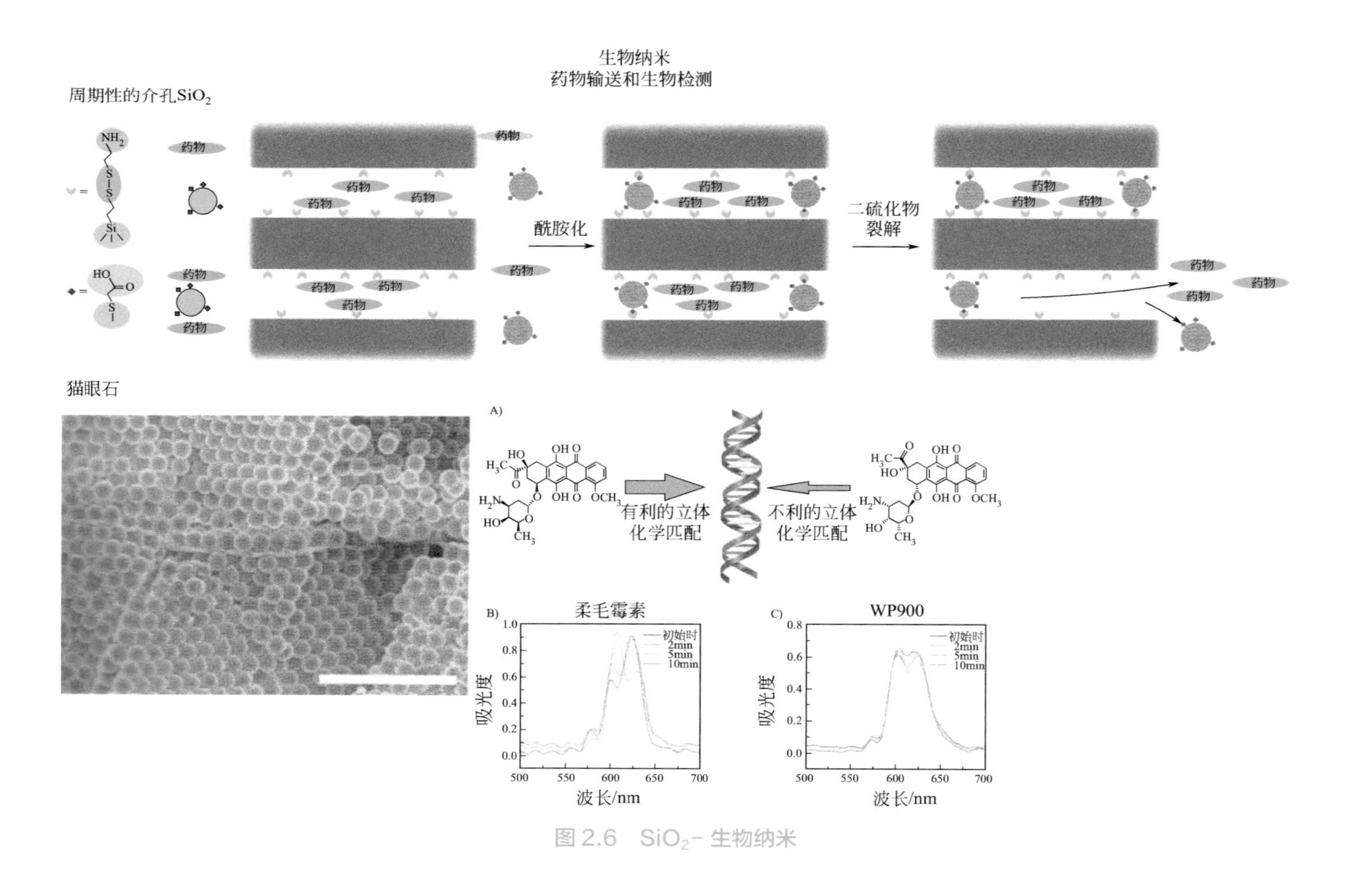

图 2.6 SiO_2-生物纳米

率方面的变化对于刺激的响应是动态的，就能够获得一种以此为基础的生物传感器。

这就是通过创建一种由 DNA 构成的缺陷层而获得的结果[42]。正如在图 2.6 中的 SEM 照片中所见，缺陷层的厚度与微球的尺寸相比可以是非常小的，但其对光学性质却有很大的影响。这项工作的研究人员利用 DNA 的识别能力检测飞摩尔浓度的称作柔毛霉素的化疗抗癌药物，并能将其与相反的对映异构体区别开来。柔毛霉素是一种手性分子，且只有在与其相适的立体化学条件下才具有活性。由于这种手性及相应的立体化学要求，用于治疗的对映异构体能够嵌入到双螺旋 DNA 的螺旋状空间中，而其相反的对映异构体则不能如此。

这意味着即使在飞摩尔浓度，柔毛霉素的一种对映异构体也会与 DNA 缺陷层发生强相互作用，有效地使其膨胀，增加其厚度，并改变其折射率，从而显著地改变其在禁带中传输衰减的位置，如图 2.6 中吸收光谱所示。相比之下，另一种对映异构体对 DNA 没有显示出亲和力，因此不会改变其在禁带中传输衰减的位置。实际上，不相适的对映异构体与 DNA 的立体化学匹配很差，阻止了其嵌入 DNA 缺陷层。

现在可以想象，类似的原则可以应用于许多被分析物和底物，因而可以探索该平台的多种可能性。正如该例子所显示的，尽管“缺陷”这一名词可能仍然带有负面的含义，可实际上却是非常积极的，只要能控制它们发挥出一个有用的功能。这就是纳米化学的力量。

2.8 结论

在本章的结尾，可能已经注意到 SiO_2 在纳米化学领域的实用性不仅依赖于其特性，而更多地依赖于它可以很容易地调整大小和形状，进行表面修饰，获得设计缺陷和自我组装成具有某种功能和用途的结构。

这就部分地解释了为什么纳米化学家将其看作纳米化学中最受欢迎的“构造材料”之一。其无毒的特点、可控的反应活性、选择性的蚀刻能力、性质的各向同性、光学的透明性、缺乏导电性、耐高温性等均是令人印象深刻的，且具有独特的高附加值。这些属性似乎确保了在未来很长一段时间里，SiO_2 都将是最忠实的“纳米材料的朋友”。

2.9 思考题

（1）玻璃和石英哪个有更高的熔点？哪个更硬？为什么？

（2）具有周期性结构的介孔 SiO_2 比玻璃硬吗？提示：这取决于着眼点。

（3）镁蒸气与 SiO_2 高温反应的产物是什么？能将这个有趣的结果应用到 SiO_2 纳米颗粒、周期性的介孔 SiO_2 及 SiO_2 猫眼石吗？

（4）将玻璃载玻片逐渐从室温（RT）加热至 1000℃，其表面会发生什么？经过这样的加热处理，再冷却至室温以后，载玻片上水滴的接触角会发生什么变化？

（5）$Si(OEt)_4$ 在酸性条件下的水解与在碱性条件下的水解有何不同？如果改为 $SiCl_4$，情况又会如何？哪种水解最快？使用 CCl_4 或 $SnCl_4$，情况是相同还是不同的？

（6）如何在载玻片上合成一定梯度的硅烷醇锚定的—$O_3Si(CH_2)_9CH_3$？当这种载玻片与水平面呈 30°角时，放置于其底部的一滴水将发生什么变化？

（7）除了周期性的介孔 SiO_2，还存在着周期性的介孔金属氧化物的周期表。想象有人点燃了你兴趣的火花，设计一种合成方法，然后说明产物独特的性质将如何赋予其有趣的功能和可能的最终用途。

（8）除了美感外，与 SiO_2 中单一尺寸介孔的非周期性排列相比，周期性排列的好处是什么？

（9）假设一个完美的、六边形对称的、周期性的介孔 SiO_2 模型，其孔径为 3nm、管壁厚度为 1nm。在纯几何结构的基础上，估算其每克的表面积；如何与由 SiO_2 微球组成的面心立方的 300nm 的猫眼石的表面积相比？如果球体是由前述的介孔 SiO_2 组成的，比较结果将如何变化？对于这些发现有什么想法或感觉惊奇吗？

（10）当 SiO_2 上的硅烷醇表面置于酸或碱的水溶液中时，该表面会发生什么变化？

（11）将硅烷醇表面的锚定基团由—O_3SiCH_3 变为—$O_3Si(CH_2)_8CH_3$，再到—$O_3Si(CF_2)_8CF_3$，SiO_2 的润湿性表现如何？

（12）提出一个使 SiO_2 微球带正电荷的表面化学功能化的方案。为什么这种电荷控制是有趣及有用的？

（13）描述一种制造 SiO_2 纳米颗粒与电解质均为单层交替的多层结构的自组装方法。

（14）当新鲜的硅表面暴露在空气中时，其表面会发生什么？为什么这种影响在纳米化学中有着巨大的作用？

（15）写出 HF 水溶液蚀刻 SiO_2 及 NaOH 乙醇溶液蚀刻 Si 的配平的反应式。

（16）在 SiO_2 微球通过 Stöber 过程成核及生长时，为什么在球的直径约为 500nm 时，生长会停止？

（17）在 300 ～ 800℃范围内对 Stöber 方法合成的 SiO_2 微球进行热处理，将会发生什么变化？

（18）据最近报道，在火星上存在着 SiO_2 猫眼石，这对于火星上的地质化学条件意味着什么？

（19）如何证明通过 Stöber 过程制得的 SiO_2 微球实际上是球形的？偏离精确的球形形状可能会对结晶的猫眼石的形成及其光学性质产生什么样的影响？

（20）离子、分子或聚合物溶液流过逐渐缩小尺寸的 SiO_2 纳米孔道与流过微米孔道有什么不同吗？这是否暗示了前者的一些可能的用途？

（21）如何制备一个 SiO_2 猫眼石的硅的复制品？为什么说这种材料在光电通信、太阳能电池及蓄电池等领域作为平台材料是非常有趣的？

（22）设想使用周期性的介孔 SiO_2 作为纳米反应器，然后使用模板化的金属催化生长碳纳米管。与非模板化合成相比，这种合成有什么益处？

（23）什么因素可以控制在云母基底上的水合酸性表面活性剂模板化生长六边形对称的介孔 SiO_2 薄膜？在石墨或玻璃上，预期其将如何变化？

（24）周期性的介孔 SiO_2 在单壁碳纳米管或石墨烯上是如何生长的？

（25）在六边形对称的介孔 SiO_2 薄膜中，可能会存在什么样的缺陷呢？

（26）是否想过单细胞硅藻是如何创造具有无数的令人惊异的形状和令人印象深刻的气孔图案的硅酸微观骨架的？设想如果有能力在纳米化学实验室由 SiO_2 创造出这样的多孔结构，可以称为人造硅藻，而且能够完全控制其大小、形状和表面，可以用它们做什么？

（27）SiO_2 猫眼石在微米尺度是晶体，但在纳米尺度却像玻璃一样。能设想出一种将玻璃结晶制成石英猫眼石的方法吗？这种结果为何可能是很有趣的？

（28）在液相酸催化合成具有六边形对称性孔道的、周期性的介孔 SiO_2 时，很小的 pH 变化就会对最终产物的形态产生很大的影响，即随着酸性的降低，产物会从纤维变成圆盘，再变成球体。这是为什么？

（29）SiO_2 猫眼石因其能衍射不同颜色的光而闻名，主要取决于其组成球体的直径，但还依赖于光在猫眼石上的入射角，为什么会这样？

（30）设计一个由有序的介孔 SiO_2 制造猫眼石的合成方法，然后考虑用其做些有用的事情。

（31）因为来自 SiO_2 猫眼石的反射光的颜色取决于球体的直径以及有效折射率，所以能想出通过积极地改变猫眼石的这两个参数或其中之一来调整猫眼石颜色的不同方法吗？基于 SiO_2 猫眼石的全色调节，能创建一种新奇的工艺平台及一个新的衍生产品的公司吗？

（32）如何由 SiO_2 制作一个绚丽的蓝色大闪蝶？为何如此？

（33）眼睛在乎 SiO_2 猫眼石中 [111] 面的堆垛层错吗？为什么担心在 SiO_2 猫眼石中出现这些缺陷？

（34）如何在二氧化钛的反转猫眼石中合成一种二氧化钛的平面缺陷？这种缺陷对于来自二氧化钛的反转猫眼石的布拉格反射光光谱有什么影响？

（35）设想如何制取一种可生物降解的猫眼石薄膜，可以用它做什么？

（36）能想出一种在毛细管柱里生长 SiO_2 猫眼石的方法吗？如果被告知，这样的毛细管柱优于随机填充的 SiO_2 微粒色谱柱的最高分辨率，你觉得可能吗？

（37）能想象如何在微流体芯片的微孔道里生长 SiO_2 猫眼石吗？如何将这种能力用于芯片生物分离和生物分析？

（38）已知可以使水凝胶（如部分交联的聚丙烯酰胺）对不同的刺激（如 pH 值）做出可逆的膨胀和收缩响应，能设想一种制造猫眼石 pH 传感器的方法吗？

参考文献

[1] Zhuravlev, L. T. (2000) *Colloids Surf.* A, 173 (1-3), 1-38.

[2] Brinker, C. J., Scherer, G. W. (1990) *Sol-Gel Science: The Physics and Chemistry of Sol-Gel Processing*, Academic Press.

[3] Sauer, J., Hill, J. R. (1994) *Chem. Phys. Lett.*, 218 (4), 333-37.

[4] Chvedov, D., Logan, E. L. B. (2004) *Colloids Surf.* A, 240 (1-3), 211-23.

[5] Naono, H., Fujiwara, R., Yagi, M. (1980) *J. Colloid Interface Sci.*, 76 (1), 74-82.

[6] Jal, P. K., Patel, S., Mishra, B. (2004) *Talanta*, 62 (5), 1005-28.

[7] Palmer, W. G. (1930) *J. Chem. Soc.*, 1656-64.

[8] Stöber, W., Fink, A., Bohn, E. (1968) *J. Colloid Interface Sci.*, 26 (1), 62.

[9] Giesche, H. (1994) *J. Eur. Ceram. Soc.*, 14 (3), 189-204.

[10] Giesche, H. (1994) *J. Eur. Ceram. Soc.*, 14 (3), 205-14.

[11] Mulvaney, P., Liz-Marzan, L. M., Giersig, M., Ung, T. (2000) *J. Mater. Chem.*, 10 (6), 1259-70.

[12] Manoharan, V. N., Elsesser, M. T., Pine, D. J. (2003) *Science*, 301 (5632), 483-87.

[13] Yokoi, T., Sakamoto, Y., Terasaki, O., Kubota, Y., Okubo, T., Tatsumi, T. (2006) *J. Am. Chem. Soc.*, 128 (42), 13664-65.

[14] Hartlen, K. D., Athanasopoulos, A. P. T., Kitaev, V. (2008) *Langmuir*, 24 (5), 1714-20.

[15] Lu, A. H., Schuth, F. (2006) *Adv. Mater.*, 18 (14), 1793-1805.

[16] Stein, A., Schroden, R. C. (2001) *Curr. Opin. Solid State Mater. Sci.*, 5 (6), 553-64.

[17] Ito, Y., Kotera, S., Inaba, M., Kono, K., Imanishi, Y. (1990) *Polymer*, 31 (11), 2157-61.

[18] Wu, Q., Hu, Z., Wang, X. Z., Yang, Y., Chen, Y. (2002) *Chin. J. Inorg. Chem.*, 18 (7), 647-53.

[19] Schilling, J., Muller, F., Matthias, S., Wehrspohn, R. B., Gosele, U., Busch, K. (2001) *Appl. Phys. Lett.*, 78 (9), 1180-82.

[20] Goldberger, J., Fan, R., Yang, P. D. (2006) *Acc. Chem. Res.*, 39 (4), 239-48.

[21] Wu, Y. Y., Cheng, G. S., Katsov, K., Sides, S. W., Wang, J. F., Tang, J., Fredrickson, G. H., Moskovits, M., Stucky, G. D. (2004) *Nature Mater.*, 3 (11), 816-22.

[22] Ghadimi, A., Cademartiri, L., Kamp, U., Ozin, G. A. (2007) *Nano Lett.*, 7 (12), 3864-68.

[23] Tetreault, N., von Freymann, G., Deubel, M., Hermatschweiler, M., Perez-Willard, F., John, S., Wegener, M., Ozin, G. A. (2006) *Adv. Mater.*, 18 (4), 457-60.

[24] Lin, Y., Wu, G. S., Yuan, X. Y., Xie, T., Zhang, L. D. (2003) J. Phys.: Condens. *Matter*, 15 (17), 2917-22.

[25] Kresge, C. T., Leonowicz, M. E., Roth, W. J., Vartuli, J. C., Beck, J. S. (1992) *Nature*, 359 (6397), 710-12.

[26] Brunauer, S., Emmett, P. H., Teller, E. (1938) *J. Am. Chem. Soc.*, 60, 309-19.

[27] Dourdain, S., Bardeau, J. F., Colas, M., Smarsly, B., Mehdi, A., Ocko, B. M., Gibaud, A. (2005) *Appl. Phys. Lett.*, 86 (11), 113108.

[28] Bragg, W. L. (1920) *Philos. Mag.*, 40 (236), 169-89.

[29] Lopez, C. (2003) *Adv. Mater.*, 15 (20), 1679-1704.

[30] Jiang, P., Bertone, J. F., Hwang, K. S., Colvin, V. L. (1999) *Chem. Mater.*, 11 (8), 2132-40.

[31] Joannopoulos, J. D., Meade, R. D., Winn, J. N. (1995) *Photonic Crystals: Molding the Flow of Light*, Princeton University Press.

[32] Kelly, A., Groves, G. W., Kidd, P. (2000) *Crystallography and Crystal Defects*, Revised

Edition, Wiley.

[33] Ashcroft, N. W. and Mermin, N. D. (1976) *Solid State Physics*, Brooks Cole.

[34] Dobkin, D. M. and Zuraw M. K. (2003) *Principles of Chemical Vapor Deposition*, Springer.

[35] Rinne, S. A., Garcia-Santamaria, F., Braun, P. V. (2008) *Nature Photonics*, 2 (1), 52-56.

[36] Vekris, E., Kitaev, V., Perovic, D. D., Aitchison, J. S., Ozin, G. A. (2008) *Adv. Mater.*, 20 (6), 1110-16.

[37] Tetreault, N., Mihi, A., Miguez, H., Rodriguez, I., Ozin, G. A., Meseguer, F., Kitaev, V. (2004) *Adv. Mater.*, 16 (4), 346-49.

[38] Vallet-Regi, M., Balas, F., Arcos, D. (2007) *Angew. Chem., Int. Ed. Engl.*, 46 (40), 7548-58.

[39] Langer, R. (1998) *Nature*, 392 (Supp.), 5-10.

[40] Collins, J. M. (1984) *J. Clin. Oncol.*, 2 (5), 498-504.

[41] Lai, C. Y., Trewyn, B. G., Jeftinija, D. M., Jeftinija, K., Xu, S., Jeftinija, S., Lin, V. S. Y. (2003) *J. Am. Chem. Soc.*, 125 (15), 4451-59.

[42] Fleischhaker, F., Arsenault, A. C., Peiris, F. C., Kitaev, V., Manners, I., Zentel, R., Ozin, G. A. (2006) *Adv. Mater.*, 18 (18), 2387-91.

3 金

3.1 引言

在所有元素中，国王佩戴的金属可能是历来最能激发人类文明的元素。金由于其化学不活泼性和持久的光泽性而很快得到了赏识。这点是很容易理解的。因为古代的预期寿命很短，所以任何永恒的事物都具有巨大的意义。因此，金被选为货币体系的核心，代表皇室的高贵和永恒性。

虽然很长一段时间，这一切在科学家眼中似乎主要是迷信，但是最近金在化学领域飙升为一个真正的材料之王，是因为金具有其他任何已知元素或材料都无法比拟的一些性质[1]。例如，在本章中将看到，在以金为核心的研究中，包括了治疗癌症的最好的方法之一。

此外，通过金可以向读者介绍更多的金属及其所具有的许多特殊性质，还有表面、尺寸、形状、自组装、缺陷以及生物纳米等概念是如何应用于金元素的。

3.2 表面

金的表面耐酸碱，尽管有些酸和碱的分子可以在室温下与金反应，在其表面形成均匀的单层。这些显然无害的部分均使用了一个官能团——巯基（—SH）[2]。

金对硫有较强的亲和力，非常类似于不太贵的银。后者随着时间的推移，生成黑色 Ag_2S 覆盖层，使其光泽减弱。在金上，硫只能和最外一层的金原子反应，生成肉眼看不见的 Au_2S 层。

金的表面与巯基的反应是相当惊人的，尽管仍然是备受争议的。通常认为该反应主要是巯基脱氢变为烃硫基，同时金被氧化为 Au^+（图 3.1）[3]。金和烃硫基之间的键的类型还是需要讨论的，但是现在所关心的是，这种键强到足以使连接在巯基的 R 基团在室温和大气压下就能锚定在金的表面。

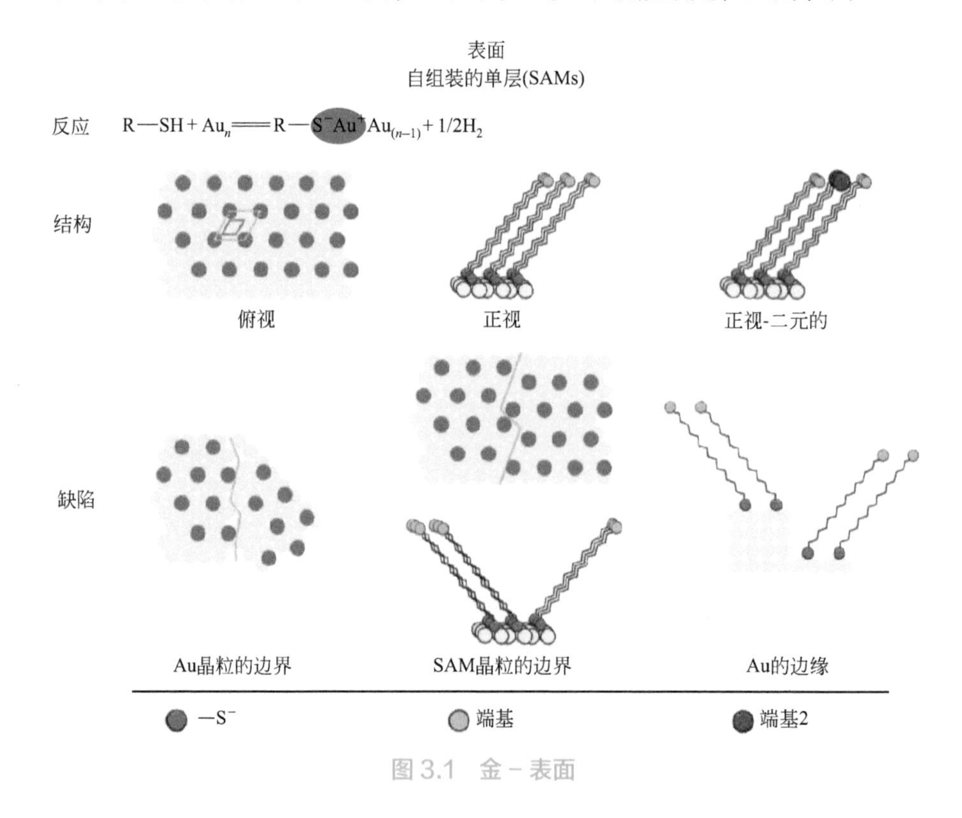

图 3.1　金 - 表面

图 3.1 显示了自组装膜的结构。在该图的上部，可以看到所提出的反应，即通过氧化金和还原巯基醇的氢生成烃硫基 - 金属键。在该反应式的下面，可以看到金的（111）表面是如何与烷基硫醇的 SAM 结构相匹配的；外面的大菱形表示 SAM 晶格的周期性的晶胞，而里面的小菱形则表示金的表面晶格的周期性的晶胞；在正视图中显示了 SAM 形成的倾角，该倾角是由金属性质和特殊晶面所决定的；在其右侧显示了如何在具有不同末端基团的烷

基硫醇的二元混合物情况下，观察一个形成的有序的二元结构。图 3.1 的下部显示了金表面的缺陷是如何影响 SAM 的，以及即使在完美的金的（111）表面，SAM 晶格是如何形成缺陷的。SAM 晶格中的缺陷可以是在与金原子的表面晶格相关的链的位置或在烷基链的方向上。图 3.1 的右下角显示了 SAM 在存在着“台阶”的结构中是如何表现的，要求台阶的边缘没有被覆盖，是暴露的。

基于金表面的均匀性和烃硫基 -Au^+ 键相对较弱，可以将这些锚定在金表面的分子看作“木筏”。它们在室温下的横向扩散是不可忽略的。

现在来做一个假想实验，即想象在金表面的分子就是在一个盘子上的水珠。如果在盘子上放足够多的水珠，且不摇动的话，这些水珠会形成不规则的、没有周期性的、无定形的分布，很像二维的玻璃。这种情况对应于热力学零度条件下在金表面的硫醇。温度能以一定的强度轻微地摇动分子，且该强度随温度的升高而增加。如果开始摇动盘子，类似温度的影响，就会观察到出现六角形的有序的水珠簇，最终连成一片，占据了盘子的大部分，水珠将“结晶化”。

在金表面的烃硫基分子也会产生同样的现象。尽管假想实验不能说明真实系统内的许多复杂难题，但它再现了其宏观行为。例如，水珠仅仅是通过其与盘壁之间的碰撞以及水珠之间的碰撞来实现彼此之间的相互作用，而烃硫基之间的相互吸引则是通过范德华力，然后通过烃硫基官能团与其下面的金的晶格发生相互作用。金的独特之处就是其表面的原子之间的距离与烷基硫醇可以塞进去的最小距离是相当的（图 3.1）[4]。

范德华力

范德华力是一种来自分子或纳米晶体的电子密度短暂波动的电磁吸引相互作用。中性分子中的电子云可以波动，产生瞬间的偶极子。这些偶极子可以在近距离相互作用，产生范德华力。

在考虑范德华力时，应当记住三点：

1. 随着 $1/r^6$ 衰减，只在很短的距离内起作用（数纳米）；
2. 随着分子或纳米晶体的延长而增强；
3. 随着分子或纳米晶体电子密度的增大而增强。

这些分子在金（以及其他贵金属，如银、铂和钯）表面的阵列称为自组装单层（SAMs），是本节的主要内容。围绕这一发现的研究和开发的工作量，尤其是哈佛大学的 George Whiteside 小组的投入，是巨大的，而且已经引导科学家们以一种新的方式来考虑表面。一种理性的表面有机化学，即不是将表面看作不可改变的或总是有些问题的，而是看作获得一种功能的工具。

你可能还记得在 SiO_2 表面一节（2.2 节）见过类似的结构。在 SAM 与 SiO_2 表面上的接枝分子之间的主要区别是，SAM 可以完全覆盖金表面，彻底地改变其性质。这是因为在烃硫基和金之间的键不是很稳定，足以使分子产生一个有效的横向扩散；而硅烷与硅烷醇的反应则导致了强的 Si—O—Si 共价键，不容许接枝分子有太多的扩散。

图 3.1 显示了一个典型的 SAM 结构（R= 烷基，通过蓬松度最小化和长度最大化，使范德华力最大化）。俯视图显示了烷基硫醇分子晶格与金表面是多么相称。正视图中显示了烷基硫醇相对于表面很自然地倾斜了一定的角度（该角度取决于晶面和金属）[5]。在其右侧，可以看到当不同的烷基硫醇在金表面共组装的时候，能够形成二元 SAMs[6]；在特定条件下，可以观察到两个物种形成的周期性排列的二元有序阵列。

在图 3.1 中，在烷基末端标出的稍小或稍大的圆点代表不同的末端基团，表明 SAMs 可以将有机功能团添加到金表面。末端基团可以是结合了生物分子的胺或使表面带负电荷的羧酸。羧基—COOH 在 pH=7 的水中部分失去质子，生成羧酸阴离子—COO^-。

在图 3.1 下面的一行图中，展示了一些最常见的 SAM 的缺陷，表明没有什么是完美的。如前所述，这些缺陷还可以被操控，并用于纳米化学中[7]。在左侧的图中，展示了金如何呈现出晶粒边界（折线）以及 SAM 如何随着其下面金的晶格方向而改变。在中间的图中，展示了在 SAM 晶格中的两种不同类型的晶粒边界：上部是在金表面的 SAM 分子排列中一个晶粒边界（折线）的俯视图，而下部则显示了烷基硫醇方向的变化如何构成晶粒边界。右侧的图中显示了金表面如何形成阶梯形状，以及其边缘如何影响 SAM 的填充。

如前所述，缺陷的影响就是体相的性质由此而得到改变[8]。例如，在 SAM 情况下，正好挨着一个晶粒边界或一个“台阶”的烷基硫醇与金的结合要弱于它们位于一个 SAM 晶格中间的结合。它们拥有较少的通过范德华力相互作用的相邻分子，因此它们与表面的结合更弱。这意味着这些分子比平均程度更易于被去除或交换。相应地，则意味着在某些温和的条件下，也许可以选择性地去除或交换这些分子，同时保持其余分子不变。

一个重要的概念是当烷基硫醇分子松散地结合到表面时，它们不仅是可以去除的（最常用的方法是升高温度，在硫醇位于金表面的情况下，通常溶液温度为80℃就足够了），而且还是可以被替换的。如果将一个被SAM保护的金表面放在含有另一种烷基硫醇R″—SH的溶液中，在表面上的硫醇与溶液中的硫醇之间就建立了一种平衡，如

$$Au_{n-1}Au^{+}S^{-}—R'+HS—R'' \rightleftharpoons Au_{n-1}Au^{+}S^{-}—R''+HS—R'$$

当HS—R″的数量远远大于HS—R′时，平衡将主要向右侧移动，表明原来的硫醇HS—R′几乎完全被新的硫醇HS—R″所替换。有时这种替换是非常缓慢的（动力学限制的），必须通过升温或使金带负电荷的电压来加速这种替换，从而减弱烃硫基-Au^{+}键。

这种方法称为“配位体交换”，常用来改变或微调表面性质，在制备易溶于水的纳米晶体方面将起着重要的作用，正如稍后将要看到的。

3.3 尺寸

金属最显著的特性之一就是它们具有很好的导电性。不考虑物理细节或复杂的公式，在这一点上将足以说明这种行为的起源就在于电子可以在金属晶格中自由移动。用来描述（一种）金属中电子动力学的物理模型形象地称为“自由电子”模型、“电子海”或“电子气”模型[9]。在金属中，一部分电子并没有被紧紧地束缚到它们的原子核上，它们可以在整个材料的范围内自由移动，就像水可以在水池中自由移动一样。这对于电子受刺激后的响应方式有着非常重要的影响，例如，如果施加一个电压，它们将非常快地移动，散射很小，形成很强的电流，从而显示出很高的导电性（这使得计算机可以高速工作而不会产生火焰）。在交流电压的情况下，像电磁波适用的情况一样，金纳米晶体中电子的行为可能会更复杂，如图3.2所示。

当金颗粒暴露于电磁波中时，电磁场将金的自由电子移动至颗粒的一侧，建立起一个带负电荷的区域，而相反的一侧则带正电荷，从而产生一个在一定频率下振荡的偶极子。这种电子云的振荡称为等离激元[8]。电子可以在一个特定的颗粒中振荡的自然频率称为等离激元共振频率。如果入射的电磁波具有与之相同的频率，就会产生一些重要的效应。

可以将自由电子云想象成为一个弹簧，将其拉伸越多，其形成偶极子的相反的力增强得就越多。这种偶极子使正电荷和负电荷分离，而由于库仑引力的作用，正、负电荷会试图自发地重新结合到一起。所以，自由电子云就像一个弹簧，拉得越长，其恢复力就越大。

在物理学中，这样的系统无处不在，称为“振荡器”[10]。物理学中有许多种振荡器，而这个特定的振荡器称为“阻尼”振荡器，因为一旦其振荡已经开始，就会由于阻尼机制而逐步减弱（该机制可以是任何耗能的现象：金属弹簧振荡的阻尼来自与空气的摩擦，而在弹簧的原子晶格内，摩擦产生热，也是一种能量形式；因为热正在离开弹簧，所以弹簧需要放慢振荡速度来遵守热力学第一定律）。

有关阻尼振荡器的物理发现之一就是其有一个共振频率。假设有一块弹性金属，其共振频率的设计对应于440Hz，该频率记作 A。当440Hz的声音诱导的振荡刺激该简谐振动时，该简谐振动开始非常有效地吸收机械能，因为该刺激是以其自然首选的振荡频率振荡的。该简谐振荡的振幅将因能量的吸收而迅速增大。一名歌手用其声音打碎玻璃就是一个共振现象：当歌手的声音与玻璃的共振频率相同时，就会使玻璃以不断增加的强度振动直至破碎。在这个例子中，玻璃有一个可以非常有效地吸收该频率的振动能量的共振频率。最后一个例子就是过桥的步兵不能齐步走，因为齐步走产生的共振可能会与桥的共振频率相同，导致桥梁坍塌。这些例子的共同特点是振荡器在其共振频率会比在其他频率吸收更多的能量。

在金颗粒情况下，也可以触发自由电子云的共振频率。当这种情况发生时，如图3.2所示，电磁波不能透过材料，但是可以被吸收或被非常有效地散射。金纳米晶体的胶体分散液的紫红色就是来自这种特殊的吸收/散射现象[11,12]。

这里特别强调，与任何其他现象相比，这种现象中的吸收/散射效率（称为横截面）是最大的，这使得金纳米晶体即使在极低浓度依然是非常容易检测的。极低浓度的金纳米晶体实际上可以吸收足够的可见光，通过肉眼即可检测到，因为分散有这些金纳米晶体的溶液颜色会产生变化。这对于其在检测和传感方面的应用具有重要的影响，正如在后面的叙述中将看到的。

图3.2显示了金纳米结构表面的等离激元共振。在图3.2的左上角显示的是金的自由电子云如何对一个振荡的电磁场做出响应的，依赖于颗粒的形状和取向。一个偶极子的形成引起了在特定波长产生共振，如右侧的具有代表性的吸收光谱所示。就球形颗粒而言，等离激元共振以单一频率发生；而对于拉长的纳米晶体，会有与两个偶极子振荡模式相关的两个共振频率，分别沿着（纵向的）或垂直于（横向的）纳米晶体轴。在图3.2的底部显示了

依照米氏理论❶的吸光度特点的根源。吸光度 A 表示为两项的乘积。第一项是与散射相关的，且与 $1/\lambda$ 相关；而第二项则完全取决于金属和周围介质的介电常数。这两项的积就是由实验观测得到的光谱。最后一项代表了共振等离激元模式，该模式在图 3.2 中显示为中心位于表面等离激元共振波长 λ_{SPR} 的一个峰。

图 3.2 显示了等离激元共振频率依赖于颗粒的尺寸。对于球形的金纳米晶体，等离激元共振频率可以随颗粒尺寸在约 510 ～ 540nm 之间进行调节[1]。

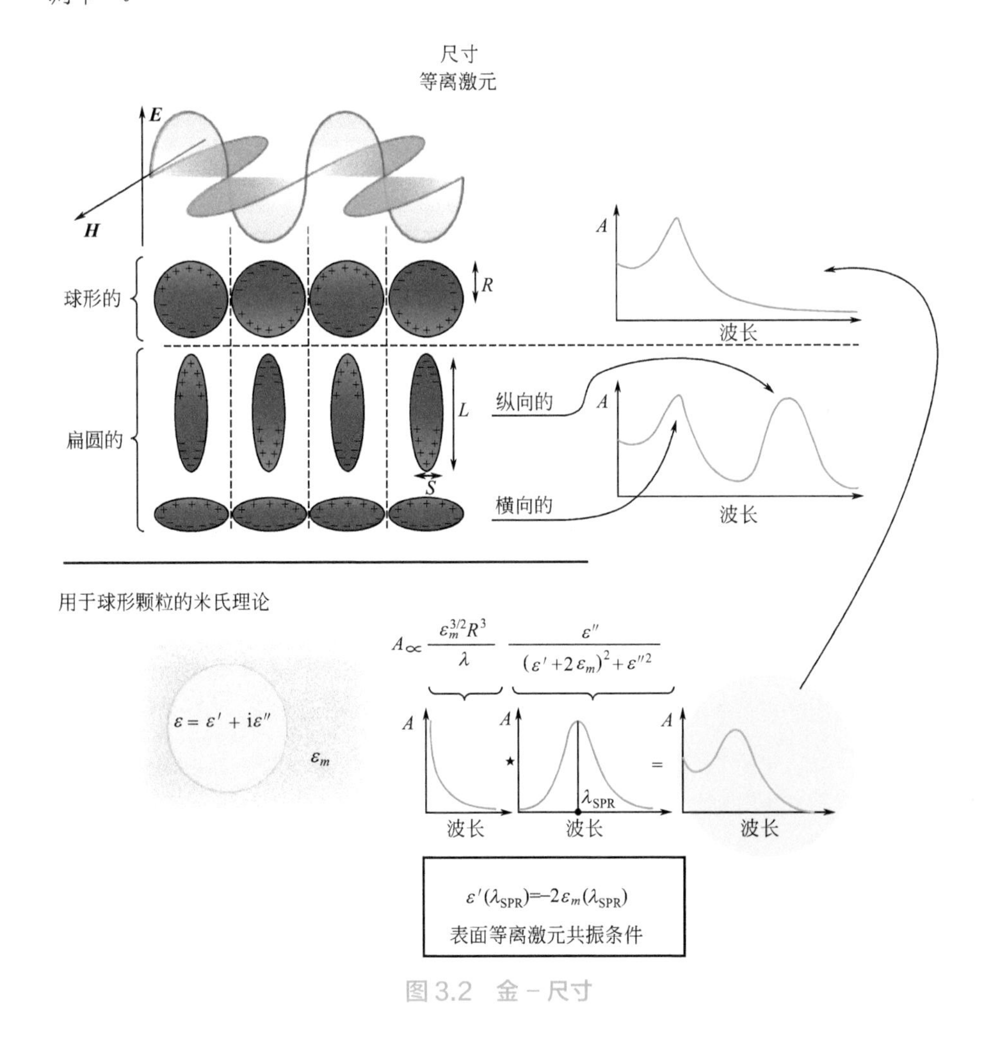

图 3.2 金 - 尺寸

❶ 米氏理论：该理论概述了决定一个物体等离激元共振频率的物理参数之间的关系，这些参数包括折射率、介电常数、半径及辐射波长等。

频率－波长转换

尽管在许多情况下，频率是可视化的且是描述某些现象的重要参数，但对于描述纳米科学中的电磁波，波长却是最常用的物理量，因为它可以用纳米单位来表示。

它们之间的转换公式为

$$\lambda=c/v$$

式中，λ是波长；v是频率；c是波速。

图 3.2 还显示了颗粒形状的另一个重要的影响。在扁圆形颗粒或纳米棒的情况下，体系有两个独立的等离激元共振频率，取决于电子是沿着哪个轴共振的。沿着短轴的共振频率与球形纳米晶体中的共振频率相似，而另一个沿着长轴的等离激元则是以低得多的频率或更大的波长共振。通过改变金纳米棒的长度，还可以在很大范围内改变这个附加的共振频率。

金纳米晶体的合成

将 10mL、1.0mmol/L 的 $HAuCl_4$ 溶液加入放置在搅拌加热盘上的 25mL 锥形瓶中，搅拌并加热该溶液至沸腾，然后加入 1mL 1% 的二水柠檬酸钠溶液。柠檬酸会慢慢地将金盐还原为金属金，同时还起着捕获配位体基团的作用，生成金纳米晶体（当溶液变为深红色的时候）。

具有百年历史的适用于等离激元共振的米氏理论告诉我们哪些是决定等离激元共振频率的参数。图 3.2 中的公式给出了具有不同物理起源的两个多项式函数的吸光度：左边的第一项表示依赖于介质的介电常数 ε_m 的散射、颗粒半径 R 的立方及入射辐射波长 λ 的倒数；左边的第二项表示等离激元共振产生的吸收依赖于颗粒介电常数的实部和虚部以及介质的介电常数。介电常数的实部 ε' 与折射率相关，因此材料是有能力使光减速的。介电常数的虚部 ε'' 则与穿过材料的光吸收产生的阻尼损失相关。如果 ε 接近 $-2\varepsilon_m$ 的值，那么第二项的分母将趋近于零（ε'' 为零）。在该条件下，因为分母趋近于零，第二项将大幅增加，此即为产生共振的条件，可以由等离激元吸光度的峰值表示。

等离激元及其极为有效的光吸收为传感器和治疗平台的发展提供了很大的可能性，正如在下面的小节中将要看到的。

根据某些普遍的基本原则，可以采用许多种方法合成金纳米晶体。可以从溶于水的三价的金盐开始，通常是 $HAuCl_4$，然后通过还原剂，如柠檬酸、胺类、硼氢化钠（$NaBH_4$）、磷，甚至如法拉第最初合成彩色的金胶体时所描述的那样，将其还原为金原子[13]。合成的金颗粒需要配位体来使之稳定，通常是硫醇，或是还原剂本身，如在柠檬酸的情况下。正如读者看到的，与这个合成例子相同，用于胶体合成的常见策略就是控制生成的颗粒能在一个标准的沉淀反应中生长：通过捕获配位体来减小生长颗粒的表面能，从而减弱它们聚集的趋势，并将它们的尺寸稳定在纳米级。

3.4 形状

在本节中将看到，将一个非常简单且很普通的反应用于一个纳米级体系，是如何创造出一种对癌症检测和治疗非常有把握的全新的纳米结构的。该过程是由华盛顿大学的夏友男研究小组发现的。

该反应称为“流电交换”，因为其允许一种金属被另一种金属所替换，如图 3.3 所示。其工作方式就是将一种金属放入另一种金属的盐溶液中，在这两种元素的还原 / 氧化电势都恰当的情况下，金属盐会被还原，而金属则被氧化，从而导致了交换[14]。

在介绍将该反应用于银纳米立方体会发生什么之前，先与读者分享两个概念。将一个已有的、众所周知的反应用于纳米结构并不是为了重新发现难题。将“微不足道”的反应用于一种体相材料与一种纳米材料之间有着本质的区别：原子或离子扩散长度的差别很大。涉及固体的直接反应意味着离子在该固体内部的扩散：如果使钾与石墨反应，钾离子会扩散进入石墨层，而平衡电荷的价电子则会进入石墨的导电带。离子扩散长度通常位于纳米级，是一种根据长度来测量离子扩散的方法。正如在概念介绍部分提到的，当一个材料的尺寸接近一个过程的特征长度尺度的时候，该过程将会受到强烈的影响。在本节中将会看到，有关纳米尺度物体的“微不足道”的反应是如何产生预想不到的结果和突破的。这就是为什么纳米材料为许多化学家提供了“重新发现”化学的空前的机会。

如果将银纳米立方体放入 $HAuCl_4$ 溶液中，银就开始以三个银原子对应一个金原子的比例溶解。金在 $HAuCl_4$ 中是正三价的氧化态，而银最多是正一价的氧化态，因此，从电荷平衡考虑，为了还原一个金原子，就需要氧化三个银原子。一个明显的结果就是，在反应结束时，固体银减少的原子数是被还原的金原子数的三倍（就原子的数量而言，相对于还原的金原子数）。

当反应开始时，在纳米立方体的表面会生成 Au/Ag 合金。表面将通过一个称为“点蚀”的过程形成一个孔洞（可能是由于存在缺陷）。银将会从孔洞里“被吃掉”，而还原的金将最终使 Au/Ag 合金壳层加厚。一旦所有的银都被消耗掉，孔洞就会关闭，外壳就会开始去合金过程（从两种或多种元素的合金中除去一种元素）。在该过程中，外壳失去原子，形成许多孔，变成一种多孔的金纳米盒子，该过程显示在图 3.3 中。图 3.3 还显示了在形状演变过程中拍摄的具有代表性的 SEM 和 TEM 照片。除了制备空心的纳米盒，还可以使用同样的原理，由实心的银纳米线制造空心的纳米管[15]。

图 3.3 显示了银纳米结构的流电置换过程。在该图的顶部显示了相应的化学反应。请注意化学计量比。在化学反应式的下面显示了形态变化的机理，涉及许多步骤。银纳米立方体首先在表面形成合金，直至点蚀出现。之后立方体内部通过置换反应被消耗，留下了合金化的纳米盒，之后逐渐去除银，实现去合金化。通过去合金化引起的体积的减少使得纳米盒的表面破裂。在机理下面的图片中显示了不同起始形貌的演变过程：纳米立方体和纳米线[16,17]。在图 3.3 的底部显示了特定的晶面对反应结果的影响。（111）面的存在引导了替换，所以最后的结构只在银的纳米结构最初暴露的（111）面上有孔洞。

图 3.3 的底部显示了该反应对于其发生作用的晶面非常敏感。在银纳米立方体的情况下，表面都是具有固体银的面心立方结构（fcc）的米勒指数为（100）的平面，或者对称的类似平面（010）和（001）。如果通过一个化学过程，可以选择性地溶解立方体的角，（111）面就会暴露出来，如图 3.3 底部的图所示。使用该起始材料，以同样的方式进行流电置换，点蚀行为就可以选择性地发生在裸露的（111）面上。这样形成的孔太大了，以至于在空心化过程结束的时候不能闭合，导致形成的空心纳米盒子的孔洞都是在（111）面上。这些明确定义的纳米盒已经被重新认定为纳米笼，且它们表现出一些不寻常的光学性质，因为其等离激元共振频率在近红外区域可以被广泛并精确地调节。该区域对于生物目的来说，是一个非常重要的频率范围，正如很快就会看到的那样。它们的中空结构还让我们梦想着将其用作药物运载工具或催化剂的可能性。

稍后在本书中会看到，这并不是唯一的可以用来由实心结构创造中空纳米结构的反应。

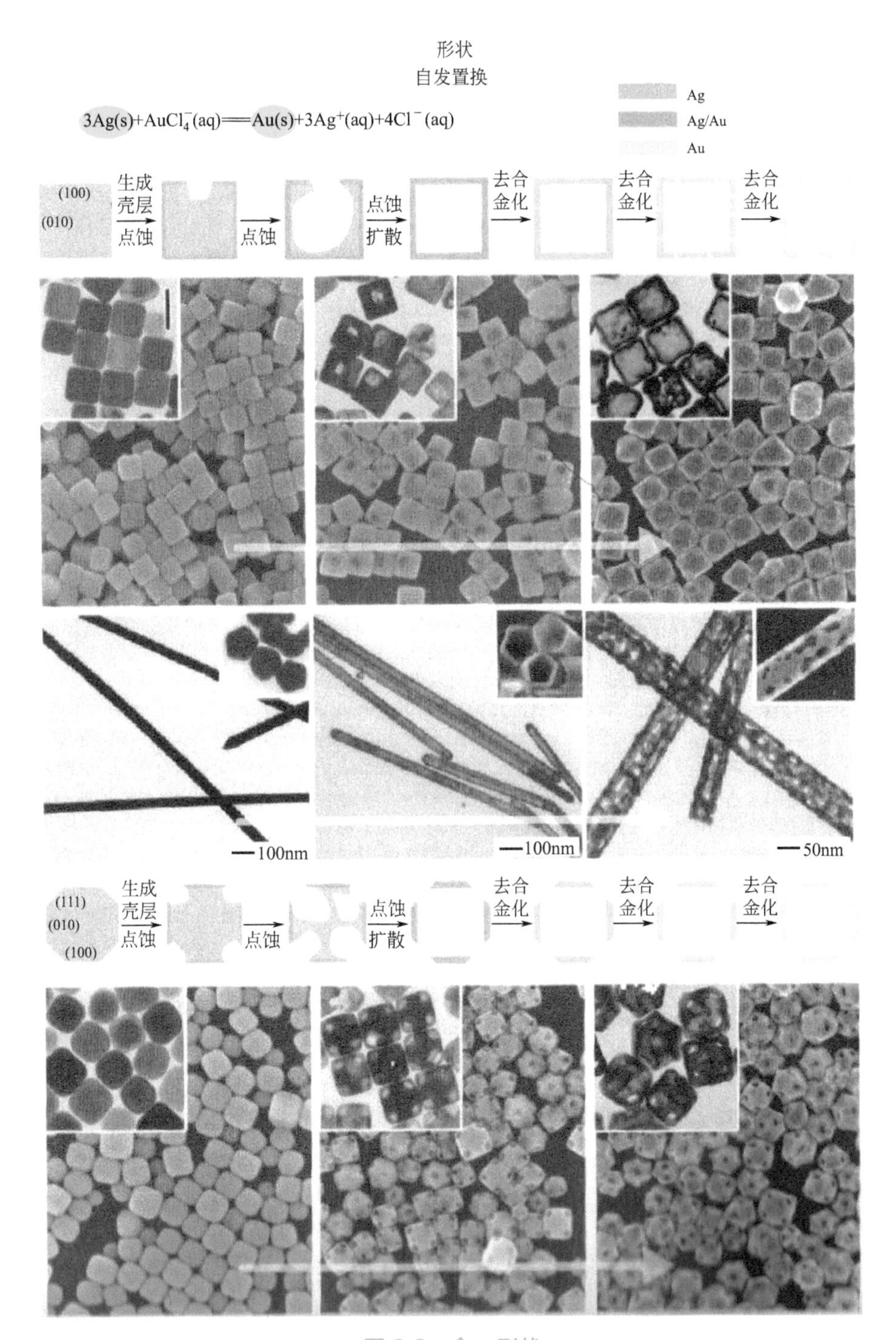
形状
自发置换
$3Ag(s)+AuCl_4^-(aq)=Au(s)+3Ag^+(aq)+4Cl^-(aq)$
Ag
Ag/Au
Au
(100)
(010)
生成
壳层
点蚀
点蚀
点蚀
扩散
去合
金化
去合
金化
去合
金化
100nm
100nm
50nm
(111)
(010)
(100)
生成
壳层
点蚀
点蚀
点蚀
扩散
去合
金化
去合
金化
去合
金化

图 3.3 金 - 形状

3.5 自组装

纳米化学最神奇的方面之一就是允许将一些奇异的现象应用到实际的生活问题中。等离激元共振已经应用于众多的器件中，但是这里要讨论的是与其偶合相关的内容，这种偶合是在金纳米晶体的自组装过程中发生的。

导致这种方法的观测结果是，如果金纳米晶体靠近在一起，等离激元共振会发生红移，这种变化可以用肉眼观察到，即胶体由红色变为蓝色。所以，如果有一个体系，在暴露于一个分析物的条件下，可以引发金胶体的聚集，就有可能开发出一个非常漂亮的比色传感器。

西北大学的 Chad Mirkin 研究小组使用 DNA 分子的识别能力开发了检测寡核苷酸的设备（图 3.4）[18]。

图 3.4 显示了等离激元偶合可用于溶液中寡核苷酸的检测。金纳米晶体可以通过连接到其表面的硫醇功能化的寡核苷酸来产生一种称为探针的构造。在纳米晶体上合成寡核苷酸是为了补充想要检测的寡核苷酸。寡核苷酸对其互补链的极特殊的结合使得金纳米颗粒非常有效地连接到溶液中的分析物。两个如此连接到同一分析物的纳米晶体使得彼此之间非常接近，因此使得等离激元之间发生偶合，并使颜色由红色变成蓝色。如第二行图所示，一旦纳米晶体彼此靠近，偶极子就可以扩展到两个纳米晶体的整体范围（如共振 $r2$）；而对于一个单一的独立的颗粒，偶极子只局限于该颗粒本身（共振 $r1$）。$r1$ 和 $r2$ 共振同时发生，导致纳米晶体的吸收峰有效地红移，从而改变其颜色，如照片所示。

图 3.4 中使用第二行从左数 3 个圆球的左半部分或第 4 个圆球表示分析物寡核苷酸。使用少量的以巯基为末端基团的寡核苷酸（在图 3.4 中用第二行从左数 3 个圆球的右半部分或第 5 个圆球表示），通过配位体交换使金纳米晶体功能化。这些对分析物的不同部分是互补的，因而被定义为探针。因为探针彼此之间不是互补的，所以金纳米晶体可以作为稳定的胶体分散在溶液中。一旦分析物引入系统中，纳米晶体几乎瞬间就发生了聚集，导致分散相的颜色发生可见的变化。这种连接是以氢键为基础的，因此可以随着温度可逆变化。温度高于 70 ～ 80℃时，氢键会断开，使聚集体重新分散。

该现象背后的原理具有普遍意义：分析物不需要只限于寡核苷酸。只要分析物可以选择性地连接到至少两个互不影响的探针上，就可以开发一个以金纳米晶体为基础的检测方法。这就是为什么目前分子鉴别是一个非常热门

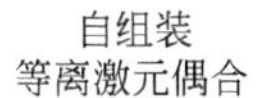

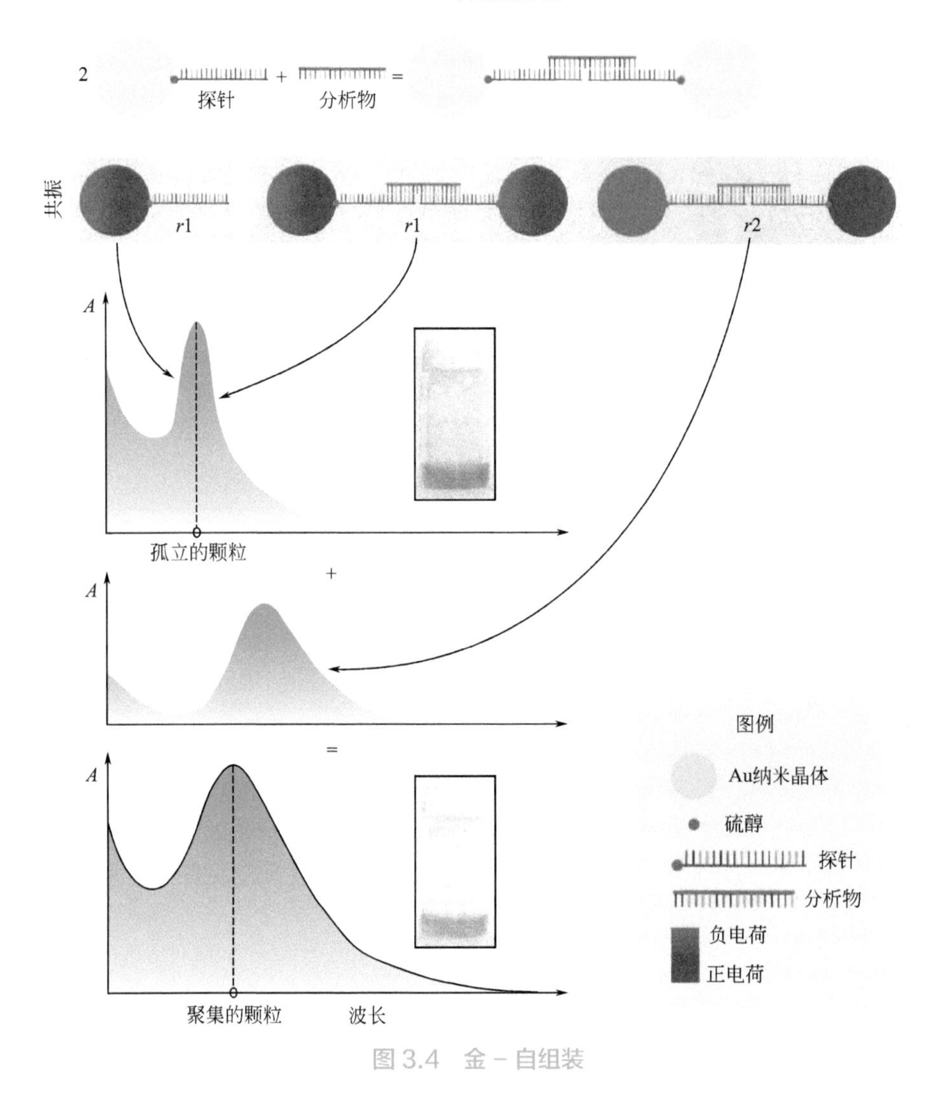

图 3.4　金 – 自组装

的领域。科学家在寻找具有识别特性的新的分子，这些分子可以与金纳米晶体共轭形成简单、廉价的传感器。尽管金的试剂昂贵，但这种传感方法使用的金的量较少，使其成为生物分子检测的最廉价的平台之一，且作为发展中国家低资源配置的解决方案之一而得到推广。

这个例子也起着提醒偶合概念的作用：通常纳米材料的性质依赖于其所处的环境。在这样的情况下，控制它们的聚集或自组装就可能产生新材料或新的传感器平台。例如，对磁性纳米晶体已经描述了类似的影响，即它们的聚集会以非线性的方式增强对其磁共振信号的影响[19]。这种方法目前正用来开发磁共振成像（MRI）的造影剂，通过该造影剂可以用前所未有的分辨率追踪体内的特定分子或特殊的条件。

共振频率变化的物理原理是基于等离激元偶合：相邻纳米晶体内的等离激元可以相互影响。请看图 3.4。纳米颗粒探针，单一地看，与图 3.2 看到的纳米颗粒相比，其等离激元行为没有什么区别。这些探针是独立的，因此各自有一个单一的等离激元共振频率 *r*1，该频率是以整个颗粒形成的偶极子为基础的。因为该偶极子有一个完全确定的长度（颗粒的直径），所以其共振频率也是完全确定的，如图 3.4 中部的第一个吸收光谱所示。等离激元共振落在约 520nm 处，因此颗粒有较强的红色，如吸收光谱右侧的照片所示。

如果两个纳米晶体生成一个束缚对，偶极子可能在两个不同的方向排列。在第一种情况下，这对纳米晶体有一个类似于在孤立颗粒情况下的偶极子 *r*1，从而导致在约 520nm 处的共振；在第二种情况下，偶极子跨越了两个纳米晶体，因此就会有一个不同的长度和不同的共振频率。第二种共振形式的 *r*2 相比于 *r*1 在更低的频率（更长的波长）产生一个吸收峰，如图 3.4 中的第二个吸收光谱所示。

在最后的材料中，两种共振都是允许的，且都对吸收产生贡献，因此，总的吸收光谱是 *r*1 和 *r*2 贡献的总和，与孤立颗粒的情况相比产生了红移，生成了蓝色胶体的分散液（如图 3.4 中底部的聚集颗粒的吸收光谱所示）。应当记住，这种情况是一个非常复杂的物理现象的简化版，该简化版仍然是整个研究的核心，且确实起着帮助读者理解这样一个体系的设计参数的作用。

3.6 缺陷

在第 2 章中已经看到，在人造猫眼石中的缺陷是如何模仿原子晶格中的缺陷的。还看到了如何利用这样的缺陷，通过局部取消其周期性来修饰这样的结构的光子特性。

在本节中，将看到如何运用金属晶体中的二维缺陷来创造具有前所未有性质的新奇形状。

在图 3.5 的顶部显示了金纳米晶体的不同形状。fcc 的单位晶胞可以沿着三个方向重复，产生了由（100）、（010）、（001）面所决定的立方体。切掉立方体的顶角可以暴露出八个（111）面，形成立方八面体，一种介于立方体和八面体之间的中间体。八面体是通过减少立方体的面，即消耗（111）面，由立方八面体而获得的。四面体也可以由（111）面获得。尽管四面体没有八面体稳定，因为其具有较高的表面积 - 体积比，但是通过组装成称为十面体的五边形双锥体可以解决该问题。这样的十面体是由五个四面体组成的，因此完全是由（111）面限定的。对中心的五重轴进行放大，得到一张 HRTEM 照片，从中可以看到晶格平面在每个楔型的边缘是多么不连续[20]。楔型进一步放大显示了晶格是如何受到孪生平面的影响的。这样的孪生平面允许五个四面体组装在一起形成一个没有必要是精确角的十面体，它们的行为如同一种有缺陷界面的缓冲物。十面体可以通过稳定（100）面，沿着（111）面重新生长，导致生成五边形纳米棒，如 SEM 照片所示。

假设金在体相中具有面心立方晶格对称性，图 3.5 中最左侧的模型显示了其晶胞。

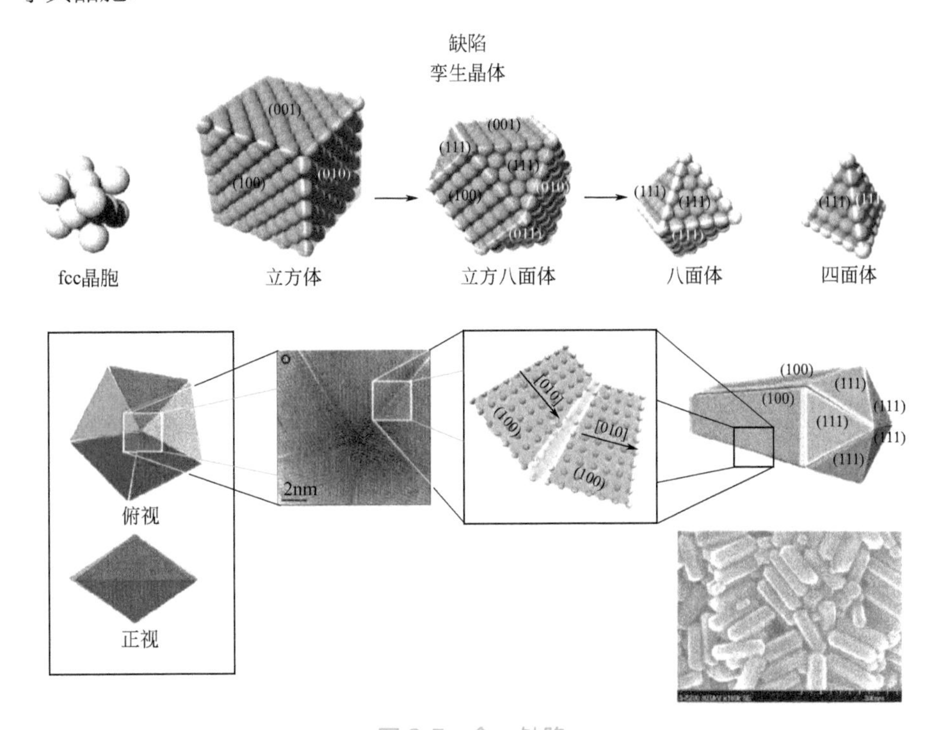

图 3.5　金 – 缺陷

现在，如果在所有三个方向上都复制该晶胞，就能得到其右侧所描绘的立方体，该立方体可以视为描绘金纳米立方体的很好的模型。一些晶面可以用适当的米勒指数指标化为（100）。现在没有必要知道如何确定晶体平面 / 晶面的米勒指数，但是有必要知道其是一个最多为三位数字的体系，用来表示一个晶体中的特定晶面或者相应的宏观晶面。

晶胞

一种晶体的原子晶格在空间上几乎总是周期性的，这意味着几乎总是可以找到一组原子，如果该组原子在三维方向上周期性重复的话，可以完全确立该晶体的整个原子晶格。

一种晶体的晶胞就是包含这样一组原子的最小空间的体积。

晶胞的对称性确定了晶体的对称性。如果晶胞是立方体，晶格则可以看作具有立方对称性。

从该示意图可以了解到，如果一个纳米晶体在形状上是立方体，需要使（100）晶面非常稳定。只有减小其表面能，才能使该晶面在生长过程中继续存在。此前曾提到过一个晶面的表面能依赖于其粗糙度以及不饱和键的表面密度。在我们的例子中，假定（100）晶面是平坦的，以便使其表面能最终可以由不饱和键的数目决定。化学家减少不饱和键数目的方法是用分子与表面原子配位，这样就可以满足（饱和）不饱和键，从而减小表面能。如果能够找到一个可以选择性地与金的（100）晶面配位的配位体，就几乎可以确定，在该分子存在下生长纳米晶体会得到金的纳米立方体。

在配位体不是如此有选择性的情况下，可能以一个不完全受限于（100）晶面，也不受限于像（111）晶面的其他晶面的纳米结构来结束，如图 3.5 所示的立方八面体。可以形象化地想象一个立方体，然后切去其顶点，即可以得到立方八面体。其被称为立方八面体的原因是，它是一种介于只限于（100）晶面的立方体与只限于（111）晶面的八面体（来源于希腊语“octa-”八与“-hedra”多面体）之间的混合物。在图 3.5 中，八面体展示在立方八面体的右侧。

八面体不是唯一受限于（111）晶面的理想固体，四面体（来源于希腊语“tera-”四与“-hedra”多面体）也可以通过沿着（111）晶面切割面心立方晶格而获得。两者之间的差别会影响它们以纳米结构存在的形式，因为四面体的表面积 - 体积比远大于八面体的，所以八面体更稳定。因此八面体比四面体更容易制备，尽管就表面化学与表面能而言它们是相似物。

四面体不太稳定的事实并不意味着其不起作用。它们可以减小其表面积 - 体积比，即通过将两个面粘在一起形成一个十面体（来源于希腊语“deca-”十与“-hedra”多面体）来大幅地增加其稳定性，图 3.5 即显示了一个十面体。在传统晶体中，五重对称性是被禁止的（想要知道为什么的话，可以试着用五边形贴一个平面），因此在四面体之间的接合处一定有称为孪生面❶的缺陷。孪生面的每一侧的晶格彼此间都有特定的角度，如孪生规则定义的那样，即依赖于特定的晶格结构与对称性。

一旦十面体形成，就有可能通过改变相对于（100）晶面的（111）晶面的表面能，将其转变为具有五边形横截面的纳米棒。假设有一个十面体的溶液。现在，如果通过特殊的配位试剂或配位体使（100）晶面比（111）晶面更稳定，那么颗粒的任何进一步的生长只能发生在（111）晶面上，形成一个纳米棒。图 3.5 显示了以此种方法生长的金属纳米棒的 SEM 照片。

这个机理的重要性或许还不清楚。但可以从最终结果出发，然后尝试着反向进行研究工作。假定需要制备由金构成的纳米棒，因为想将它们的特征双等离激元共振用于生物医学中。一种方法就是取一个纳米立方体，然后试着使其沿着其中一个平面生长。发现的问题是：立方体内的所有平面就表面能与原子结构而言是完全相同的，因为它们都是（100）晶面 [或是对称的相似物（010）晶面或（001）晶面]。如果从所有的面都是相同的（111）晶面的四面体或八面体开始的话，也同样是有效的。因此，所有平面会在同一时间以相同的速率生长，于是仅仅生成了同样的立方体或八面体的更大的版本。即使在立方八面体情况下，晶粒沿（111）或（100）晶面的选择性生长只会得到“八臂”的纳米晶体，这种晶体可以称作“八足动物”。其在形状上仍将是接近球形的，尽管其会有特殊的等离激元性质。

这是由立方原子晶格生长拉长结构的主要挑战。在立方原子晶格中，没有一个单独的方向是独一无二地不同于其他方向的。稍后会看到 CdSe 的例子，即原子结构的一条轴线显著地不同于任何其他的轴线，因此可以相当容易地生长 CdSe 纳米棒或纳米线。

解决对称性问题的一个方法可以是使用一个已经有着所需形态的模板，例如一个圆柱形的胶束。如果能够找到一个在圆柱形胶囊内部让金生长的方法，就能得到一个纳米棒。事实上，许多科学家已经得到了这种结果 [21]。另一种方法是一个更加精密的方法，就是使用立方晶格的孪生缺陷来打破立方对称性（十边形没有立方对称性，使得其能单向生长），如本节所述。

正如在这几页中已经看到的，原子晶格缺陷代表着一种控制纳米结构形状（进而控制功能）的重要工具。已经观察到十面体比球状纳米晶体有着显著增强的等离激元共振，可以归因于其独特的几何形状 [22]。

❶ 孪生面：一种平面缺陷。在跨越孪生晶面的时候，原子晶格被旋转一定的角度，该角度依赖于晶格以及孪生晶面的晶体学方向。

3.7 生物纳米

正如已经简短地提到的，一直在测试金纳米晶体用于治疗癌症的效果。治疗所依据的原理非常简单。如果光在等离激元共振条件下被非常有效地吸收，根据热力学第一定律，被吸收的能量必然要释放到某处。为什么不将这些能量以热的形式注入癌细胞中，然后彻底地“烧毁”它们呢？

在图 3.6 的上部可以看到等离激元如何在共振态激发后弛豫回到平衡态。弛豫是通过释放热而产生的，而热则可以用于杀死选择性附着的细胞。图 3.6 中间部分的左侧显示了生物组织与水的吸收 / 散射光谱[23]，低吸光度的窗口用矩形区域表示（“生物学窗口”）；其右侧的光谱中显示了在不同的波长下，组织的不同吸光度是如何影响在它们中间传播的光的强度的。如该图所示，波长 1000nm 的光比 500nm 的光传播得更深，即后者被强烈地吸收。右侧是金纳米棒典型的吸收光谱，强调了如何使第二个共振峰可以匹配生物学窗口，从而增强其用于光热疗法的潜力。

在图 3.6 的底部显示了三种不同的细胞系（良性的 HaCat、恶性的 HSC 及恶性的 HOC 细胞），这些细胞曾被暴露于高强度的近红外（NIR）激光下（圆圈突出了曝光的区域）。基于主动靶向的实验方案，金纳米棒被选择性地连接到恶性细胞上。正如所看到的，良性细胞没有受到伤害，因为它们没有被金纳米棒靶向。而恶性细胞则受到强烈的损害，因为它们被金纳米棒靶向且金纳米棒在激光照射下温度升高[24]。

如图 3.6 中第一行的图所示，等离激元的能量可以近似地描述为一个二级系统。在该系统中，偶极子振荡有一个能量基态和一个激发能级，该激发能级对应于等离激元共振频率（记住，能量 E 等于普朗克常数 h 乘以频率 v）。所以，如果具有对应于等离激元共振频率的能量的光撞击金纳米晶体，其等离激元会进入一个共振态，并且吸收光，如右侧的吸收谱图所示。

在返回基态之前，等离激元会在激发态停留很短的时间（数飞秒[25]）。激发的等离激元的共振能级与基态之间的能量差以热的形式释放出来。金纳米晶体周围温度的局部上升可以用光学温度计测量，升温幅度可以超过 100℃。

正在发展中的一种肿瘤疗法称为光热疗法，即以过热现象为基础，借助过量的热使其细胞壁爆裂而将其摧毁。产生的热量与入射辐射的强度及颗粒的吸收截面积相关。已知金纳米颗粒的吸收截面积比平均分子的大几个数量级。考虑到生物组织的吸收 / 散射剖面，入射辐射的强度可以达到最大化。

在图 3.6 第二行最左侧的图中可见，在紫外与可见光区域，组织的吸收 / 散射是非常强的，我们的身体是不透明的可以作为证明。吸收在红外 / 近红外（NIR）区域是大幅度减弱的。可以通过在手指后放置一个高强度的白光光源来验证这一点，即看到透过的光是红色的。

在组织的吸收 / 散射光谱中，这样好的透明区域称为生物学窗口，因为如果想用光作为内部组织的探针时，会使用到它们。

图 3.6 第二行中间的图显示了光的强度作为辐射深度的函数是如何在组织内部减弱的。以两个不同的波长为例，一个在生物学窗口外部（500nm），另一个在生物学窗口内部（1000nm）。可以看到由于组织的较弱的吸收 / 散射，1000nm 的光是如何更深地穿透身体的。

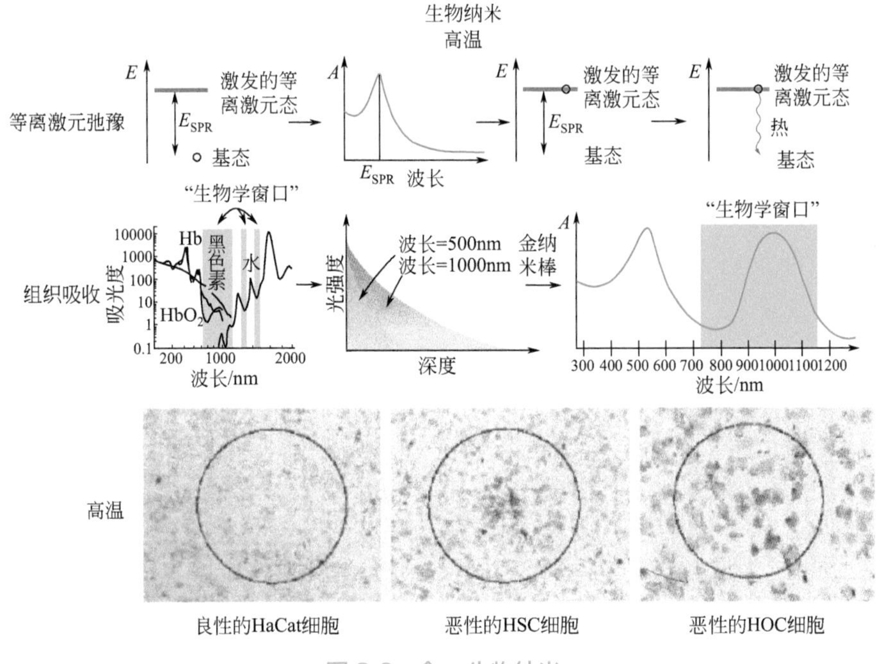

图 3.6　金－生物纳米

现在知道了在生物系统进行光学研究时，考虑生物学窗口的重要性；还可能明白了为什么金纳米棒（或纳米笼）对纳米医学用途而言是如此有趣：可以使它们的吸收光谱落在 NIR 内的生物学窗口，使之适合于探测以及靶向深层组织。实际上，光源与体内的纳米晶体之间的距离可以通过将其插入附近的血管中而减小，但是更强烈的动力则是减轻治疗方法的危害：缩短手术后的恢复时间，改善病人的康复速度，减少并发症，以及减少住院治疗的成本。

在图 3.6 第三行的图像中，展示了靶向的金纳米棒对良性及恶性的 HSC 与 HOC 癌细胞的影响[24]。金纳米棒预先用一种抗体功能化，该抗体优先连接到 HSC 与 HOC 癌细胞上。金纳米棒不会黏附在健康细胞（左侧）上，但却会黏附在癌细胞上。通过评估激光束在细胞上诱导的损害可以鉴别这个差别。健康细胞上没有金纳米棒，不会受到影响；而恶性细胞已经被金纳米棒靶向，在激光辐射下被破坏或者摧毁。

很显然，现在有很多兴趣与投资正在用于研发这种新的癌症疗法。在未来的大字标题新闻中，非常有希望看到并听到更多与此有关的消息，即强调一种自下而上的生物纳米化学途径，为人类解决非常重要的问题。

3.8 思考题

（1）为什么近期报道的有机硫醇覆盖的金纳米簇 $Au_{1}02$（SR）$_{4}4$[3] 的单晶 X 射线结构测定会使 Michael Faraday 惊讶，并使纳米科学界震惊呢？该结构对已经被科学家接受的金表面自组装硫醇的结构模型的意义是什么？

（2）在 $HAuCl_4$ 与银纳米三角形的恒电流反应中，可能会发生什么？

（3）有一根金纳米棒，其一侧的一半表面上沉积了一层铂的薄膜，当将其浸入过氧化氢水溶液中时，可能会发生什么？

（4）想象一个 SiO_2 微球，一半涂有很薄的金涂层，且金上固定有三甲基胺丙硫醇分子。当这个两亲的微球放入黏附在水平放置的金电极上的一滴水中，而将另一个金的针状电极插入该液滴的顶端，然后在两电极间施加正、负交替变换的偏压，可能会发生什么？

（5）金硫醇盐（AuSR）具有一种锯齿形的聚合物结构，该结构由线型的 S—Au—S 键与弯曲的 Au—S—Au 键组成。聚合物链彼此间平行。给出聚合物结构以及聚合物链在晶体内的相对位置。当烷基硫醇盐的烷基链增长时，可能会发生什么？

（6）假定一台以氮化硅为尖端的原子力显微镜，癸烷硫醇的正己烷溶液，一片涂有 10nm 厚钛层与 50nm 厚金层的单晶硅（111）晶片，以及 5nm 厚的癸烷硫醇覆盖的金纳米晶体的正己烷溶液。如何将纳米晶体排列成间隔为 100nm 的平行线？这是件值得做的事情吗？

（7）将癸烷硫醇覆盖的金纳米晶体的正己烷溶液小心地注射到水的表面

时，该溶液会发生什么？当逐渐压缩表层时，金纳米晶体的光学性质将如何变化？

（8）当丙酮缓慢地加到多分散的烷基硫醇覆盖的金纳米晶体的甲苯溶液中时，描述预期可能发生的现象的细节。

（9）完成并配平下列金的蚀刻反应的化学方程式：

$$Au+CN^{-}+O_2+H_2O \longrightarrow$$

$$Au+CN^{-}+[Fe(CN)_6]^{3-} \longrightarrow$$

$$Au+I_3^{-} \longrightarrow$$

（10）如果将覆盖 3nm 癸烷硫醇的金纳米晶体的正己烷溶液与覆盖 5nm 己烷硫醇的金纳米晶体的正己烷溶液混合，可能会发生什么？如何证明？

（11）假定单分散的烷基硫醇覆盖的金纳米晶体（尺寸分别为 1nm、2nm、3nm、4nm、5nm）的正己烷溶液，如果通过蒸发诱导的自组装可以使不同尺寸的金纳米晶体的二元混合物结晶，可能会生成什么？

（12）如何合成一个反转的烷基硫醇覆盖的金纳米晶体猫眼石？将该猫眼石逐渐从室温（RT）加热到 150℃，可能会发生什么？为什么会发生这种现象？

（13）如何在立方正八面体的金纳米晶体的晶面上将烷基硫醇组装起来？为什么？将这种情况与在单晶金的（100）与（111）晶面上的相同的烷基硫醇的情况进行对照和比较。

（14）如果将金表面的烷基硫醇的 SAM 逐渐从室温（RT）加热到 150℃，可能会发生什么？

（15）如果将硅表面的密堆积的烷基硫醇金纳米晶体薄膜逐渐从室温（RT）加热到 150℃，可能会发生什么？

（16）假定一个 PDMS 印章，上面有由覆盖着纳米级厚度的金的平行线构成的图案。如果轻轻地按压这个印章，然后小心地从硅晶片表面移去（硅晶片上已经涂有硅烷固定的具有末端基团为硫醇基团的 SAM），可能会发生什么？

（17）已知带有末端基团为羧基或氨基的烷基硫醇覆盖的金纳米晶体的水溶液，pH 对其表面电荷可能会有什么影响？将这两种纳米晶体在不同的 pH 值时混合，可能会发生什么？

（18）将水合硝酸银溶液加入具有末端羧基或氨基基团的烷基硫醇覆盖的金纳米晶体的水溶液中，会发生什么？如果将该体系暴露于可见光较长的时间，可能会发生什么？

（19）如何使用 DNA 在金的表面形成金纳米晶体的正方形网格图案？

（20）可以设想一种引导聚合物电解质在金纳米晶体上一层一层地静电自组装的方法吗？为什么这样做要比在 SiO_2 微球上更具有挑战性？为什么要做这样一件事情？

（21）单链 DNA 覆盖的金纳米晶体通过其互补的 DNA 链可以连接成任意的网状结构。当加热至 DNA 的熔化温度（约 80℃）以上，然后缓慢地冷却至室温，纳米晶体会重排成非常有序的面心立方晶格。在此熔化 - 冷却过程中，颜色由紫色变为红色，然后又变回紫色。解释观察到的现象。为什么这被认为是一个突破呢？

参考文献

[1] Daniel, M. C., Astruc, D. (2004) *Chem. Rev.*, 104 (1), 293-346.

[2] Bain, C. D., Troughton, E. B., Tao, Y. T., Evall, J., Whitesides, G. M., Nuzzo, R. G. (1989) *J. Am. Chem. Soc.*, 111 (1), 321-35.

[3] Jadzinsky, P. D., Calero, G., Ackerson, C. J., Bushnell, D. A., Kornberg, R. D. (2007) *Science*, 318 (5849), 430-33.

[4] Ulman, A. (1996) *Chem. Rev.*, 96 (4), 1533-54.

[5] Love, J. C., Estroff, L. A., Kriebel, J. K., Nuzzo, R. G., Whitesides, G. M. (2005) *Chem. Rev.*, 105 (4), 1103-69.

[6] Pace, G., Petitjean, A., Lalloz-Vogel, M. N., Harrowfield, J., Lehn, J. M., Samori, P. (2008) *Angew. Chem., Int. Ed. Engl.*, 47 (13), 2484-88.

[7] DeVries, G. A., Brunnbauer, M., Hu, Y., Jackson, A. M., Long, B., Neltner, B. T., Uzun, O., Wunsch, B. H., Stellacci, F. (2007) *Science*, 315 (5810), 358-61.

[8] Vericat, C., Vela, M. E., Salvarezza, R. C. (2005) *Phys. Chem. Chem. Phys.*, 7 (18), 3258-68.

[9] Ashcroft, N. W., Mermin, N. D. (1976) *Solid State Physics*, Brooks Cole.

[10] Lifshitz, E.M., Landau, L. D. (1982) *Course of Theoretical Physics*: *Mechanics*, Butterworth-Heinemann.

[11] Link, S., El-Sayed, M. A. (2000) *Int. Rev. Phys. Chem.*, 19 (3), 409-53.

[12] Link, S., El-Sayed, M. A. (1999) *J. Phys. Chem. B*, 103 (40), 8410-26.

[13] Faraday, M. (1857) *Philos. Trans. R. Soc. London*, 147, 145-81.

[14] Skrabalak, S. E., Chen, J., Au, L., Lu, X., Li, X., Xia, Y. (2007) *Adv. Mater.*, 19 (20), 3177-84.

[15] Lu, X. M., Tuan, H. Y., Chen, J. Y., Li, Z. Y., Korgel, B. A., Xia, Y. N. (2007) *J. Am. Chem. Soc.*, 129 (6), 1733-42.

[16] Chen, J. Y., McLellan, J. M., Siekkinen, A., Xiong, Y. J., Li, Z. Y., Xia, Y. N. (2006) *J. Am. Chem. Soc.*, 128 (46), 14776-777.

[17] Sun, Y. G., Xia, Y. N. (2004) *J. Am. Chem. Soc.*, 126 (12), 3892-3901.

[18] Elghanian, R., Storhoff, J. J., Mucic, R. C., Letsinger, R. L., Mirkin, C. A. (1997) *Science*, 277 (5329), 1078-81.

[19] Perez, J. M., Josephson, L., O'Loughlin, T., Högemann, D., Weissleder, R. (2002) *Nature Biotechnol.*, 20, 816-20.

[20] Jana, N. R., Gearheart, L., Murphy, C. J. (2001) *J. Phys. Chem. B*, 105 (19), 4065-67.

[21] Liu, M. Z., Guyot-Sionnest, P., Lee, T. W., Gray, S. K. (2007) *Phys. Rev.* B, 76 (23), 23548.

[22] Sanchez-Iglesias, A., Pastoriza-Santos, I., Perez-Juste, J., Rodriguez-Gonzalez, B., de Abajo, F. J. G., Liz-Marzan, L. M. (2006) *Adv. Mater.*, 18 (19), 2529-34.

[23] Link, S., El-Sayed, M. A. (2003) *Annu. Rev. Phys. Chem.*, 54, 331-66.

[24] Huang, X., El-Sayed, I. H., Qian, W., El-Sayed, M. A. (2006) *J. Am. Chem. Soc.*, 128 (6), 2115-20.

[25] Lim, H. W., Soter, N. A. (eds) (1993) *Clinical Photomedicine*, Dekker.

4 聚二甲基硅氧烷

4.1 引言

正如在 SiO_2 上所看到的，特定的材料由于其固有性质而对纳米化学甚至更重要，因为它们可以制造出其他的纳米材料。聚二甲基硅氧烷（PDMS）是其中的一种，也是一种众所周知的材料，而且是本书所挑选的六种材料中唯一的聚合物。聚合物是非常重要的一类分子与材料。大多数功能生物分子都是聚合物，我们周围的很多非金属材料也是聚合物，包括木材。可以肯定地说，聚合物可以看作是最早的纳米材料之一，因为它们许多独特的性质依赖于纳米范围内的特征长度尺度。更具体地说，聚合物的性质由其分子性质和其纳米级尺寸共同决定。

聚合物由 IUPAC（国际纯粹与应用化学联合会）定义为这样的分子，即："……有着很高的分子量，其结构基本上由起始单元的多次重复构成，这些单元实际上或理论上来源于分子量较小的分子"。

有些人可能注意到这个定义相当糟糕，因为其依赖于一些如"基本上""实际上"与"理论上"这样的副词，以及一些如"高"和"低"这样的形容词，这些都是不科学的。我们所关心的不是对一个定义的抨击，而是聚合物是由更小的构造模块反应或配位而得到的分子，在这里是二甲基硅氧烷。用来合成它的一个反应是基于二甲基氯硅烷的水解：

$$n[Si(CH_3)_2Cl_2]+n[H_2O] \longrightarrow [Si(CH_3)_2O]_n+2nHCl$$

该反应可以生成线型的 PDMS，因为每个分子仅可以反应两次。通过加入像 $[Si(CH_3)Cl_3]$ 或 $[SiCl_4]$ 的单体，可以促进分枝，因为额外的氯可以产生两个以上单体能够连接的接点。相比之下，加入 $[Si(CH_3)_3Cl]$ 起着限制聚合物链生长的作用，因为加入的单体只能与一个单体反应，所以起着链生长终止剂的作用[1]。

PDMS 有几个有用的性质：透明，化学不活泼，耐热，通过煅烧可以转变为 SiO_2，力学性质可调范围很大。其应用范围从橡皮泥到密封材料、润滑剂、麦当劳的麦乐鸡块的成分之一[2]。其力学性质可以通过聚合物链的长度（分子量，MW）、分枝、交联密度及使用填充物而得到控制[3]。

简言之，可以说 PDMS 不仅展示出 SiO_2 的一些重要性质，还具有力学特性可控范围很大的额外优势。在本章中将看到纳米化学家如何找到多种实际的方式来利用这一性质。

4.2 表面

PDMS 表面与 SiO_2 表面之间的主要差别是其表面极低的硅醇密度以及存在着有机的甲基基团（$-CH_3$）。这两个因素均意味着更大的疏水性、更少的表面电荷以及更低的表面能。读者可能还不知道的是，表面能在很大程度上也是两个表面之间的黏附力的影响因素。你也许曾经惊讶为什么牛排会黏附在金属锅上而不会黏附在具有聚四氟乙烯涂层的锅上？因为金属有大于平均值的表面能，而聚四氟乙烯（一种氟化聚合物）却有着极低的表面能。准晶体，一种有着令人难以置信的美丽及复杂原子晶格的特殊金属合金，与具有低表面能的疏水聚合物均具有金属的坚固性与安全性，在未来的数年内有望取代平底锅上的聚四氟乙烯。由于 PDMS 低的表面能，其对大多数表面一般只有很低的黏附力。该黏附力通过等离子体处理可以很容易地得到改进，正如对 SiO_2 那样，暂时增加其表面的硅醇数量。

在本节中将看到 PDMS 的可调节的力学与黏附性能是如何用于发展目前所知的最具有成本效益的平版印刷方法的，称之为软平版印刷术❶。该技术是由夏幼南与 George M.Whitesides 开拓与发展起来的，当时分别为哈佛大学的研究生与导师[4]。目的就是建立一个可以通过化学方法进行表面设计的平台，

❶ 软平版印刷术：一种在微米或纳米尺度上创造表面图案的方法，依赖于自组装及模板复制。

该平台应是廉价且可以重复使用的。

图 4.1 展示了软平版印刷术的基本原理。在该图的左侧可以看到印章的制备从母版开始，母版一般由硅通过自上而下的平版印刷术来制造。印章是硅烷化的，且 PDMS 预聚合物被倾倒在其上面。接着在温和的温度下固化（应该注意，务必使残留在预聚合物中的气泡有时间逸出）。在 PDMS 交联结束后，将其从母版剥落。借助微接触印刷，使用 PDMS 印章将墨水从一个基板转移到另一个基板。考虑到印章具有特征工程化的可能性，所以可能只在由这些特征决定的图案中转移墨水。在微成型过程中，墨水流过已压制在基板上的 PDMS 印章的孔道。墨水是被毛细作用力吸入孔道的。在墨水渗入所有孔道后，通常是不会合为一体的，以便 PDMS 印章可以被剥落，但却不会损坏墨水的图案。PDMS 对基板的低黏附力是该过程的关键属性。在微成型方法中，已沉积在基板上的墨水，通过挤压在其上面的 PDMS 印章而被转移。印章的这种突出的特征将墨水从下面的基板中挤出。

借助微观平版印刷术，使用印章转移在牺牲层上的 SAM 的图案。SAM 保护了牺牲层上的被覆盖区域，使其免于被溶解。牺牲层的溶解区域显露出下层的基板，使得所要的材料可以选择性地沉积在这些区域。然后通过湿法蚀刻将 SAM 保护的牺牲层的图案除去。

第一步是制备 PDMS 印章（图 4.1）[4]。将图案设计成母版，该母版通常是借助传统的平版印刷方法在硅中制得的，该母版起着形成印章模板的作用。硅先暴露于氧的等离子体中，然后使用像三甲基氯硅烷 [$Si(CH_3)_3Cl$] 或全氟辛基三氯硅烷 [$CF_3(CF_2)_7SiCl_3$] 这样的分子使其变为疏水的，该过程称为硅烷化。等离子体会在硅表面钝化的 SiO_2 层上引入硅醇基团（硅在空气中自发地在其表面形成 1nm 厚的 SiO_2 层，称为“自然氧化物”）。硅烷化消耗了大多数的表面硅醇，因此减小了表面反应活性以及与 PDMS 的黏附力，同时提高了模板复制的准确性。

然后将 PDMS 预聚合物浇在母版上，这一步应相当谨慎，因为必须确定没有生成气泡，而气泡有可能会存在于黏性的预聚合物中。

预聚合物

一般是小分子量的聚合物，因此有着易于控制的黏度，从而可以安全地与引发剂、添加剂混合，通过老化过程中的进一步聚合即可确定其结构与组成。

接着 PDMS 经历固化过程。在此期间，预聚合物分子彼此间交联，形成使最终的印章具有类似橡胶性质的扩展分子的网状结构。印章可以成功地从母版剥落，得到一个非常准确的独立的母版的复制品，而且可以许多种方式用来形成表面图案。

使用该过程的第一个例子是微接触印刷，即印章利用所包含基板的不同的黏附特性，将一种特殊的“墨水”从一个基板转移到另一个基板（图 4.1 上右侧）。“墨水”可以是分子、聚合物、纳米晶体、纳米线、胶体以及整个薄膜。

最初将墨水沉积在黏附力很低的基板上，例如一片硅烷化的 SiO_2、硅、甚至 PDMS 本身。然后印章与墨水进行共形接触，如果墨水对印章的黏附力更大，墨水会转移到在母版中设计的印章的突出区域上。

下一步是印刷步骤。将墨水沾湿的印章与所要的基板接触，该基板与第一个基板不同，必须对墨水有很强的黏附力。正是以这种方式，当印章从所要的基板上剥落时，墨水就会留在基板上，而不是印章上。有时需要使用一些小技巧来促进墨水的转移，如使用一个可与最终基板反应而不与最初基板反应的官能团。例如，如果最终的基板为金，可以选择用硫醇基团来“修饰”墨水，而且用 SiO_2 基板作为第一个基板，硫醇不与 SiO_2 或者 PDMS 印章反应，但却与金表面迅速反应。以这种方式可以很容易地在金属表面生成图案化的 SAMs。

另一种方法称为微成型，但有一系列不同的要求（图 4.1 上左侧）。在这种情况下，印章压在所要的基板上，墨水因为毛细作用力的吸引而流入孔道中。如果墨水对基板有适当的亲和力（如水与 SiO_2），在孔道的一端加一滴墨水，墨水就会扩散进入孔道中。当然，另一个要求是墨水必须有足够的流动性才能扩散进入印章的孔道中。因而墨水应该是处理过的，但对不同的墨水其含义是不同的：单体是可以聚合的，纳米晶体是可以干燥的，用于在基板上制成 SAM 的分子则是可以流动的，且在它们通过的时候发生反应。然后剥落印章，留下图案化的材料。

一个类似的过程称为微浮雕（图 4.1 下左侧）。在该过程中，先将墨水沉积在所要的基板上，然后用力将印章压在基板上，即可在基板上生成墨水的浮雕图案。

使用软平版印刷术可以实现非常复杂的图案结构的方式之一是微观平版印刷术（图 4.1 下右侧），它是自下而上与自上而下技术的一种组合。第一步是通过接触印刷将墨水转移到已经沉积在所要基板上的牺牲层上。将印章剥落下来，留下涂有墨水图案的牺牲层。这里的墨水起着保护下面的牺牲层

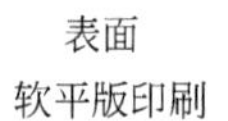

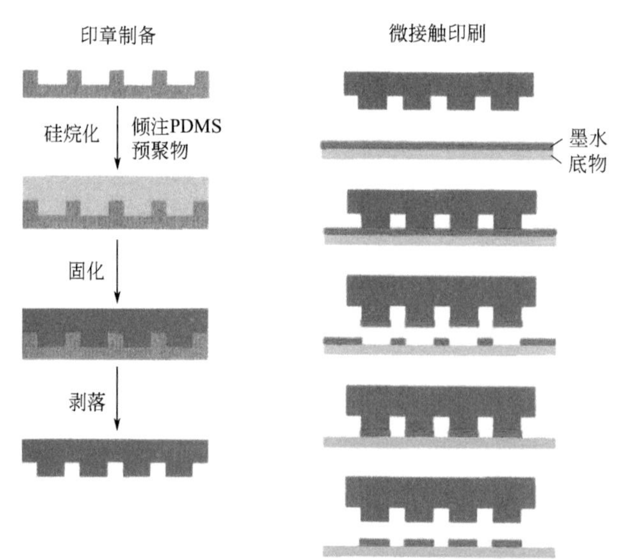

墨水：硫醇，二巯基化物，硅烷，纳米线，纳米晶体，胶体，薄膜
底物：塑料(PET)，PDMS，金，玻璃，氧化物，硅，光阻材料

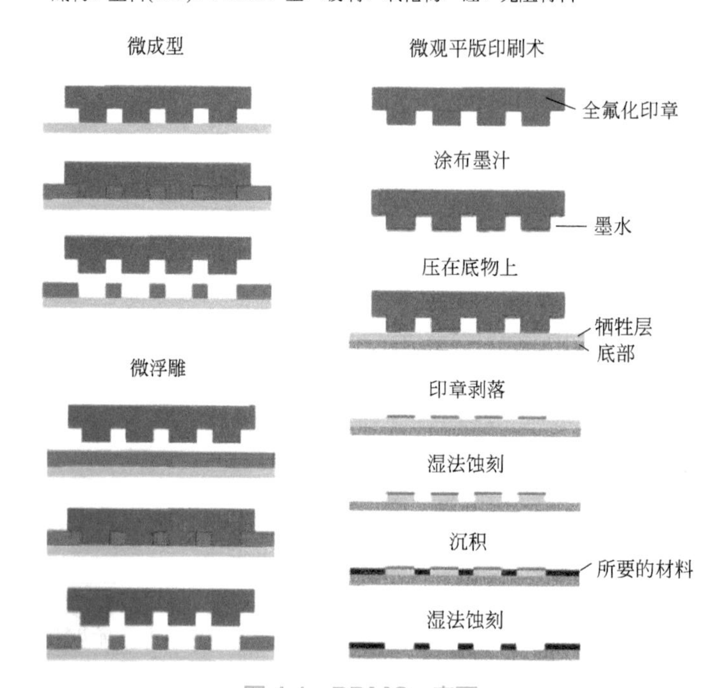

图 4.1 PDMS- 表面

不会被蚀刻的作用。将整个结构浸在液态蚀刻剂中，蚀刻剂选择性地蚀刻掉暴露区域的牺牲层。在牺牲层为 SiO_2、基板为硅的情况下，可以使用 HF 溶液（注意：HF 为已知的腐蚀性最强的物质之一）。该过程会在牺牲层上留下一个由柱桩构成的图案结构，之后该图案结构可以作为想要的材料在选择的底物上沉积的模板。这样的沉积可以通过气相（如 CVD）或液相来进行，取决于哪个方法是最方便的以及与保留的模板最相容，例如在 CVD 过程中温度可能变得非常高（很容易超过 300℃），但并不希望模板在该制模化过程中熔化。在所要的材料沉积之后，先使用适当的溶剂除去墨水，然后除去模板，最后用合适的蚀刻剂除去牺牲层，如此即可除去模板。

该过程模仿标准的光平版印刷术，其中的牺牲层是一种光阻材料，即一种可以在光的照射下永久地改变性质（如溶解度）的材料。根据想要获得的掩模层上的图案，照射光阻材料的特定区域，然后使用溶剂溶解掉光阻材料的暴露区域（或未暴露区域，依赖于特定的光阻材料）。如此会导致形成一个表面模板，然后该表面模板可以被翻版产生最终的图案化的材料，就像在微观平版印刷术中一样。

软平版印刷术正在成为在微米尺度进行表面图案化的化学实验室的一种标准方法，因为其廉价、可靠、能变形。而且还可以用该方法使任意基板图案化，甚至一个弯曲的基板，因为 PDMS 是一种橡胶，所以它可以保持与任何表面形状一致，而不仅仅是平坦的表面。

这里展示的软平版印刷术只是可用技术的一部分，纳米化学家基于选择简单聚合物和最低表面能的考虑，也在不断增加和丰富这些方法。

4.3 尺寸

既然已经知道了软平版印刷术的基本技术，你或许会好奇，尺寸作为一个概念是如何进入这场争论的。化学家如何用其思考方式来控制 PDMS 的特征尺寸呢？

在本节中将会看到，通过使用多种“技巧”（还被称为“巧妙地应用确实很酷的科学”），如何挑战软平版印刷术图案化的特征尺寸的限制[5]。这些“技巧”是一系列减小规模技术的核心，这些技术通常利用 PDMS 的聚合性质。这是很重要的一点，因为这些技术不能应用于刚性印章。它们不仅印证了软平版印刷平台的多功能性，还传授了许多有关聚合物性质的内容。

这里涉及的第一个技术是"通过压缩减小尺寸"，如图 4.2 所示[5]。PDMS 印章通常是利用坚实橡胶的力学性质制造的。这意味着它们是完全可以压缩的，但它们的孔隙率非常小，因而作为对压缩的反应，它们的横向尺寸就会增加。典型的密集橡胶的这种性质可以用于软平版印刷术图案化中来减小特征尺寸。

图 4.2 显示了软平版印刷术的尺寸减小技术。通过压缩、溶胀、填料萃取及过压接触印刷，PDMS 的聚合性质可用于减小尺寸。这四种技术利用了 PDMS 的一些特性，如弹性、在溶剂中的溶胀性及填充物的可嵌入性。反应扩散则利用了墨水的横向扩散来减小图案的特征尺寸。二次印刷使用了连续印刷来获得更小的距离。利用 V 形特征则需要使用特殊的刚性更强的硅母版。

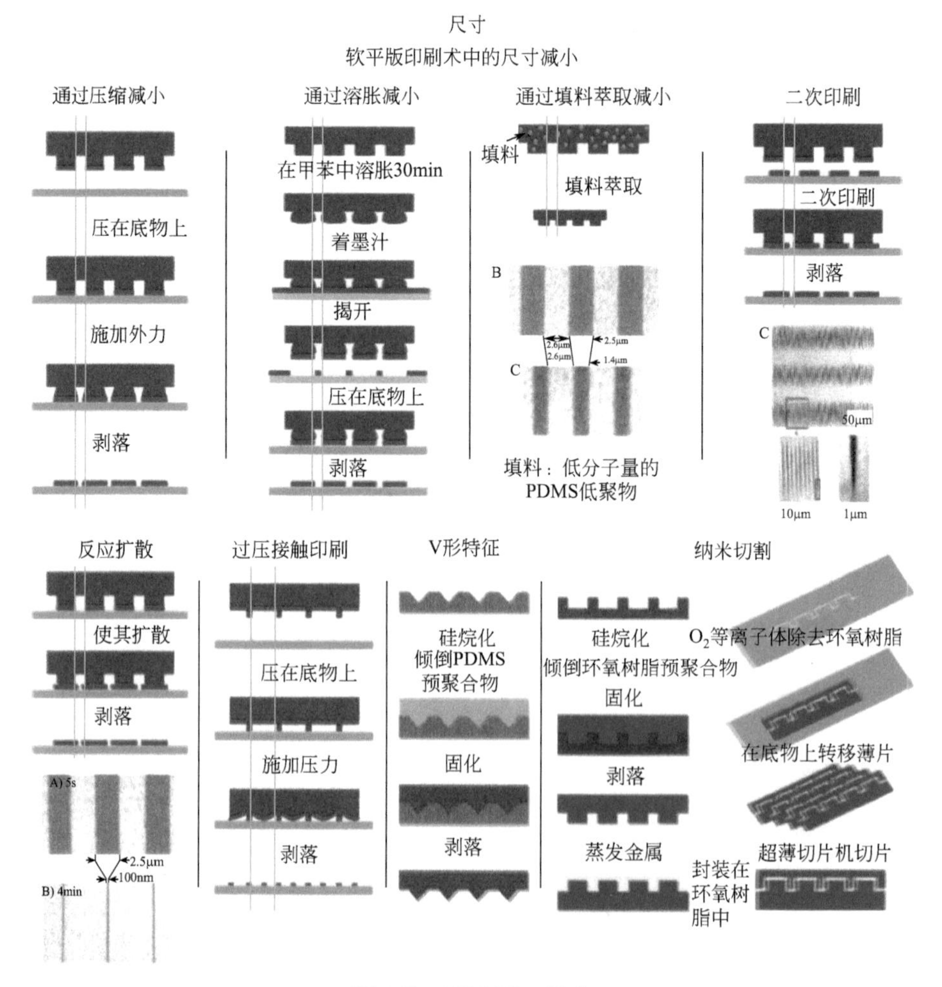

图 4.2　PDMS- 尺寸

纳米切割则将 PDMS 平台的易变性与通过溅射沉积薄层材料及通过超薄切片机切割纳米级聚合物片的可能性结合起来。

在第一步中，用选择的墨水润湿 PDMS 印章，然后将印章施加于表面，通过这种方法，就可以用力挤压印章，导致突出特征的横向膨胀，结果得到印制的图案。剥落印章之后，可以看到印制区域之间的距离要小于未挤压印章突出区域之间的距离。在图 4.2 中可以随着细的黑线跟踪特征尺寸的减小。

一个可以论证的、更好的及更可控的技术是使用溶剂诱导的 PDMS 溶胀来减小突出特征之间的距离[5]。用于软平版印刷术的印章中的 PDMS 聚合物具有一种交联的网状结构。这意味着整个印章原则上是一个单一的分子，即没有任何一部分是与其他部分化学断开的。其主要结果就是聚合物网络在任何溶剂中都是不溶的，因为组成的原子不能彼此解离，这又是因为每个原子都是以共价键形式与网络连接的。相反，溶剂可以做的则是渗透进聚合物网络，并使之溶胀。同样的原因，可以压缩一个 PDMS 印章，即压缩网络中大量的自由体积及 PDMS 单链的弹性；相反的情况也可以发生，即 PDMS 印章会在特定的溶剂中溶胀。这是由于能量的原因。

假设印章的网状结构中一个 PDMS 链暴露于其确实“喜欢”（“喜欢”一词可以理解为“有很大的溶剂化能”）的一个溶剂中，即比其相邻链更“喜欢”该溶剂。其第一个反应就是伸展开，从而使其与溶剂的接触最大化。如果网状结构中的每一个链都伸展一点，那么整个材料就会溶胀。这就是为什么通过测量聚合物构成的网状结构在不同溶剂中的溶胀程度，可以定量地评估聚合物在溶剂中的相对溶解度。

在许多器件的应用方面，聚合物网络的膨胀通常都是一个难题，因为它将导致产生难以预测的物理尺寸的变化。就像在纳米化学中其他情形下一样，在这种情况下，很明显的一个问题被转变成一种工具。而且这是一种应该习惯的思维方式。问题本身并不是问题，之所以将其定义为问题，仅仅是基于偏见，即系统与目标或期望不一致；相反，一个问题恰恰是一种现象，如果能调整目标或期望的话，每一种现象都是可以利用的。

该方法基于下列步骤（图 4.2）。印章在甲苯中膨胀（或任何其他 PDMS 的良好溶剂）；将膨胀的印章与墨水接触，墨水将被转移到印章上；然后使用印章将图案印在想得到的底物上。同样在这种情况下，突出特征的横向膨胀导致印制的图案之间的尺寸减小。

可以采用的另一种方法也是基于聚合物的性质。在存在填充物（或添加剂）的条件下，聚合物的网状结构可以交联在一起，这种方法常常用来调节最终产物的网络性质[5]。这样的填充物构成了网络中的三维缺陷，因为它们不是以共价键形式与网状结构连接的。在图 4.2 所示的例子中，填充物是 PDMS 的低聚物（短的 PDMS 链）。使用 PDMS 的低聚物而不是其他聚合物的原因是想以此确保填充物与网络完全混合。

上述内容是另一个在处理复合物时极有价值的原则：将两种组分混合在一起形成复合物，能够导致产生许多不同“等级”的复合。例如，如果次要组分对主要组分的亲和力小于对其自身的亲和力，那么次要组分将在主要组分中形成自身的聚集体，很像水中的油滴。这种现象称为相聚集，且是后续许多章节的基础。为了避免相聚集，应以这样的一种方式来使不同组分之间匹配，即不同组分之间的亲和力与各组分自身的亲和力应尽可能地接近。通过使用 PDMS 的低聚物作为 PDMS 网络中的填充物，可以相当确信已经达到了这一目的。

现在已经制备好了一个含有填充物的印章，而且通过使用合适的溶剂（如甲苯），总是可以将填充物去除。例如，就像刚看到的那样，甲苯会使 PDMS 印章膨胀，并将其中的可溶性组分去除，包括填充物。将甲苯从印章中去除后，得到的印章的特征尺寸会更小，其减小的体积与最初包含的填充物的体积相当。如图 4.2 中的 SEM 照片所示，这可以使得印制图案的特征尺寸大幅度减小。

另一种减小尺寸的方法是一种很难控制的方法，就是印刷墨水两次[5]。如图 4.2 所示，可以印刷两次，从而减小特征尺寸。在 SEM 照片中显示了一个此类图案的例子，称为莫尔图案，是从稍微不同的角度印刷同一组条纹两次得到的。

涉及的第五种方法称为反应扩散，该方法以墨水的扩散为基础[5]。在墨水黏度较低的情况下，可以让印章在基底上停留足够长的时间，以便墨水横向扩散，从而减小特征尺寸，如图 4.2 所示。墨水的黏度越高，其在表面扩散或散布得越慢。正如在下文的 SEM 照片中可以看到的那样，通过跟踪扩散时间，可以很好地控制特征尺寸。该扩散通常遵循扩散定律 $\langle d\rangle=(2Dt)^{1/2}$，式中，$d$ 是扩散系数为 D 的墨水在时间 t 内扩散的平均距离。

第六种方法是“过压接触印刷”减小特征尺寸。在该方法中，用墨水将 PDMS 印章完全浸湿，以至于凹进的区域也被墨水所覆盖。当使用印章印刷时，施加足够大的压力使印章凹进的区域与基底接触（图 4.2）。使用这种方法可将原印章的特征尺寸减小一半[6]。

第七种方法更直接，因为它要采用不同的方式来制备模具。不是使用平底的图案，而是通过各向异性蚀刻硅底物来产生 V 形槽[7]。注意，发现硅的各向异性蚀刻是因为单晶硅的不同晶体学平面有着截然不同的蚀刻速度，例如，（100）面的蚀刻远快于（111）面的蚀刻。还要注意，这种蚀刻速度差异的化学解释是基于这样的认识，即在（100）面中只有两个 Si—Si 键必须要反应性断裂，而在（111）面中则有三个 Si—Si 键必须要断裂。如果使用这样一个 V 形槽制备 PDMS 印章，与 V 形槽的尖端相对应的 PDMS 的突出区域可以小到数纳米。这种方法的一个缺点是在模具的设计上，因为用来产生 V 形槽的特殊的蚀刻方法取决于硅的结晶取向，所以在能够得到的 V 形槽的角度方面将受到限制。该方法可达到的分辨率还依赖于 PDMS 的交联程度，因为尖端的可塑性将控制复制过程的重现精度。

最后一个例子是在哈佛大学 George M. Whitesides 的实验室发展起来的[8]。它被称为“纳米切片”。通过该方法，可以将目前用于生产薄膜的精确控制转移到二维图案的生产上（图 4.2）。印章先被硅烷化，然后将环氧树脂预聚合物倾倒在上面（环氧树脂聚合物是可以通过酸催化环氧化合物开环后聚合而制备的刚性聚合物，且具有一些特殊的力学性质，这些性质在下列步骤中是必需的）。环氧树脂经过老化处理，PDMS 印章脱落。此后，可以用你喜欢的任何方式在环氧树脂模具上沉积感兴趣的材料。在这种情况下，建议使用金，因为金可以很容易地溅射或热蒸发至表面上，同时控制在纳米级厚度。

这一步完成后，再一次将环氧树脂预聚合物倾倒在镀金的环氧树脂模具上，然后老化。该步骤结束后，将得到一块固体的含有金薄膜的环氧树脂（金薄膜的厚度控制在纳米级，且其形貌是由最初的 PDMS 印章所决定的）。现在能做的就是用显微薄片切片机来切割这个环氧树脂块。显微薄片切片机是细胞生物学实验室中常用的一种工具，用它可以切出薄到 30 ～ 50nm 的薄片。环氧树脂是用于显微薄片切片的一种标准材料，因为其具有特殊的力学性质，使得其可以精确切割，没有裂痕，产生高分辨的很薄的截面。

将薄片转移到想得到的基底上，然后通过等离子体蚀刻，选择性地从每个薄片上除去环氧树脂。在选择的材料中留下的就是具有纳米级厚度和横向尺寸的 2D 图案。没有人此前曾经想到通过这样一个简单的过程能够制备这样的构造。该过程实际上在任何拥有显微薄片切片机的化学实验室中都可以实现（在大学的电子显微学实验室一般都有显微薄片切片机）。

PDMS 的可塑性使得科学家能够将诸如软平版印刷术这样的技术带入纳米级别（纳米平版印刷术），而最初人们认为平版印刷术局限在微米级别（微米平版印刷术)。但是这仅仅需要使用一些简单、普通的方法，如扩散、膨胀、压缩或切片。或许对于像PDMS这样的材料，这已经很特别了，但你所看到的仅仅是冰山一角。

4.4 形状

形状的概念可以引导读者进入微观应用流体学领域。对于该领域，PDMS或许是最有用的平台材料[9]。微观应用流体学是在微米级尺度操纵流体的科学和技术[10]。其之所以与本书相关的原因之一就是它可以使得以流体为基础的过程微型化，像细胞生物学研究、化学分析、有机合成以及纳米结构合成。另一个原因是流体在微米级尺度的行为与其在宏观的行为不同。微观流体没有紊流，此种行为称为“层流”，这意味着只有通过扩散才能发生混合。

这里举个例子，如果让水从一个微米级的管道流向另一个流有乙醇的微米级管道中，这两种液体将相互毗邻而流，没有立即混合在一起，尽管它们彼此是很容易混合的。如果这种现象发生在宏观尺度的话，那么来自每支流量充沛的河流的河水在流入大海前将保持独立流动。

微观应用流体学是一种将流体研究限定在微米级通道的技术，目前正在得到广泛研究并应用于一些必须要实现微型化的、原位的、以流体为基础的化工过程。通过减小反应规模，不仅可以使昂贵试剂的使用量最小化，同时还可进行组合化学❶反应，即数百甚至数千个不同的反应可以平行进行，从而大幅度减少投入到筛选过程的时间，因为在筛选过程中有成百上千的化合物的某种性质需要评估，例如它们的毒性。

由此提出了一种想法，即不需要在传统的宏观反应器中生产化学制品，而是在由数百万的一体化的微反应器组成的工厂中生产相同数量的化学制品。自然就是在微米级细胞的一体化的集合体中进行这种大规模的化学品制造的。可以想象一下，如果我们也能这么做会有什么好处呢？例如，如果某部分出现故障，需要做的仅仅是换掉一个或几个有问题的微反应器，而其余的则继续运行，不必停止生产来更换一个主要的宏观反应器。

通常采用快速成型技术制作微流体装置[11]。在人们认识到可以使用喷

---

❶ 组合化学：在该技术中，许多反应（数十个、数百个或者数千个）以非常小的规模同时进行，且能够很容易地评估参数轻微变化的影响。

墨式打印机获得微观应用流体学所需的特征尺寸以后，才开发出了该过程。因此先在电脑上设计线路，然后以实际尺寸打印在透明胶片上。这样的透明胶片将为制作模具起着掩膜的作用。PDMS 将被浇注在其上面。为了达到这种目的，需要在玻璃基底上覆盖一层 SU-8（一种在实验室装置中广泛使用的商业光致抗蚀剂）。将打印的透明胶片放在 SU-8 层上，然后用光照射整个薄膜，被光照射的区域将会发生聚合，从而不会被冲洗掉，而未被照射区域的材料则会被冲洗掉。

现在玻璃基底上有了具有 SU-8 特征的类似于通道的图案，但还需要在想让流体流入的地方添加玻璃毛细管，然后就可以由这种构造制作 PDMS 模具，剥离模具，去除毛细管。现在可以将 PDMS 模具与另一个 PDMS 平面焊接在一起形成微流体装置。该精密步骤可以通过使用氧的等离子体处理 PDMS 的两个相对的表面来完成。这种处理将在每个表面上产生硅烷醇，其在两个表面接触时会发生反应，导致两个 PDMS 块体的冷焊接。

快速成型法一个巨大的优势是，不需要使用复杂的设备，并且整个过程能够在数小时而不是数天内完成，而成本却非常低。当涉及反复试验法时，这就有着明显的积极影响。在纳米化学研究中有时需要使用反复试验法。

这里展示一个特殊的情况。PDMS 通道的形状允许化学家、材料学家和物理学家在微流体通道里制备形状可控的胶体和气泡[12-14]。正在谈论的形状就是图 4.3 中间的图所示的所谓的流动聚焦装置❶。三种不同的流体聚集到一个狭窄的开口处。流体 A 是可聚合的单体，而流体 B 则是载体液。流动聚焦装置使流体 A 产生极端单分散的液滴，这样的液滴由载流体运输，而且液滴相互间的距离确保它们不会结合在一起。在这个特殊的情况中，流体 A 的液滴在通道内可以借助两种机理发生聚合（图 4.3）：可以通过紫外线照射或温度来引发聚合。聚合通常由痕量的、小的且相对不稳定的分子开始，这种分子事先加到单体中，称为引发剂。不同的刺激因素触发不同的引发剂。但紫外线和 / 或热是最常用的刺激因素[14]。

图 4.3 显示了如何在 PDMS 印章中通过控制形状来影响微流体装置。快速成型法如左侧图所示[11]。使用喷墨打印机在透明胶片上打印图案，该透明胶片放置在一个阻抗剂覆盖的 SiO_2 基底上，使用紫外线照射体系，使曝光区域的阻抗剂解聚，然后使用合适的溶剂洗涤体系，使曝光区域的阻抗剂溶解掉。将用作蓄水池的模板放在适当的位置，将 PDMS 浇注在覆盖有图

❶ 流动聚焦装置：使液体流过一个具有尺寸与形状可控的孔的喷嘴，以便控制液滴或气泡的产生。

案的基底上，老化、剥离，除去用作蓄水池的模板。将印章的底部暴露于氧的等离子体中，以便在表面形成硅烷醇，并增强印章对 SiO_2 的黏附力。然后将 PDMS 印章压到一个将与其冷焊接的 SiO_2 表面上。左侧图的中部显示了如何通过在流动聚焦装置中使用气体替代流体 A，从而有可能产生尺寸均一的气泡，然后这样的气泡聚集为称作“气泡筏”的周期性阵列［左侧图下部的（a）～（e）][13]。“气泡筏”可以在一系列材料中用于模板复制。右侧胶体合成的图 a）显示了能产生尺寸极其均一的液滴的流动聚焦装置。这样的液滴可以由预聚合物或单体制成。这些预聚合物或单体在微流体装置的其余部分，在紫外光照射或温度的作用下发生聚合，如右侧的图 b）和 c）所示。右侧的图 d）～ f）显示了液滴经过通道的形状是如何显著地影响胶体的形状的（6 张 SEM 照片，a ～ f）。

这种方法的优势是所有的参数都可以单独地和可重复地控制；例如，通过改变载流体的流速，可以改变所有液滴的紫外光曝光时间；通过改变两种互不相溶的流体的流速，可以改变液滴的体积。如果液滴小到足以适合通道，就会形成球形胶体。如果通道比液滴的直径浅，则将得到盘状胶体。如果通道比液滴的直径不仅浅，而且细，将得到棒状胶体。

除了形状的控制外，还可以相当自由地选择成分。在通过微流体生成单分散胶体层方面，不会仅局限于聚合物。可以使用任何在与微流体装置兼容的条件下能够固化的材料，例如，使用该技术已经制备了低熔点金属合金的胶体。

通过将流体 A 改变为气体，得到了该方法的另一个意外的结果（图 4.3）。在这种情况下，可以得到相同的单分散胶体。但是，它们不是由液态单体制得的，而是由气体制成的[13]。这种现象很容易被忽视，因为几乎没有任何重要的事物会被想象为来自气泡。但是实际上，如果能够将气泡很好地控制和限制在确定的空间内，气泡将是研究气 - 液反应的理想平台：可以监控气泡的尺寸，由此监控气体的消耗或产生；还可以观察液态或固态产物的形成。对化学家来说，研究一个已知在实验室环境下很难处理的物质的状态是一个崭新的平台。如果你很难相信气泡有很重要的应用，我们可以告诉你，可以查阅到涉及将小尺寸的、稳定的气泡注射到活的有机体内的研究报道。它们将成为医学超声波检查中的一种非常有效的造影剂。可以想象超声波检查法将由此变得多么方便和便利，科研人员会有极大的兴趣将这种技术的威力和适用性推广到更广泛的领域。

在 PDMS 微流体装置的封闭透明的环境中，具体化学过程有待开发。

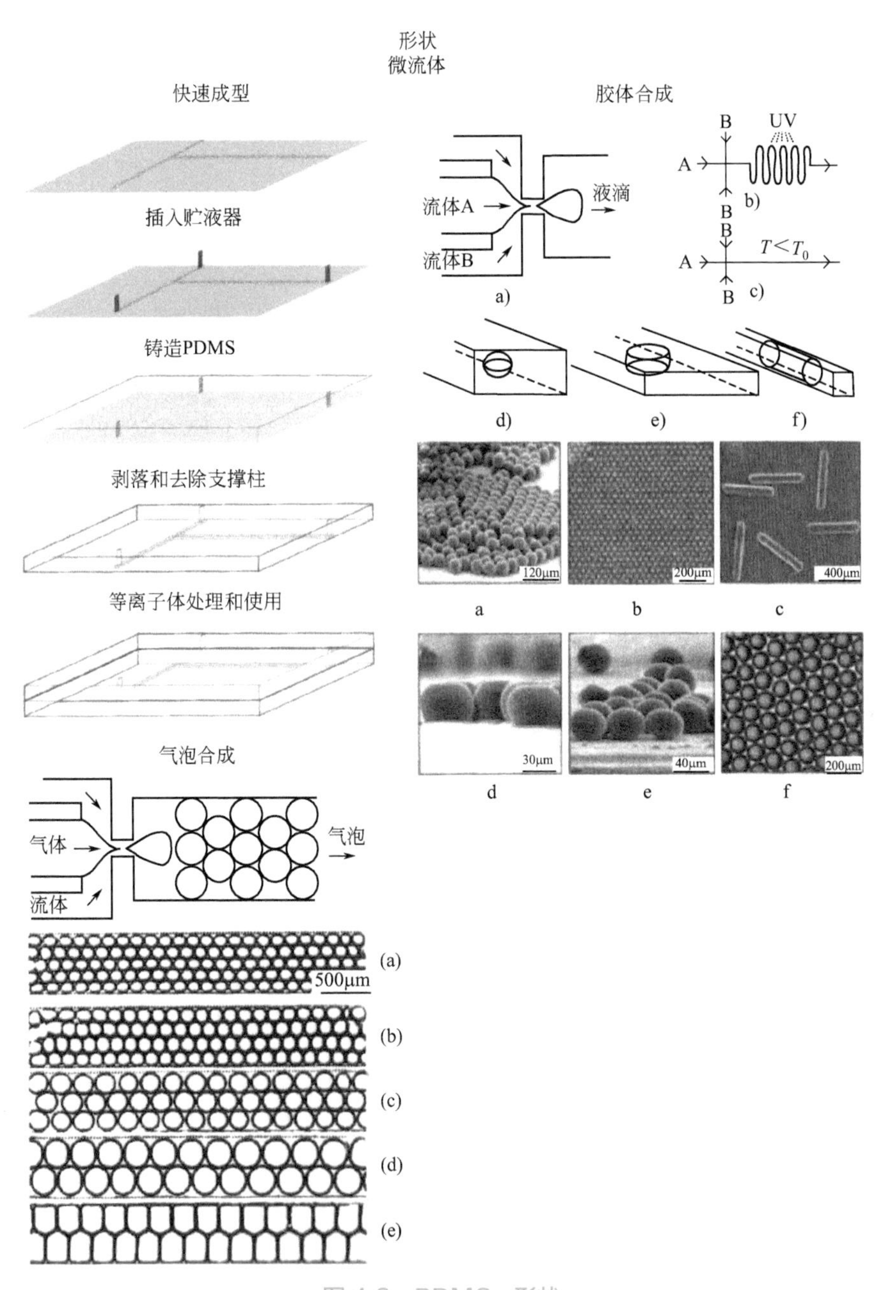

形状
微流体
快速成型
插入贮液器
铸造PDMS
剥落和去除支撑柱
等离子体处理和使用
气泡合成
气体
流体
气泡
500μm
(a)
(b)
(c)
(d)
(e)
胶体合成
流体A
流体B
液滴
a)
B
UV
A
B
b)
B
$T<T_0$
A
B
c)
d)
e)
f)
120μm
200μm
400μm
a
b
c
30μm
40μm
200μm
d
e
f

图 4.3 PDMS- 形状

4.5 自组装

对纳米化学家来说，PDMS 是一种“构造材料”，可以控制其表面性质、力学性质，可以使其膨胀，使其成型，还可以控制其亲水性或疏水性。这一系列性质是相当独特的，且在毫米范围内自组装的研究中得到了很好的应用。读者现在也许会争辩，毫米范围比纳米范围大了六个数量级，因此它不应该出现在一本讨论纳米化学的书中。在这里想强调的观点是，纳米化学作为一个领域只能通过其概念加以理解，且在很多情况下不是局限于纳米尺度。在毫米尺度的自组装能够教会我们的内容，在纳米尺度可能也同样是有用的，反之亦然。

正如在概念介绍部分所描述的那样，当某种性质或现象至少可以部分地使用长度（该长度与所研究材料具有相同的数量级）来表现时，就产生了纳米化学中尺寸的概念。在这种情况下，将产生毛细作用力，即决定液体界面的形状和角度的力。

两相流体界面处的毛细作用力最强。界面处的物质实际上干扰了界面，相对于平滑的表面起着缺陷的作用。这种干扰增大了界面的面积，因此使体系能量升高，从而导致体系产生响应，即通过毛细作用力来试图减小这样的干扰。

自然的这种作用 - 反应的“行为”是所有平衡的核心，定义为在一定条件下，相反的力达到一种妥协：作用与其反应之间的妥协。这里所感兴趣的是，当这种平衡存在于自组装条件时，或者换言之，在一个体系包括的各种力之间的妥协对应于一个由单一的构造模块组成的结构。自然达到这种平衡的方式称为自组装。

研究这样的平衡最有效的方法之一就是制造一个完全确定的构造模块，其尺寸、形状和表面均可以精确地、重复地改变和调节。然后需要做的就是将该构造模块放在包括了与其他构造模块相互作用的相反的力的中心，结果通常就是产生某种形式的自组装。这些都可以通过实践证明。

这里要使用的力就是毛细作用力，而且为了更有效地利用它，需要开发一种可以“操纵”它的构造模块[15]。为了这个目的，可以制造六边形的 PDMS 盘，盘的底面是天然疏水的。通过将上表面暴露于氧的等离子体中，使其具有亲水性。然后将这些盘放到一种非常疏水的液体——全氟萘烷（PFD）和水之间的界面处。因为 PFD 密度比水大，所以它将位于水的下面。

这些盘将停留在界面处，因为其亲水的上表面想接触水，而底面则不想如此，折中的结果就是其停留在界面处。

图 4.4 显示了通过毛细键来协调形状和表面能的用途，以便进行自组装[15]。该图的左侧显示了在液 - 液界面处的构造模块之间的毛细相互作用，其依赖于各自边缘的表面能。在该图中假设了非极性液体在界面的下面，而极性液体则在上面。如图所示，边缘具有相同表面能的构造模块将相互吸引，因为它们产生形状相似的弯月面。不同的弯月面正相反，即导致相互排斥。图 4.4 中间一栏显示的是可以设计具有特定表面能的 PDMS 构造模块，即在实验前将表面暴露于氧的等离子体中，使其变为亲水的。将构造模块置于水 -PFD 界面处，并使用磁力搅拌器提供系统达到平衡所必需的搅拌，即可实现自组装。图 4.4 右侧显示的是自组装的结构，可以观察到其依赖于构造模块边缘的表面能。

现在，当改变侧面的亲水性和疏水性时，可以选择六边形的盘来讨论盘与盘之间的相互作用。图 4.4 显示了侧面为矩形的盘，厚的边缘对应于疏水的表面，而薄的边缘则对应于亲水的表面。现在，如果所有盘的侧面都是疏水的，那么 PFD 将使 PFD- 水的界面弯曲，以便润湿疏水的侧面。相反，如果所有的侧面都是亲水的，水将使界面向下弯曲，以便润湿盘的侧面（图 4.4 的左上部）。当盘的两个相对的侧面具有相反的可润湿性时，盘就会倾斜。水将吸引此盘亲水的一面，以便润湿亲水的边缘；而 PFD 将吸引此盘疏水的一面，以便润湿疏水的边缘。

非常有趣的是，当几个六边形的盘相互作用时，会有明显的变化（图 4.4 的左下部）。如果全部侧面都是疏水的或都是亲水的两个盘相互靠近，该体系减少其表面能的最佳方式就是使构造模块相互附着在一起。通过这种方式，月牙状物由 4 个减少为两个，而且盘的侧面具有相似的可润湿性，这使得它们彼此之间是相容的。在这样的情形下施加到构造模块上的力是吸引力。在具有相反润湿性的盘相互接近的情况下，则产生排斥力。

所以，这是一个受到相同类型的两个相反的力影响的可控的体系，这些力控制着构造模块之间的相互作用。将具有不同的亲水 / 疏水边缘组合的六边形 PDMS 盘放在界面处，然后缓慢地搅动，以便使系统更快地找到平衡条件（进行自组装）（图 4.4）。在第一种情形下，只有盘的一个边缘是疏水的，所以这些盘自动地形成稳定的盘对。在两个相邻的边缘都是疏水的情形下，形成三元组合。在图 4.4 的右侧图中可以看到其他形式的边缘功能化是如何产生不同的自组装结构的。

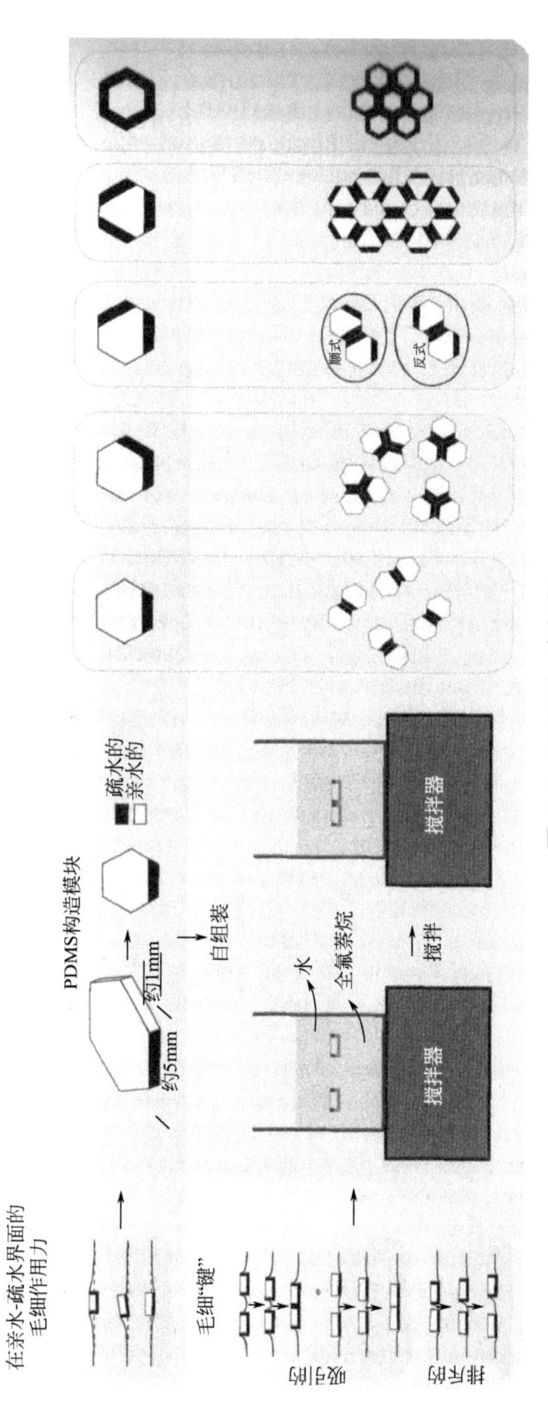

自组装
中尺度的自组装
在亲水-疏水界面的毛细作用力
毛细"键"
吸引的
排斥的
PDMS构造模块
约5mm
约1mm
疏水的
亲水的
自组装
水
全氟萘烷
搅拌
搅拌器
搅拌器
顺式
反式

图 4.4 PDMS-自组装

这个例子提供的重要信息是，如果能够控制构造模块之间相互作用的特征和方向性，就能够控制自组装。虽然“毛细键”在纳米尺度可能不是那么有用，但还有其他的相互作用，如库仑相互作用，可以使之为相互吸引或排斥，然后通过表面功能化可以在纳米结构表面对其进行调节。

4.6 缺陷

正如在概念介绍部分已经看到的，表面常常被认为是有缺陷的。在本节中将看到，在 PDMS 表面创造缺陷如何使其变为超疏水的，这对于新一代设备、织物和玻璃窗是一种非常重要的性质。

图 4.5 显示了超疏水性和超亲水性的根源。在该图的左上角以表面张力矢量的方式给出了接触角的描述。这些矢量的强度就是表面能。液滴与表面形成的角度由液 - 气、液 - 固和气 - 固表面能之间的平衡决定。平衡条件的基本要求是表面矢量在与表面平行的平面内相互抵消。在倾斜表面的情况下，对液滴的地球引力也成为一个因素，并因此分别形成增大的接触角和减小的接触角。当固 - 液表面能大致等于固 - 气表面能减去液 - 气表面能时，就得到了超亲水性的实例。通常通过减少固 - 液界面的表面能来获得超亲水性，结果就是角 α 必须减小，以便矢量 γ_{lv} 与矢量 γ_{sv} 平衡。当固 - 液界面的表面能大于固 - 气界面的表面能时，可以获得超疏水性的实例。对于粗糙表面，被液滴润湿有两个条件，如图 4.5 的左下角所示。在 Wenzel[❶] 状态下，液体润湿整个表面；而在 Cassie-Baxter 状态下，液滴只接触基底升得较高的区域，但在凹陷的区域被气体隔开。当 γ_{sl} 约等于 $\gamma_{lv}+\gamma_{sv}$ 时，也形成超疏水性的实例，通常借助高的固 - 液表面能和 Cassie-Baxter 润湿状态的组合来获得这种情况。在这样的情况下，液滴在表面几乎呈球形，是超疏水性表面的特征。

如前所述，表面的润湿性取决于一系列参数，如表面电荷和表面能。衡量润湿性的主要参数是接触角（图 4.5）。三相（液相、固相、气相）之间的界面由一个角度来定义，该角度称为接触角，由每两相之间的界面能 γ 决定。每个表面能组分都将作用于三相之间的接触线，并依据最小自由能原理寻求最佳的妥协[16]。

---

❶ 原版书此处为 Wentzel，应为 Wenzel, 下同。译者注。

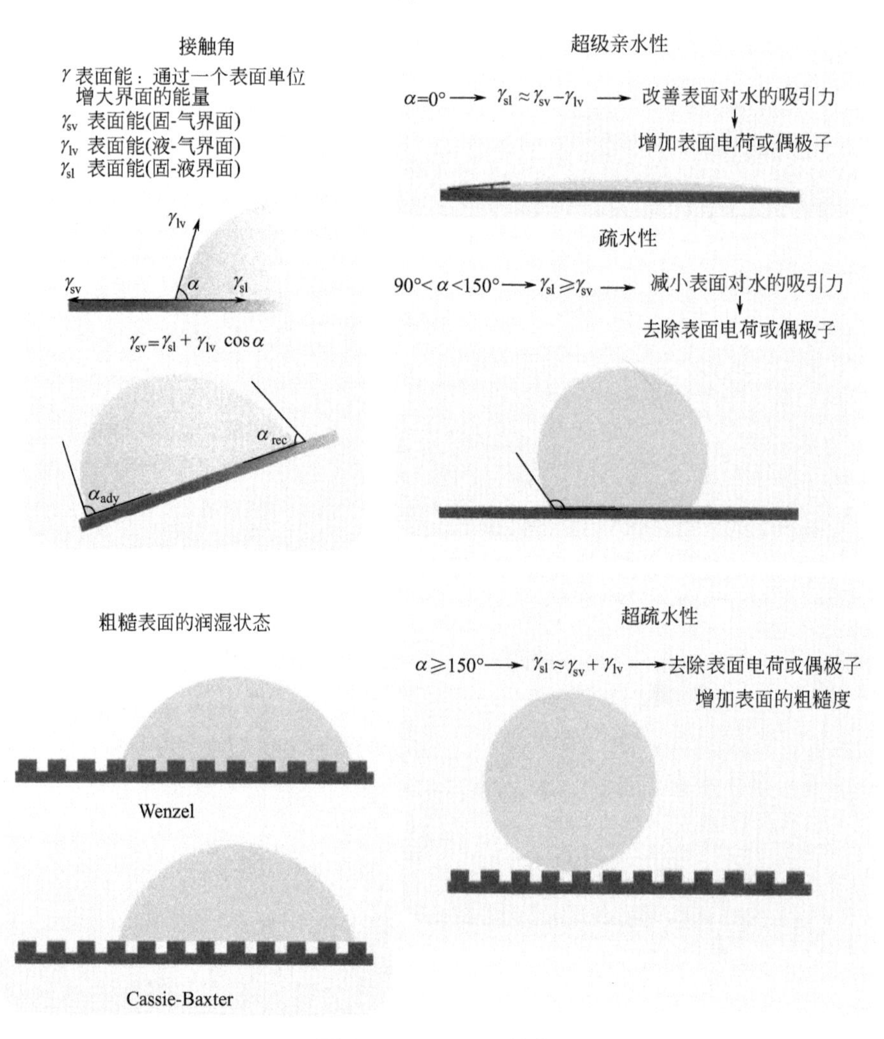

图 4.5 PDMS- 缺陷

表面能可以表示为一个由其衍生出来的力的矢量，并用其表示增加单位表面积所必需的能量的多少。这样的表面能将产生一个力，称为表面张力，其方向是与表面相切的，并在某种程度上指向减小界面的方向。在图 4.5 中可以看到矢量 γ_{sv} 具有固 - 气表面能的数量级，其方向表明了表面张力如何试图增加在表面上的液滴的铺展，从而减小暴露于气相的固体表面的面积。相反，代表固 - 液界面的表面能的矢量 γ_{sl} 则指向液滴的体相，即试图减少固体基底与液体之间的接触。所有这些相反的力必须达到平衡，并可以用已有百

年历史的杨氏方程以数学的形式表示为

$$\gamma_{sv}=\gamma_{sl}+\gamma_{lv}\cos\alpha$$

现在来看一下，这个条件是如何影响依赖于所包含的表面能决定的接触角的。在第一种情况下，即超级亲水的情况，固 - 液界面的表面能小于（$\gamma_{sv}-\gamma_{lv}$），接触角将趋于零，代表液体在固体表面最大限度地铺展。这可以通过减小固 - 液界面的表面能或增大固 - 气界面的表面能来实现。

在 PDMS 的情况下，通过将其表面暴露于氧的等离子体中，可以增强其亲水性，这将使其表面生成一些临时的硅烷醇，增加了其表面电荷，从而减小 PDMS- 水界面的界面能。能量减小的原因是水对裸露的硅烷醇良好的溶剂化作用。对于相反的情况，当 γ_{sl} 大于 γ_{sv} 时，接触角将大于 90°，导致通常定义的疏水情况。

为了进一步增大接触角，单纯增加 γ_{sl} 似乎还不够，至少通常还不行。即便使用嫁接到 PDMS 表面的全氟化分子，几乎也不能将接触角增加到大于 120°。这就有必要在表面引入特殊纳米尺度的粗糙度，液滴将由所谓的 Wenzel 状态（液滴均匀地润湿表面的所有凹陷处）转变到 Cassie-Baxter 状态（液滴只停留在凸出处而不会润湿表面的凹陷处）[17]。在这样的条件下，当一个高的 γ_{sl} 与适当的表面粗糙度相结合时，就可以获得接近 180°的接触角。

了解这个现象最初如何发现的是很重要的。荷花是一种植物，其叶子从来不会脏，它们总是保持光亮。科学家们被这一特点所吸引，随后认识到水以几乎是 180°的接触角在这些叶子上形成水珠。这种性质使得雨滴从叶子上滑落，不会留下任何痕迹，因而保持了叶子的天然光泽。科学家们意识到在实验室设计的人造表面不可能达到如此高的接触角。由此更仔细地分析了荷叶，于是看到荷叶的表面有一个非常特别的粗糙度，是形成这样的超级疏水行为的关键。

目前超级疏水性的应用研究包括自清洁窗、环境修复、微流体以及液基显示器。而所有这些都是建立在荷叶的基础上。

4.7 生物纳米

当谈论到微流体时，曾预测这些微流体装置在细胞生物学研究中将发挥重要的作用，尤其是在检测单个细胞置于各种不同环境中的反应时。生物学中使用的材料的常见问题之一就是蛋白质倾向于通过非特异性吸附，附着在几乎任何材料上，这使得任何装置的设计和可靠性变得复杂化。

如果表面被称为聚环氧乙烷［PEO，其化学分子式为（—CH_2—CH_2—O—）$_n$］的特定聚合物所覆盖，蛋白质就不会在表面附着许多，这一发现非常重要[18]。因为这样的表面可以长时间地存在于生物体内而不被注意到，所以被称为“隐形”表面[19]。在输送药物的运载工具表面设计方面，这是极为重要的，因为需要让药物在命中感兴趣的区域前不被注意到。如果没有隐形表面，大多数药物输送体系会立即遭到蛋白质的进攻并被扣押。当然，化学家们已经找到了一种将 PEO 接枝到 PDMS 表面的方法，从而使得微流体和其他具有抗蛋白质表面装置的制造成为可能。重要的是要认识到制备真正的抗蛋白质表面，即没有蛋白质能够附着的表面，还是很难的。这导致了各种各样的问题，尤其是与细菌黏附到表面相关的问题，这种黏附在很大程度上是一些医院传染病传播的主要原因。

对 PEO 抗蛋白质的机理已有所了解，主要的假设是建立在包括整个纳米化学应用范围的一系列具有普遍适用性和极端重要性的概念之上的。水溶液中接枝的 PEO 将延伸到溶剂中，试图使其与溶剂的相互作用最大化：骨架中的氧原子与水形成氢键，大大增强了聚合物与该溶剂的亲和力。

PEO 单层将会被靠近的蛋白质压缩（图 4.6）。对这种压缩的反应好比床垫对压缩的反应。PEO 单层由于两个平行的因素而抵抗压缩。一方面对链的压缩将减小它们的构象自由度，因此使其熵减小。另一方面，虽然熵减小了，但焓却没有明显的变化，导致自由能增加，因此这是一个非自发过程。

在图 4.6 中可以看到，通过在 PDMS 表面接枝 PEO 链，能够使其表面变成抗蛋白质的。这种抗蛋白质特性以减少蛋白质在表面的黏附量的方式显示在该图的上部。减少黏附量意味着表面和蛋白质之间可能发生的反应减少。这通常被看作纳米材料在生物体中应用的一个必要条件。在这些应用中，纳米材料几乎完全暴露于蛋白质中。抗蛋白质机理显示在该图的下部。蛋白质靠近表面相当于压缩在表面上的 PEO 单层。这种压缩被 PEO 单层的弹性抵消。PEO 单层的压缩实际上意味着其熵的减小，即减少构成单层的链的可能构象。另一方面，压缩也可能会增加接近表面的 PEO 的局部浓度，导致溶液主体至单层的渗透压增大。PEO 形成如此高度“弹性的”单层的原因是醚基团赋予的高度的构象自由度以及醚基团的氧原子可以与水分子形成氢键。

熵代表体系的自由程度。一个气体分子的熵要远远大于固体中的同一种分子的熵；一个完全压缩的弹簧的熵要小于静止的弹簧的熵，因为它不能像静止的弹簧那样振动。同样地，一个孤立体系的熵不可能自发减少。因此不

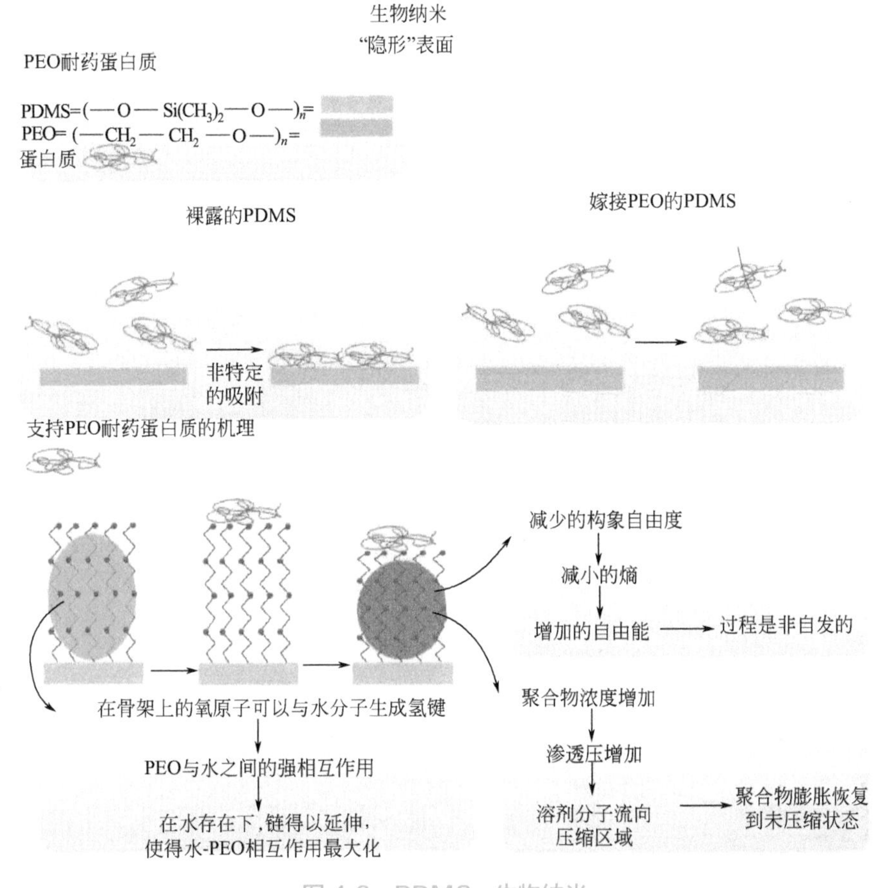

图 4.6 PDMS- 生物纳米

能单独用熵来决定一个过程是否为自发的，因为焓（在许多情况下，其代表了体系的能量和，包括势能、动能等）也起着一定的作用。自然倾向于尽可能多地减少一个体系的能量。这就导致了吉布斯自由能 G 的表达式为

$$\Delta G=\Delta H-T\Delta S$$

式中，希腊字母 Δ 表示“变化量”（H 代表焓，T 代表热力学温度，S 代表熵）。在大多数实验条件下，只有 $\Delta G<0$ 时，一个过程才能自发进行。

可以有一个使体系的熵减少的过程，只要焓的减小能弥补这一减少。而且反过来也是正确的：如果体系的熵的增加足以克服焓的增加，则该过程可以发生。最明显的例子就是蒸发，蒸发的液体从转变为气体的过程中获得了巨大的熵值，而完成这一转变所必需的能量来自液体分子的动能，结果就是蒸发的液体将会自发地冷却下来。

现在回到 PEO 链，链的压缩将使其熵减小，因为压缩将减小其自由度，

它们将不会有尽可能多的空间构象。这将使链倾向于弹回到伸展的构象。PEO 在这方面是很特别的，因为其醚基团是非常容易弯曲的，特别是用水溶胀后，并因此赋予了分子很大的熵。

在该过程中包含的另一个力就是渗透。当溶液的一部分人为地变得浓缩于某种溶质时，其外部的液体将产生进入该部分溶液的渗透压，以便使整个体系的浓度达到平衡。当 PEO 单层被蛋白质压缩时，就会发生这样的情况。PEO 局部浓度将会增加，将使溶液的其他部分产生一个渗透压。产生的水分子向 PEO 单层中空隙的流动导致其弹回原状，并推开蛋白质。

该过程依赖于 PEO 的表面密度，因为 PEO 挤塞得越紧密，蛋白质越不可能在表面寻找到未受保护的可以黏附的位置。在下一章中将看到，这样的熵和渗透力是如何成为一类被称作量子点的新材料胶体稳定性的基础的。这类材料将有望改变世界，从日常所用的灯，到太阳能电池，到生物诊断学。

4.8 思考题

（1）如何合成和分离 $Si(CH_3)_nCl_{4-n}$（n=0 ～ 4）？描述其结构、成键、机理以及相对水解速率。

（2）设想一下如何合成反转的 PDMS 猫眼石。为什么这是一个有趣的目标？

（3）能想出一种在弯曲的表面（如玻璃光纤）上进行软平版印刷的方法吗？为什么想要那样做？

（4）为什么聚四氟乙烯是疏水的？可以将其用在煎锅上，但是安全吗？什么是理想的替代材料？

（5）软平版印刷术天生就是一种形成二维图案的技术，能想出一种使其成为制作三维图案的方法吗？为什么这种能力非常有用？

（6）将含 SiO_2 微球的乙醇分散液置于 PDMS 印章一端敞口的微孔道，然后使该印章与载玻片共形接触。预期将会发生什么？

（7）写出用 HF 水溶液蚀刻 SiO_2 和 NaOH 的醇溶液蚀刻 Si 的配平的方程式。

（8）不同米勒指数的单晶硅片，如（111）和（100）晶片，在 HF 水溶液中以不同的速率反应，使得硅的各向异性蚀刻成为可能，也是微型机电体系（MEMS）的基础。请给出一个简单的化学解释。

（9）如何制作具有微米尺寸突起的方形金字塔的微米级方形网格的

PDMS 印章？能想出用这个印章可做的任何有用的事情吗？

（10）能设想一种使用光致抗蚀剂（如 SU-8）形成三维而不是传统的二维图案的方法吗？为什么完成这项工作是一件很酷的事？

（11）已经观察到鞭毛为细菌移动提供动能，如 E 大肠杆菌在 PDMS 微流体通道中释放后，无论英国的还是美国的，总是游向右侧。引起这样有趣的行为的原因是什么？

（12）与 Pt 接触的 H_2O_2 水溶液，在 Pt 催化下生成水和氧气，而 Au 则是惰性的。将由 Pt 和 Au 段构成的纳米棒放在充满 H_2O_2 水溶液的 PDMS 微通道的末端，预期将会发生什么？

（13）将微球体的水分散液以尺寸可控的液滴注射到培养皿中的温热的 PFD 表面上，预期会发生什么？

（14）如何迫使毫米尺寸的、二十面体形状的 PDMS 巴基球自组装成面心立方体（fcc）晶格？

（15）设想将一滴氯化钠水溶液放置在涂覆有 PDMS 的金属电极上，在液滴中插入一个针状的相反的电极。当两电极间施加一个偏压后，预期液滴与 PDMS 之间的接触角将发生什么变化？观察到的现象能用来设计一个有用的器件吗？

（16）当与 PEO 链接触的 $LiClO_4$ 水溶液的离子强度增大时，预期化学固定在 PDMS 表面的 PEO 链的构象将发生什么变化？提示：考虑一下冠醚的思路。

（17）如何在 PDMS 上制作正负电荷交替的平行线的微米级图案？为何要这样做？

（18）设计一个制作 PDMS 指纹的过程，并且给出理由。

（19）能想出增大 PDMS 硬度的不同方法以及为什么这样是有益的理由吗？

（20）碳纳米管和 PDMS 的复合材料的性能如何与纯 PDMS 的比较？

（21）尽管 PDMS 似乎是解决纳米化学中许多问题的灵丹妙药，但琼脂糖又如何呢？

参考文献

[1] Brook, M. A. (1999) *Silicon in Organic, Organometallic and Polymer Chemistry*, John Wiley & Sons Inc.

[2] McDonald's USA Chicken McNuggets: http://app.mcdonalds.com/bagamcmeal?process=

item & itemID=10079 & details=true & imageSize=smallU (accessed 19 June 2008).

[3] Ward, I. M., Sweeney, J. (2004) *An Introduction to the Mechanical Properties of Solid Polymers*, John Wiley & Sons org.

[4] Xia, Y. N., Whitesides, G.M. (1998) *Annu.Rev.Mater.Sci.*, 28, 153-84.

[5] Xia, Y. N., Whitesides, G.M. (1997) *Langmuir*, 13(7), 2059-67.

[6] Guo, Q. J., Teng, X.W., Yang, H. (2004) *Nano Lett.*, 4(9), 1657-62.

[7] Wilbur, J. L., Kim, E., Xin, Y.N., Whitesides, G. M. (1995) *Adv. Mater.*, 7(7), 649-52.

[8] Xu, Q.B., Gates, B. D., Whitesides, G. M. (2004) *J. Am. Chem.Soc.*, 126(5), 1332-33.

[9] McDonald, J. C., Duffy, D.C., Anderson, J. R., Chiu, D. T., Wu, H. K., Schueller, O.J.A., Whitesides, G. M. (2000) *Electrophoresis*, 21(1), 27-40.

[10] Whitesides, G. M.(2006) *Nature*, 442(7101), 368-73.

[11] Duffy, D. C., McDonald, J. C., Schueller, O. J. A., Whitesides, G. M. (1998) *Anal.Chem.*, 70(23), 4974-84.

[12] Takeuchi, S., Garstecki, P., Weibel, D. B., Whitesides, G. M. (2005) *Adv. Mater.*, 17(8), 1067-72.

[13] Garstecki, P., Gitlin, I., DiLuzio, W., Whitesides, G. M., Kumacheva, E., Stone, H. A. (2004) *Appl. Phys. Lett.*, 85(13), 2649-51.

[14] Xu, S. Q., Nie, Z. H., Seo, M., Lewis, P., Kumacheva, E., Stone, H. A., Garstecki, P., Weibel, D. B., Gitlin, I., Whitesides, G. M. (2005) *Angew. Chem., Int. Ed. Engl.*, 44(5), 724-28.

[15] Bowden, N., Choi, I. S., Grzybowski, B. A., Whitesides, G. M. (1999) *J. Am. Chem. Soc.*, 121(23), 5373-91.

[16] de Gennes, P. G., Brochard-Wyart, F., Quere, D. (2003) *Capillarity and Wetting Phenomena: Drops, Bubbles, Pearls, Waves*, Springer.

[17] Lafuma, A., Quere, D. (2003) *Nat. Mater.*, 2(7), 457-60.

[18] Gombotz, W. R., Guanghui, W., Horbett, T. A., Hoffman, A.S. (1991) *J. Biomed. Mater. Res.*, 25(12), 1547-62.

[19] Allen, T. M. (1994) *Trends Pharmacol. Sci.*, 15(7), 215-20.

5 硒化镉

5.1 引言

在前几章已经见过代表广泛的几种物质，如氧化物、金属和聚合物。本章采用了可能不太熟悉的一个例子，即氧族化合物，一组有极大吸引力的固体。氧族元素包括硫、硒和碲，即元素周期表中的氧下面的元素。既有类似于大多数二元氧化物的氧族化合物，又有一些像钙钛矿和尖晶石一样的更复杂的氧化物结构。在这些相关物质中，氧族元素取代了晶格中的氧元素。

氧族元素具有极大吸引力的原因就是其具有比氧元素更丰富多彩的化学，例如其氧化态（表示原子为了生成化学键而获得或给出电子形成的形式电荷）。氧元素一般仅显示一个 −2 价，而氧族元素可以有 +4、+6 或 −2 价。由于它们拥有更多数目的电子，所以它们具有更高的极化率，可以促进固体中的范德华力的形成。这使得它们可以形成半分子固体，其中的共价键和范德华力保持物质结合在一起。这样的相互作用不可忽略的影响就是导致硫族化合物具有在氧化物世界中没有类似物的独特的结构。一个典型例子就是像 MoS_2 这样的层状物质，这些包含共价键的 MoS_2 层能够通过硫族元素间的范德华力结合在一起。这些层状物质是下列材料的基础，如高温润滑剂（因为这些层之间可以很容易地实现相互移动）、锂固态电池的阴极（因为锂离子可以插入层间的空隙）。

从电子角度考虑，氧族化合物通常比氧化物更有趣。虽然后者大多数是绝缘的，但是硫、硒或碲的引入通常会逐渐地将材料转变为半导体或导体。

与氧化物相比，硫族化合物的主要问题之一就是它们对氧化和水解的敏感性。这个简单的化学问题使得这些材料在合成和表征方面的进展比它们的氧基“堂兄弟”慢得多。它们的合成和处理通常必须在无氧条件下进行，特别是需要高温时。

当处理这些物质时，另一个值得记住的问题是，它们的水解产物是相应的酸：

$$PbS+H_2O \rightleftharpoons PbO+H_2S$$

H_2S、H_2Se 和 H_2Te 都是毒性增强的气体。它们令人讨厌的气味以及鼻子对它们异常的敏感性，使得它们的危险性有所降低。但是合成和处理这些物质时，还是需要非常谨慎的。

选择此类物质的原因，不仅是硫族化合物在固态化学中的相关性，而且是它们可以展示当今可以实现的、令人印象深刻的胶体化学。特别是 CdSe，已经有大量的合成研究方面的努力，以便控制其尺寸、形状和表面化学。正如将在本章中看到的，当大多数半导体的硫族化合物减小到纳米尺寸时，它们在电子特性方面显示出逐渐的变化，变成所谓的人造原子或者量子点[1]。我们将看到化学家如何揭示出这些材料的应用潜力，如太阳能电池、发光二极管、激光、生物标记、显示器、光电探测器等。

5.2 表面

正如已经简单提到的，硫族化合物对水和氧气是敏感的。因此通过使用更防水的材料，如 ZnS，开发一些能使 CdSe 纳米结构的表面与外界隔离的途径是很重要的。这是一个核 - 壳结构的例子。纳米结构被不同材料的壳层所包覆。这样的结构有多种用途，从多功能性，到增强的化学稳定性，再到增强的光致发光等。

从化学的角度看，其合成中的挑战如下：

（1）在内核材料的表面选择性地生长厚度可控的壳层材料，但不会引起同质成核（壳层材料本身成核）；

（2）以均匀的方式生长壳层，均匀地保护内核表面的每一部分；

[1] 量子点：由半导体材料制成的纳米颗粒，呈现出类似于原子的电子性质。

（3）在壳层的生长过程中，保持胶体内核的稳定性。

就 CdSe 而言，与非晶态的 SiO_2 不同，晶态内核的存在不得不使用具有相似结构及相近尺寸晶胞的壳层材料。其原因在于生成的固 - 固界面的能量特性。一方面，如果原子结构匹配，内核表面上的壳层材料的生长将会得到促进。如果晶格不同，将会出现所谓的结构不匹配，这将降低稳定的壳层材料的晶胞核在内核表面上的均匀形成及生长的可能性[1]。另一方面，这两种结构还必须有非常相近的晶胞尺寸，以便两者的晶面尽可能相称，从而有利于取向附生。如果情况不是如此，当两种不同的材料试图结合在一起时，壳层材料的生长将导致在界面形成晶格的张力，如图 5.1 所示。即使晶胞尺寸只有 1% 这么小的差别，都将导致诸如位错这样的缺陷（图 5.1）。

图 5.1 回顾了核 - 壳结构 CdSe/ZnS 及其合成。核 - 壳 CdSe/ZnS 纳米晶体的结构和能量特性显示在该图的上部。在 ZnS- 有机界面，表面的锌原子通常被带有路易斯碱“捕获基团”（用 F 表示）的配位体所“捕获”。配位体的其余部分主要对纳米晶体的胶体稳定性负责。在 CdSe-ZnS 界面，从 CdSe 到 ZnS 的过渡伴随着晶胞尺寸的变化，以致产生了形变。为了减小这样的张力，在界面产生位错或者其他缺陷，如该图的右上角所示。图 5.1 的中间和下部显示了两种可选的用于合成这样的结构的途径。第一种途径（非均相成核）是在 CdSe 内核存在下，通过在高温溶液中的锌母体与硫母体的反应而进行的。该反应利用异质成核在 CdSe 内核上形成 ZnS 纳米晶体壳层。这样的晶胞核会生长至形成一个闭合的壳层。第二种途径（取向附生）采用连续的离子吸附反应，通过层层叠加的方法形成壳层。CdSe 内核先与化学计量的锌母体反应，当该反应完成时，加入化学计量的硫母体进行反应。根据所需壳层的厚度，重复此过程若干次。

在图 5.1 中描绘的第一种途径称为异质成核❶方案，由芝加哥大学的 Margaret Hines 和 Philippe Guyot-Sionnest 开发[2]，是在受限的 CdSe 纳米晶体和配位体［如三辛基膦（TOP）以及三辛基膦氧化物（TOPO）］存在的条件下，二乙基锌和双三甲基硫化硅的反应。

这样的反应如果能适当地进行，就会在 CdSe 纳米晶体表面形成 ZnS 的晶胞核。然后这些壳层的晶胞核将生长至覆盖内核的整个表面（图 5.1 中部）。此方法的缺点是通常在每个纳米晶体上形成多于一个晶胞核，导致形成 ZnS 晶粒的多晶壳层。晶粒边界是晶体结构中的缺陷，但通常允许分子在其中

❶ 异质成核：晶种在两种不同物相界面的择优位置生成及生长。

表面

核-壳纳米结构

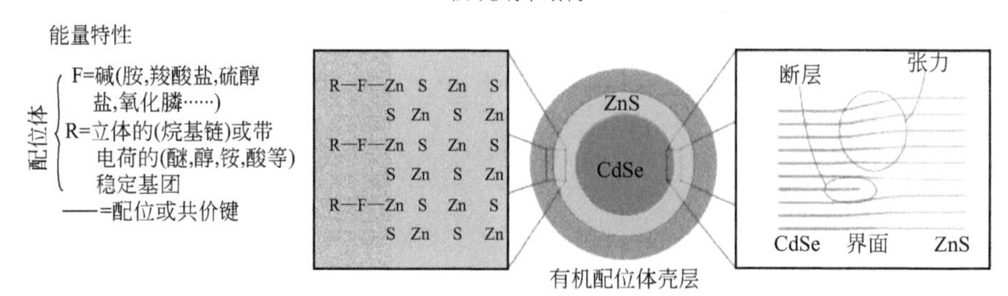

通过非均相成核的合成

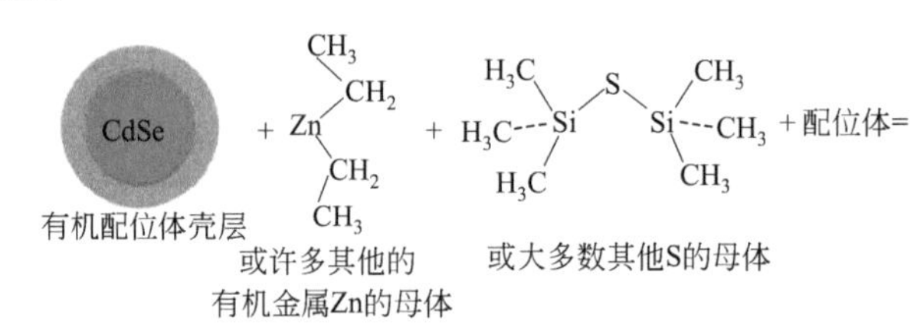

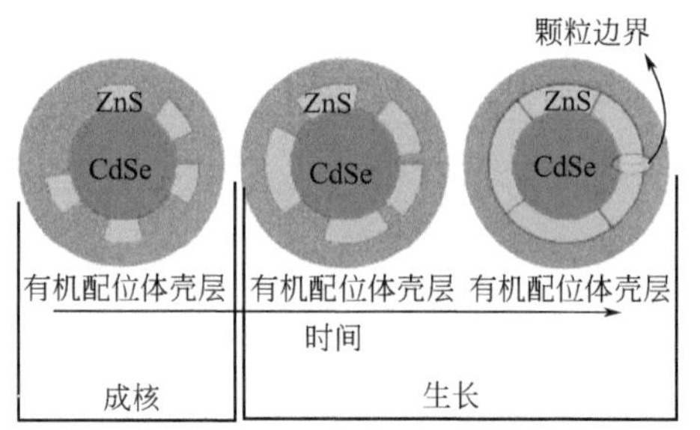

通过取向附生的合成

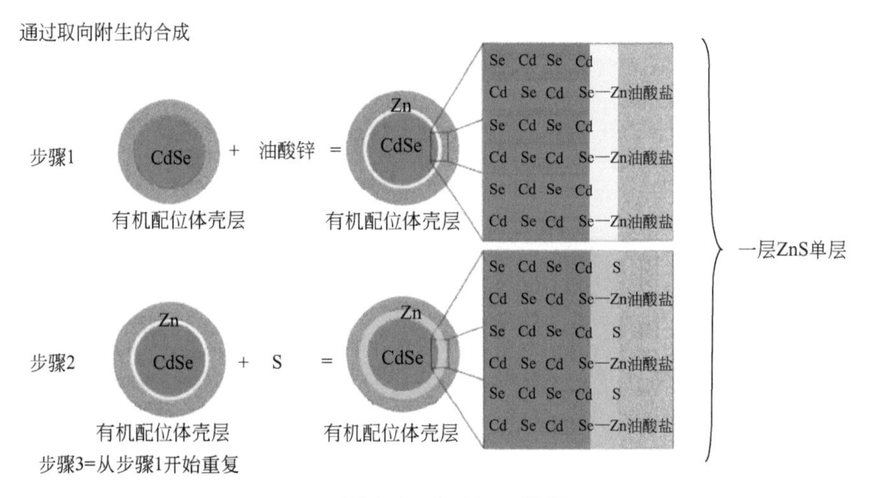

图 5.1 CdSe- 表面

扩散，结果就是以这种方式生长的 CdSe/ZnS 纳米晶体常常是化学不稳定的，因为水分子、质子和氧气有可能扩散穿过晶粒边界到达内核的表面。

另一个更好的可选方法，由阿肯色大学的彭小刚课题组研发，是基于称为连续离子层吸附和反应（SILAR）的技术[3]。一次只有一层离子与内核表面反应，原则上允许形成内核的均匀的覆盖层，避免了生成晶粒边界。

在高温下，CdSe 内核首先与化学计量的油酸锌反应，后者为通过锌正离子与称为油酸（橄榄油的一种成分）的脂肪酸反应生成的一种盐。该反应导致 CdSe 内核的硒原子为锌正离子所配位，形成锌富集的表面（图 5.1 下部）。然后将化学计量的含硫溶液注入该体系，硫原子与先前步骤中沉积在表面的过量锌离子反应，生成 ZnS 单分子层。

此循环可重复进行，直至获得合适的壳层厚度。对大多数用途而言，三至四层已经足够保护内核，尽管可以沉积多达 30 个双分子层。SILAR 方法的优点是能够制备具有可以完全预测尺寸及性质的非常稳定的纳米晶体。其缺点是，每层需要生长 1 ～ 3h，使得该途径有时不切实际。该技术已被精练到允许生成非常复杂的核 - 壳结构，如 CdSe/ZnS/CdSe 或 CdSe 内核上长满组成分级的壳层，有助于补偿晶格不匹配的问题。

上述内容表明，可以在纳米晶体表面进行某些精确的化学反应，使得纳米晶体可以具有复杂的功能。这些结构是以与尺寸相关的内核的性质以及由壳层决定的特定的表面性质为特征的。利用这些可以创造前所未有的材料。

5.3 尺寸

在过去的 15 年，CdSe 的性质与尺寸的相关性一直是数千篇科技论文的中心。形成这样的兴趣的原因在于通过改变其尺寸，能够达到对这种材料电子结构的精致的控制水平。这样做的动机就是开发合成多分散性低、胶体稳定的 CdSe 纳米晶体的首条途径，最初是由麻省理工学院的 Christopher Murray 等开发的[4]。此途径首次使得以空前精细的形式对半导体纳米晶体中与尺寸相关的量子限制❶影响的实验研究成为可能。

如前所述，CdSe 是一种半导体。这意味着其电子完全填充在价带中，价带由于能带隙而与导带相分离（图 5.2）[5]。分子和材料中的电子不得不停留在可利用的电子能级，不同的电子能级具有不同的能量。在原子或分子

❶ 量子限制：发生于当颗粒的小尺寸（在 1、2 或 3 维）起着限制电子轨道可占用体积的作用时，它将导致一系列与量子限制效应有关的激发。

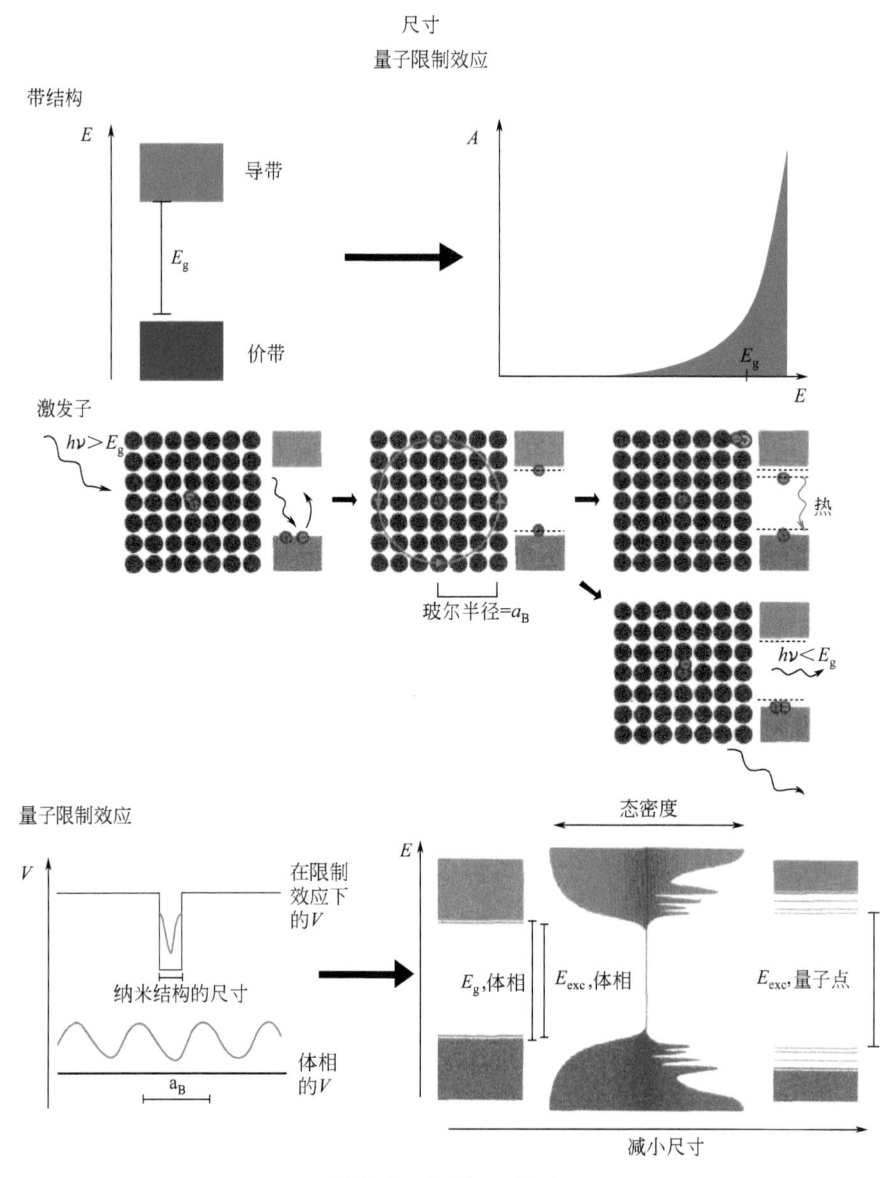

图 5.2　CdSe- 尺寸

中，这样的不同的能级由于彼此间一定的能量差而相互分离。通过研究这些有限的能量差，光谱学可探查许多分子和原子。在材料和一些大分子中，能级聚集在一起形成称为能带的连续体，起源于相邻原子或分子能级的相互作用。CdSe 像任何标准的半导体一样，将其所有电子放入价带中可利用的能级。在由电子能带隙分隔的更高能量处，有另一个称为导带的连续体，其中的全部能级实际上都是空的。

图 5.2 回顾了 CdSe 纳米晶体中的量子尺寸效应。像 CdSe 这样的半导体有多重可以安置电子的能带。最后被占据的能带称为价带，而第一个未被占据的能带称为导带。拥有比 E_g 高的能量的光子能够被价带中的电子吸收，导致这些电子被激发到导带中。由此产生了半导体的特殊的吸收光谱，显示于该图的右上角。在该图的中间一行，更详细地显示了光子 - 半导体相互作用。光子击中该材料，价带中的一个电子被激发到导带中，留下一个正电荷（“空穴”）。电子和空穴通过库仑力相互吸引，形成称为激发子❶的电子 - 空穴对。该激发子具有比 E_g 稍低的能量。激发子通常只有非常短的寿命（在纳秒和微秒之间），之后它能以两种方式衰减：一种方式为电子能在定域态的表面上被捕获，并释放出热；另一种方式为电子通过发射具有与激发子相同能量的光子，返回到其原来的空穴。在量子限制的情况下，材料的尺寸小于激发子的尺寸，结果就是激发子具有更高的能量。通过增加激发子的能量，材料的电子结构（其电子态密度）将随着尺寸的变化发生巨大的改变。

这些能带称为“价带”或“导带”的原因是基于电子在这样的能带中的流动性。价带包含了束缚在其原始的原子核上的电子。例如，硒原子中绕着其原子核运动的电子将停留在价带内。如此低的流动性的原因是缺少可利用的额外能量相近的能级，电子可以在这样的能级中移动。所有价带都是被占据的。假设存在一个在硒原子核周围运动的电子，停留在一个定义在此硒原子核周围的电子态中。为了进入相邻的原子，将不得不改变电子能级，但是，正如已经介绍的，所有价带都被占据着，因而为了跳到导带，电子需要接受一个“电子能带隙”的能量 E_g。

热能是每个粒子所具有的一定量的能量，并代表了其温度。通常表示为 k_BT，其中，k_B 为玻尔兹曼常数，T 是热力学温度。在半导体中，室温下的 E_g 比热能高，因此统计学上讲只有极少数的电子能得到足以短暂地移动到导带的能量，所以导电性很差。与金属不同，半导体的导电性随温度的升高而增强，因为增加热能可以使更多的电子进入导带，而其在导带中是能够移动和运输电荷的。

除了热能，电子还可以被光带入导带。光子是光的基本组成部分，并带

❶ 激发子：由一个被激发离开其所属的原子的电子和留下的正电荷（称为“空穴”）组成的实体；这两者带相反的电荷，相互吸引形成一个大的类氢体系；事实上该体系与氢体系是如此相似，它也拥有能级、玻尔半径（激发子玻尔半径）以及与氢原子中标记方法一样的轨道；主要区别是激发子只有有限的寿命（$10^{-9}\sim10^{-6}$s），而且它们通过重新结合产生热或光。

有一定量的能量，其能量依赖于其频率，即 $E=h\nu$，其中，h 是普朗克常数，ν 是频率。如果入射光子的能量等于或大于 E_g，那么一个电子就有一定的概率吸收之，然后被激发到导带。

正如在图5.2中所见，半导体的吸收光谱依赖于 E_g。对于高于 E_g 的能量，开始观察到光吸收。该行为就是半导体具有与其 E_g 相关的颜色的原因。例如，如果 E_g 是0.41eV，如在PbS中，该材料将吸收所有可见光，使得PbS成为一种黑色的化合物；如果 E_g 是3eV，此材料将不能吸收任何可见光，因而是无色的。

但是，当绕原子核运动的电子进入导带然后又离开时，会留下一个称为空穴的正电荷。该正电荷将占据留在价带中的空的电子能级，此能级可以被相邻的电子填充。价电子移入空穴的结果相当于空穴自身的移动。在这种意义上说，空穴可以看作是具有与电子所带电荷符号相反的电荷载体，即电子带负电荷，空穴带正电荷。

现在假设使这个问题稍微复杂化一些，即看一下当电子离开原子核并形成空穴时，可能会发生什么。如前所述，电子带负电荷，空穴带正电荷，所以可以马上正确地假设，在它们之间将有一个库仑吸引力，非常像氢原子中的电子和质子之间的吸引力。这实际上是个很好的例子，因为已知电子和空穴在称为激发子的实体中生成了放大版的氢原子[6]。就像在氢原子中那样，电子将以离空穴一定的距离（称为激发子玻尔半径，通常是纳米级的，在CdSe中约为5nm）漫游。在体相材料中，这一对质点主要通过相当弱的库仑吸引力保持在一起，因此激发子只能在低温下观测到。室温下的热能足以使静电键断裂。激发子显示出类似于氢原子一样的行为，具有像原子一样的能级，如1s、2s、2p等，其能量正好在能带隙的能量之下。在低温下，在能量正好低于 E_g 的区域可以观察到激发子的吸收峰。

如图5.2所示，激发子通常只有很短的寿命（与材料有关，在皮秒和微秒之间），之后以依赖于该材料和其表面状况的方式再重新结合在一起。在一些情况下，电子被表面缺陷所捕获，在电子弛豫回到其空穴和以热的形式释放出能量之前，它可以在缺陷处停留相对长一点的时间（有时能达到微秒）。在其他情况下，直接发生弛豫，并且通过发射一个具有与激发子能量相当的光子（稍小于 E_g），以光的形式释放出额外的能量。

上面已经阐述了此主题的物理特性部分，并解释了激发子如何工作，下面再看一下当纳米化学将CdSe的尺寸减小到纳米级时会发生什么。正如在概念简介部分所提到的，只要材料的尺寸变得与一个重要现象的长度尺度可比时，就可以改变其性质。在目前的情况下，长度尺度即是激发子的玻尔半径，而现象就是激发子。

电子在一个如激发子的 1s 轨道上的动力学可以用波函数来表示。波函数的模的平方代表了在空间任一点找到一个电子的概率。由于粒子的双重性质，电子还具有波的行为。例如它们可以像光子一样衍射，就像电磁辐射一样。每个波都可以用波长来描述，因此可以想象在激发子的 1s 轨道上的电子可以表示为具有一定波长的波。这样的波长可以认为是与激发子的玻尔半径相关的。在图 5.2 中，如果固体的尺寸远远大于波长的话，可以看到波是如何透过体相固体的。在纳米材料的情况下，材料的尺寸小于波长，因此波必须要“挤压”其波长，以便适应纳米晶体表面产生的势垒。

通过减小波长，可以增加波的频率，从而增加其能量，而这恰好是发生在纳米晶体内的事情。纳米晶体在尺寸上减小得越多，其激发子所处状态的能量增加就越多。实际上激发子轨道将占据比纳米晶体大得多的空间，但其却被纳米晶体表面限制于更小的体积中。这样的激发子所处状态的能量增加，也称为“量子限制”，会有几种结果[6]。如图 5.2 所示，电子态密度［定义为每单位体积，能量从 E 增加到（$E+\delta E$），状态 / 能级的数目为 $N(E)$］受到量子限制效应的深度调节。体相半导体的平滑、连续的电子态密度逐渐集中形成一些明显的峰，与激发子所处的状态相对应。

量子限制还有这样的效应，即激发子跃迁的振荡强度大幅度增加，使得其在室温就是可见的[7]。该振荡强度是光子被特定电子吸收，并导致电子跃迁的概率的量度。正如可以想象的，该振荡强度与吸收横截面密切相关，如提到过的金属纳米笼和纳米晶体。

这些半导体纳米晶体，也称为“量子点”，在某种程度上可以看作是人造原子，其能级可以通过尺寸和形状得到调节。尽管在这里没有篇幅描述这些内容，但是可以明确地说，纳米晶体的形状还可以极大地影响电子态密度、激发子跃迁的振荡强度以及相应材料的光学性质。

之所以关心这些是因为能够控制一种材料的电子状态，将赋予我们设计具有特殊性质材料的自由。这些跃迁非常高的振荡强度已经被用来制造非常敏感的近红外光电探测器，对一系列应用都有很大的影响，从射频识别（RFID）标记到天文学、医学。由激发子的重新组合产生的 CdSe 量子点的强发光正被研究用来生产非常有效的发光二极管（LED）材料，这些材料将很快取代所有的白炽灯、荧光灯及卤素灯。这些材料非常特殊的电子结构首次显示出非常有效的多重激发子的产生[8,9]，或者用更简单的术语说，如果一个入射光子具有数倍于 E_g 的能量，该材料就有产生多于一个激发子的能力。这个热烈讨论的现象如果能够应用于实际装置中，就能大幅度提高太阳能电池的效率。

从更具哲学意义的观点看，量子点代表了一个相当独特的例子，即纳米化学如何将量子力学带入真实世界，变为一种“自己做”的量子力学。当看到 CdSe 量子点出色的解决方案时，就是在见证材料的量子特性。

5.4 形状

自 2000 年由加州大学伯克利分校的 Paul Alivisatos 课题组首次报道 CdSe 纳米棒后[10]，CdSe 纳米晶体的形状控制一直是一个迅速发展的领域。为什么形状控制对量子点如此重要呢？正如在概念介绍部分所提到的，形状能够影响性质的方向性以及纳米结构之间的相互作用。前者的一个例子是，CdSe 纳米棒以极化的方式发光。就自组装而言，纳米棒形状的各向异性使得它们能够以头尾相连的链状形式连接到一起，非常像聚合物的类似物。在一个更基本的基础上，学习控制纳米晶体的形状还能为探索成核和生长的机理提供线索，而这些机理是像 Si 或 GaAs 这样的现代电子材料的基础。

对 CdSe 纳米结构形状控制的一个不太实际的动机“隐藏”于化学家的科学方法的本质中。化学家很自然地被驱赶着去控制原子的运动、组装和成键，不管是在分子或固体中。有人将其称为“傀儡情结”。在这种情况下，发现如何指挥原子以一种能够形成特殊形状的纳米结构的方式沉积，却将化学家难住了，所以很有趣。成为化学家的一部分就是渴望通过参与自然的游戏而学习其规则。

CdSe 纳米晶体的合成通常基于单分散胶体生长的拉玛模型❶，如图 5.3 所示[11]。其依据的原理是相当直觉性的。如果想产生单分散胶体，就要让它们在一个精确的时刻全部成核，然后使它们全部以同样的速率生长。这就是成核与生长之间分离的概念，该概念是单分散胶体和纳米晶体合成的核心。到目前为止，所有在溶液中的单分散纳米结构成功的合成均是基于此原理。

由图 5.3 可以审视具有不同形状的纳米晶体的形成。单分散胶体反应的机理主要与拉玛模型有关，显示在该图的顶部。在此模型中，通过快速地

❶ 拉玛模型：基于区分成核和生长的、用于产生单分散胶体的模型。

注入硫化物母体，过饱和度会短暂地大幅度增加。在随之发生的成核之后，将得到聚焦或散焦的相。在聚焦过程中，还存在于溶液中的母体倾向于添加到较小的颗粒上，导致尺寸分布范围的缩小。在散焦过程中，几乎没有留下自由的母体，以致只有通过较大的颗粒以及消耗较小的颗粒才能实现生长。控制该机理可以获得不同的形状。为了获得棒状物，通常使用一种以上的配位体。第二种配位体的作用就是选择性地、强烈地连接到晶体的一组晶面上。这导致纳米晶体沿着没有被新的配位体覆盖的晶面优先生长。为了获得四足状物，先产生通过（111）晶面限制的四面体闪锌矿晶种，然后由那些产生四足状物的（111）晶面生长出纤锌矿 CdSe。为了得到纳米线，可以采用两条途径。一条途径是可以使用在 CdSe 纳米晶体上形成的电偶极子。如果包含在偶极子中的晶面没有得到配位体恰当的保护，它们就可以形成定向连接。另一条途径是使用金属晶种作为生成纳米线的模板。母体是以这样的方式选择的，即它们可以溶解并与晶种反应，晶种在饱和条件下导致纳米线的线性生长，其直径由金属颗粒的尺寸决定，而其长度则由生长时间决定。

正如在图 5.3 中能够看到的，过饱和度对反应时间的坐标图是颇有特点的，而且今后可能会经常见到这种图。

过饱和度

过饱和度 S 是一种溶质在一个溶剂中的浓度比其在该溶剂中的最大溶解度高多少的量度

$$S=([Cd^{2+}][Se^{2-}])/K_{sp}$$

式中，K_{sp} 是 CdSe 的溶度积，表示在 CdSe 开始从溶液中沉淀出来之前，水中 Cd^{2+} 和 Se^{2-} 的最大数量。如果该系统是过饱和的，S 将大于 1，且生成在平衡状态下的 CdSe 固体。

过饱和度必须能够迅速地增加，以便产生爆发性的成核作用，形成大量稳定的核（通常在 10^{13} ～ 10^{15} 范围内）。这样一个快速的成核作用将迅速地消耗反应物，导致过饱和度的迅速下降。在稳定的核存在的条件下，进一步的成核作用需要一个高于临界值（称为“临界过饱和度”）的过饱和度，其通常比最初成核结束后得到的溶解度值要大。因此该图表达了成核与生长的分离，这种分离是拉玛模型的核心。

在制备 CdSe 纳米晶体的过程中，如何迫使成核与生长分离呢？麻省理工学院的 Christopher Murray 等在 1993 年开发了用于生长 CdSe 纳米晶体、现在称为“热注射”的方法❶。而且从那以后，该方法已经被用于大量的各种各样的论文中[4]。

过饱和度的爆发是通过将硒母体［通常是三辛基膦硒（TOPSe）］突然注入热的镉母体（可以是二甲基镉或者油酸镉）的搅拌溶液中而产生的。注入可以看作是诱导过饱和度剧变的强制方法，而巧妙的方式是将冷的硒母体注射入热的镉溶液中。这导致注入后温度立即大幅度下降，引起过饱和度比其他方式下降得更快：过饱和度是温度的函数，因而在这些体系中，降低温度即可降低有效过饱和度。结果就是分散在溶液中的稳定的核的总数与未反应的母体的数量是一致的。注入硒母体后，将温度升高到一个“生长温度”，但低于“注入温度”。这使过饱和度增加至高于生长的临界值，于是生长在所有核上同时发生，但没有进一步成核。如果生长温度太高，有效过饱和度可以增加到临界过饱和度以上，导致二次成核，这将增加产物的多分散性。通过小心地控制过饱和度的变化以及避免二次成核，已经获得了低至4%～6%的多分散性。

如图5.3所示，“热注射”方法比成核与生长阶段有着更多的内容。在成核阶段结束后，有一个需要高的过饱和度的原因。生长阶段以两种不同的方式发生，依赖于溶液中自由母体的数量。正如此前所述，由于温度下降引起的成核结束后，在溶液中还有相当数量的未反应的母体。在此溶液中，所有颗粒都在生长，但较小的颗粒比较大的颗粒生长得更快，导致尺寸分布范围的缩小（多分散性减小）。该生长阶段称为“聚焦”❷阶段[12]。该阶段通常很短暂，因为溶液中的母体正被存在于溶液中的所有核的快速生长所消耗。

在“散焦”❸阶段，即聚焦阶段之后，降低过饱和度导致体系在溶解和生长之间形成一个平衡。从较小的纳米晶体中溶解的CdSe倾向于重新沉积在较大的纳米晶体上，导致尺寸分布范围的加宽（多分散性增加）。通常此过程进行到一个平衡的尺寸分布，其多分散性约为20%，比刚好在聚焦阶段后终止反应所得到的多分散性糟糕许多[13]。

配位体的存在是还未提及的一个重要因素，而且对于溶液中几乎任何纳米晶体的生长都是非常关键的。这些配位体分子将配位至生长颗粒的表面，减小它们的表面能，阻碍它们的团聚，确保其在溶液中的分散。

配位体的作用对纳米晶体的形状控制是非常重要的，因为不同的配位体

❶ 热注射方法：在一个热溶剂中，化学试剂的快速混合与反应；用于半导体纳米晶体的合成。

❷ 聚焦：在胶体生长过程中，尺寸分布变窄。

❸ 散焦：在胶体生长过程中，尺寸分布变宽。

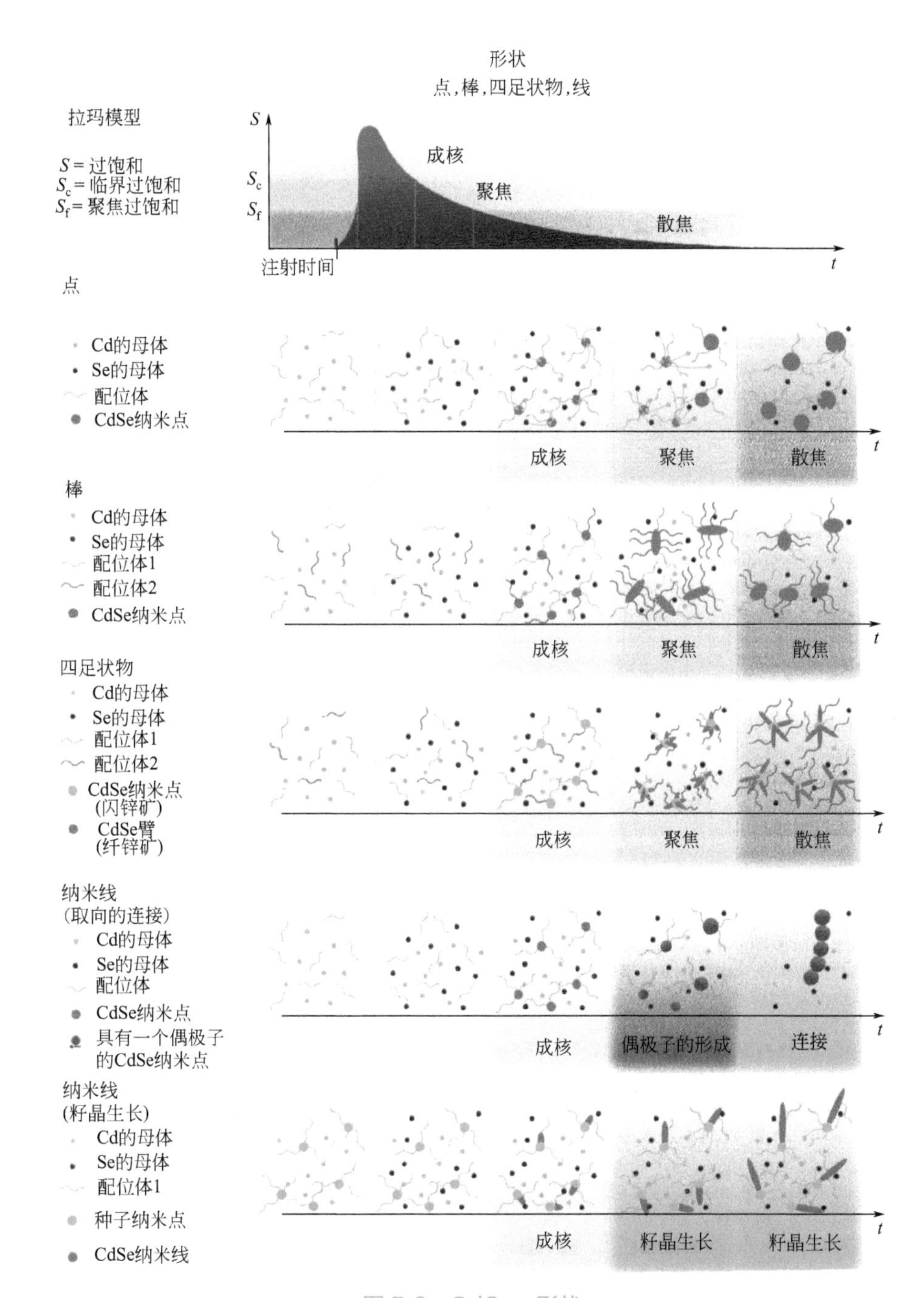
形状
点，棒，四足状物，线
拉玛模型
S = 过饱和
Sc = 临界过饱和
Sf = 聚焦过饱和
S
Sc
Sf
成核
聚焦
散焦
注射时间
t
点
Cd的母体
Se的母体
配位体
CdSe纳米点
成核
聚焦
散焦
t
棒
Cd的母体
Se的母体
配位体1
配位体2
CdSe纳米点
成核
聚焦
散焦
t
四足状物
Cd的母体
Se的母体
配位体1
配位体2
CdSe纳米点
(闪锌矿)
CdSe臂
(纤锌矿)
成核
聚焦
散焦
t
纳米线
(取向的连接)
Cd的母体
Se的母体
配位体
CdSe纳米点
具有一个偶极子
的CdSe纳米点
成核
偶极子的形成
连接
t
纳米线
(籽晶生长)
Cd的母体
Se的母体
配位体1
种子纳米点
CdSe纳米线
成核
籽晶生长
籽晶生长
t

图 5.3 CdSe- 形状

对不同的晶面有不同的亲和性。例如，TOPO 作为配位体将导致形成球状纳米晶体，因为其对 CdSe 特定的晶面没有显示出显著的偏好。同样的原理也适用于羧酸（如油酸）或者长链胺（油酰胺）。加入十六烷基磷酸（或者任何其他的长链烷基磷酸）将导致生成纳米棒而不是纳米点[10]。

这有两个原因：

（1）磷酸是强配位体，比羧酸的酸性更强，因此它们强烈地限制其所附着表面的生长。

（2）相比于其顶部的极性面，它们对 CdSe 结构的非极性侧面有着更大的亲和性。因此，与顶部晶面的表面能相比，它们能更强烈地降低侧面的表面能。由此顶部晶面将比侧面有大得多的表面能。通过在表面上的离子沉积而发生的生长更有可能发生在具有较高表面能的表面上。

结果就是生成形状细长的垂直于顶端晶面的纳米棒。

CdSe 为显示出多型性的一个例子，即具有一种组成的材料能够以两种不同的晶体结构出现。由传统的“热注射”方法制备的 CdSe 通常生长成六边形的纤锌矿结构，具有各向异性，因为晶胞的 c 不同于 a 和 b 轴。而闪锌矿结构是立方体。CdSe 纳米晶体在纤锌矿结构相中能够形成非常强的偶极子，因为沿着 c 轴相应的顶端晶面能被过量的 Cd 原子（带正电荷的阳离子）或过量的 Se 原子（带负电荷的阴离子）终结。如果相对的顶端晶面恰好有相反的终端，即一端是 Cd，另一端是 Se，就会导致形成能够强到足以决定纳米棒生长方式的偶极子。此时根据已知的关键点，即垂直于 c 轴的晶面不同于垂直于其他轴的晶面，就能找到对任何一组晶面具有特殊亲和性的配位体。

磷酸将减慢沿着 a 和 b 轴的生长，导致每根纳米棒优先沿着 c 轴生长。这就导致在聚焦期的末尾生成一种纳米棒的形状。当可利用的母体浓度仍然非常高时，这样的各向异性结构的形成强烈地倾向于聚焦的条件。相反，在散焦的过程中，纳米棒将逐渐失去它们的各向异性，并恢复到几乎是球形的形状。

在图 5.3 中，还解释了如何通过小心地控制材料的晶体结构，获得更加复杂的形状。正如在金的缺陷一节（3.6 节）中提到的那样，一个立方结构可以沿着（111）面切割，得到一个四面体。因而可以设想，通过适当地选择配位体以及反应条件，可能发现使 CdSe 的立方闪锌矿结构的（111）面特别稳定的条件，并且可以重复地获得这样的四面体。现在出现了这样一种情况，即闪锌矿结构的（111）晶面可以作为 CdSe 纤锌矿物相（0001）面（顶端极性面）异质成核以及生长的优良基底。

如果有一个具有（111）晶面的闪锌矿结构的 CdSe，并且在每个晶面的顶部生长一个纤锌矿的 CdSe 纳米棒，就可以获得一个具有从闪锌矿四面体中心向四面延伸生长出来 4 个纤锌矿臂的结构，即一个四足状物[14]。

这种结构是由 Liberato Manna 在伯克利的 Paul Alivisatos 实验室获得的，显示在图 5.3 中。成核阶段生成了闪锌矿结构的核，然后从其（111）面生长出纤锌矿结构的四臂，互不干扰地排列在四个方向。此结果的重要性以及应当记住它的原因就是通过了解材料的结晶学，以及通过控制成核与每个面的生长的动力学、表面能，就可以制备具有形貌的复杂性升级的纳米结构。

通过不同的方法同样可以实现 CdSe 纳米线的生长。一种确实简洁的方法就是利用所谓的“取向连接”❶ 机理（图 5.3）[15]。如前所述，沿着 CdSe 的 c 轴能够生长出电偶极子，因为在垂直于 c 轴的两个顶端面上的电荷可以有相反的表面电荷。静态电偶极子的相互作用只有在距离为 $1/r^3$ 处才表现为相互吸引，并随着 r 的增大而减小，其中，r 是电偶极子之间的距离。尤其是在 c 轴严重缺乏配位体保护的情况下，在两个纳米晶体的顶端面之间可以发生原子级精确的连接，因为它们的偶极子导致其发生了取向碰撞。相同晶格的相同结晶学轴相互连接在一起的事实使得界面不可见，并且通常是无缺陷的。该过程的美妙之处在于，一方面它可以与从单体生长的聚合物相比较，另一方面它也是一个自组装过程。

另一种生长 CdSe 纳米线的途径是在半熔化金属纳米晶种存在的条件下，进行“热注射”反应[16,17]。此反应机理相当复杂，超出了本书的范围，但是需要记住的是，存在的半熔化金属纳米晶种能够作为纳米线生长的“模板”（图 5.3）。Cd 和 Se 的母体将在熔化的晶种内反应，而产物将沉积于晶种 - 纳米线的界面上，导致在一个单一的晶面上选择性生长。

在长期探索 CdSe 能够被“驯服”而显示出一些令人惊奇的形状之后，你可能想知道这是不是还没有结束，还能产生多少其他的形状？最近在科学杂志中就报道了具有形状非常像圣诞树的分叉的 PbS 纳米线的制备[18]。

5.5 自组装

在第 3 章中，可以看到如何通过利用低聚核苷酸高度专一的氢键相互作用使纳米晶体连接在一起。而在这里将看到如何利用电荷的相互作用，在一

❶ 取向连接：两个纳米晶体的表面以各自晶格对齐的方式连接在一起。

个平面上沉积完整的数层纳米晶体，以层 - 层的方式[19]。

你或许已经怀疑，在垂直于一个表面方向上的设计中，究竟有多大的控制能力：SAMs 或软平版印刷只能允许控制平整表面的性质。但是，你将看到电荷的相互作用如何被用来设计各方向的性质均可以调节的复杂的“三维”表面。

在第 2 章中，已经看到 SiO_2 表面如何由于硅烷醇而带上负电荷。正是这个完全相同的表面电荷可以被用来吸引带正电荷的基团、分子、聚合电解质、纳米晶体或者胶体。这种自组装的独特的方面就是大致可以沉积带有相反电荷的单层，从而可以精确地预测沉积层的最终厚度。

层 - 层沉积（LbL）令人惊奇的潜能还不仅仅如此。还可以利用第一沉积层的正电荷去吸引带负电荷物种生成新的沉积层。

这种方法可以用于 CdSe 纳米晶体或者任何其他选择的胶体。借助配位体交换技术，可以在水环境中用带有部分电荷的端基基团的配位体取代 CdSe 纳米晶体中的配位体。例如巯基十一酸。巯基基团能够与纳米晶体表面的 Cd 原子配位，而羧酸仍然置于水中，且部分去质子化生成带一个负电荷的羧酸根。这将导致形成带负电荷的 CdSe 纳米晶体。如果想要得到带正电荷的 CdSe 纳米晶体，可以使用带有铵基的端基基团的配位体，其在水中是部分质子化的。

通过交替地将底物浸没于带正电荷的 CdSe 纳米晶体和带负电荷的 CdSe 纳米晶体的分散液中（两者之间有冲洗步骤），能够制造按照纳米尺寸设计的具有纳米性质的 CdSe 纳米晶体的多层结构（图 5.4）。例如，可以组装具有不同尺寸的多层纳米晶体，从而具有不同的能带隙能量和发光波长，导致所谓的纳米彩虹多层结构的形成。

图 5.4 重现了层 - 层沉积过程。带正电荷的 CdSe 纳米晶体能够在带有强负电荷的表面上（如经过氧的等离子体处理的 SiO_2 或者 PDMS 的表面）沉积为一个单层，导致形成一个带正电荷的表面。这个带正电荷的表面反过来又能够吸引带负电荷的 CdSe 纳米晶体（例如，这些纳米晶体可以具有不同的尺寸）。可以根据所期望的层的厚度，按照预计的次数对该过程进行重复。

在此需要记住的重点是这样的事实，即带有相反电荷的两部分之间的库仑相互作用可以用来制备种类丰富的多层复合物。可以在任何能够得到的、具有很好的且确定的表面电荷的表面上，以单层控制的方式，组装任何种类的、可溶的聚合物或者胶体分散的结构。例如，可以通过 LbL 来覆盖一个模板的表面，如带负电荷的氧化铝纳米孔道薄膜或者四烷基铵表面活性剂

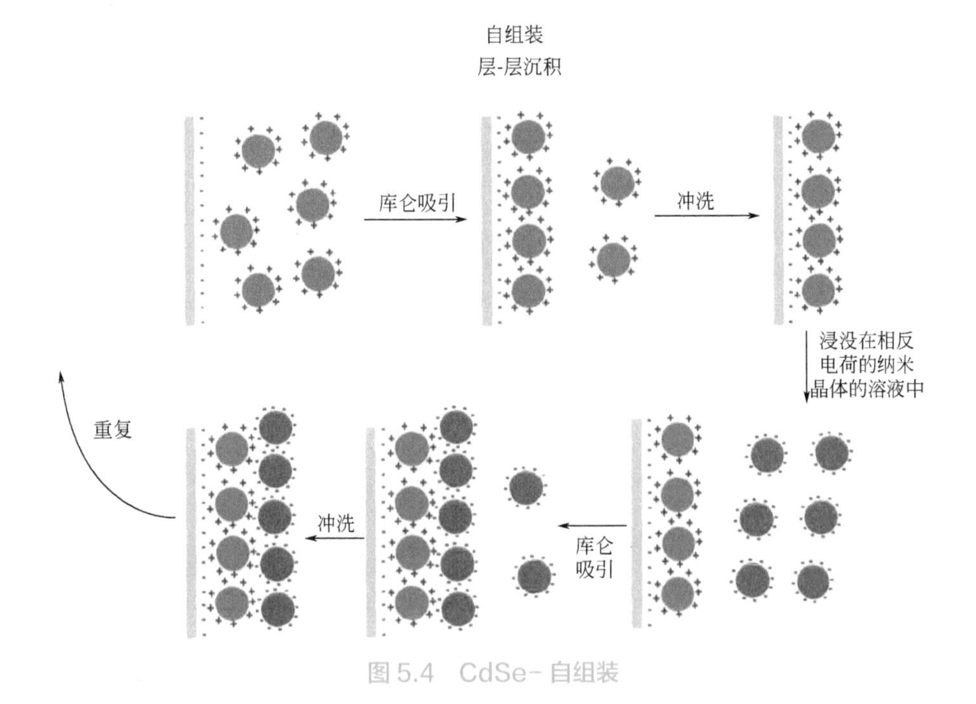

图 5.4 CdSe- 自组装

的胶粒。实际上任何带电的表面都可以作为任何带相反电荷的可分散物质的 LbL 沉积的基底。

由此获得的多层结构相当稳定，但是通过增加其所处液体的离子强度可以破坏这种稳定结构。离子能够屏蔽库仑相互作用，并降低它们的强度，因此削弱了将多层结构维持在一起的力。随着离子强度的增加，可以观察到 LbL 多层结构逐渐溶解。

离子强度

溶液的离子强度是溶液中总的电荷浓度的量度。其定义为

$$I=(1/2)\Sigma_{i=1}^{n}\ c_i z_i^2$$

式中，I 是离子强度；c_i 是离子 i 的浓度；z_i 是离子 i 的电荷；Σ 求和包括了存在于溶液中的所有 n 类离子。

注意电荷的二次方；多价离子对离子强度有很大的贡献。

解决此问题的一种方法是对形成的多层结构进行后处理，在层与层之间诱导形成化学键。例如，CdSe 纳米晶体能够被携带有 C═C 双键的配位体所捕获。通过暴露于紫外光或者使用特殊的催化剂，可以将这样的双键连接在一起。

$$-C{=}C- + -C{=}C- + h\nu = \begin{array}{c} -C-C- \\ |\quad\ | \\ -C-C- \end{array}$$

该过程能够导致纳米晶体之间通过其配位体形成共价键，生成一个仅仅通过离子强度效应不可能将其溶解的共价连接的网状结构。

有关层 - 层组装技术的文献正在快速增加，因为其潜能变得越来越明显。例如，密歇根大学的 Nick Kotov 研究小组，通过层 - 层组装技术沉积像纳米黏土晶体的无机薄片和有机聚合物，制备了超强的薄膜[20]。

5.6 缺陷

在第 2 章中，可以看到在猫眼石结构中的缺陷是如何局部改变其光子性能的。在那种情况下，一种缺陷允许一定频率的光通过，而此前其是被禁止通过的。

在 CdSe 以及其他的半导体中，当杂质被嵌入晶格中时（一个称为“掺杂”的过程），会发生一些类似的现象。如前所述，CdSe 显示出由能带隙分隔的一个价带和一个导带。任何能量小于 E_g 的光子都不会被吸收，并且会穿越此材料。如果将具有不同氧化态的杂质引入晶格中，将为空穴或者电子在能带隙内创建定域的电子态。它们最著名的特性就是通过使电子或空穴的电荷载流子达到更接近于导带或价带的能量而改变材料传导性。凭借化学家已经达到的对杂质和硅单晶掺杂的控制水平，才使得所有硅的微电子产品成为可能。

在本节中，将看到 CdSe 纳米晶体的掺杂如何受到晶体学和颗粒形状的强烈的影响。多年来，CdSe 纳米晶体的掺杂一直是难以实现的。只是最近才报道了成功地将 Mn 原子掺入 CdSe 纳米晶体中 [21]。

Erwin 等提出的 CdSe 纳米晶体的掺杂机理如图 5.5 所示[21]。掺杂物的原子最初吸附于纳米晶体表面，与此同时颗粒仍在生长。此时将有两种可能出现的情况，取决于掺杂物保持被吸附的时间（称作“停留时间”）。如果停留时间短于在表面上生长一个单层的时间，那么掺杂物将会设法在被其他的镉原子和硒原子覆盖之前离去，因此导致没有掺入掺杂物。如果情况正好相反，掺杂物就会在有机会解离吸附之前，被限制在生长的晶格中。与使用像 Czochralski 方法的大尺寸的体相单晶生长速率相比，掺杂纳米晶体的主要问题就是其生长速率太慢了。这意味着需要更长的停留时间 t。如图 5.5 所示，停留时间 t 是原子的振动频率 ν、掺杂物在特定晶面的结合能 E_b 以及

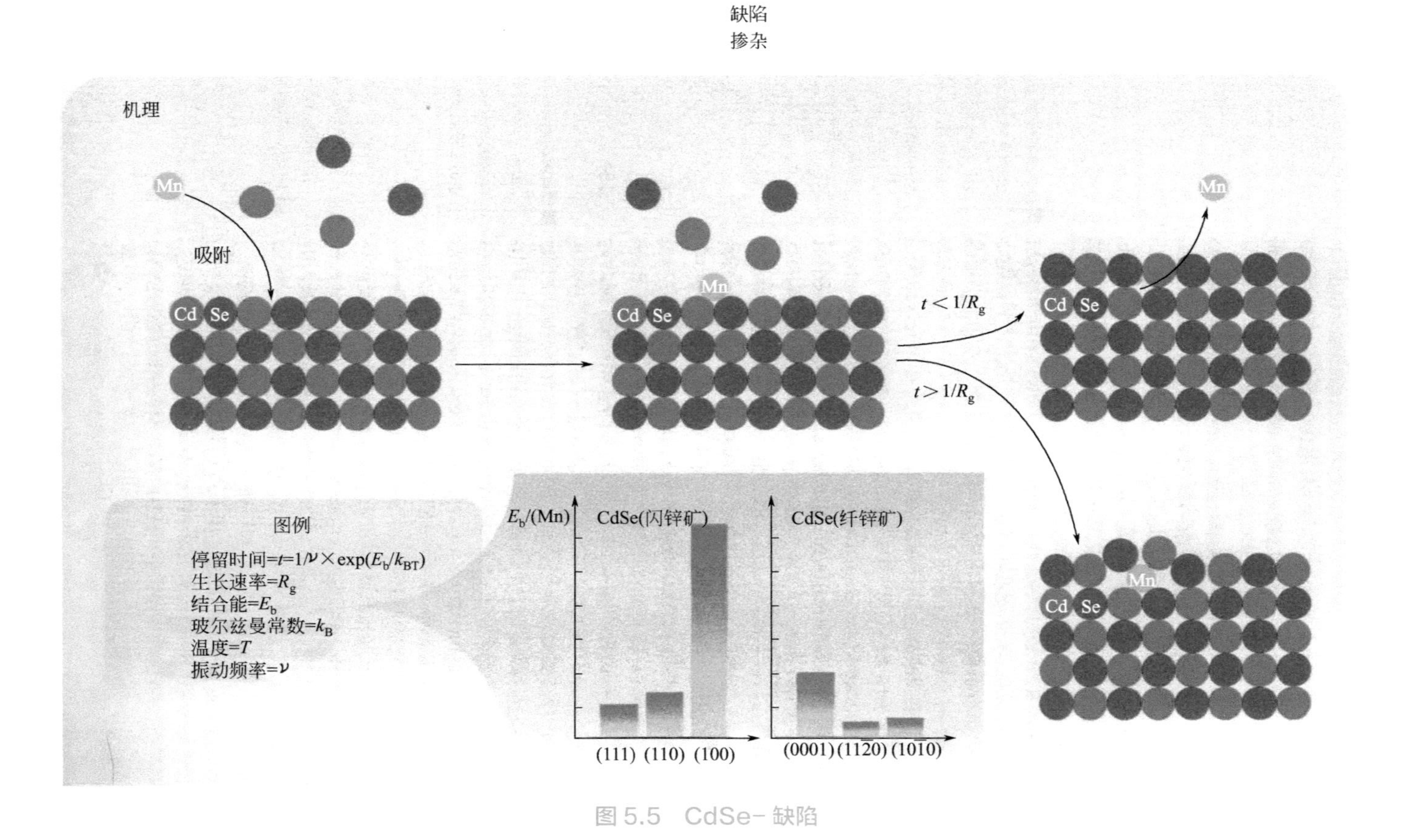

缺陷
掺杂
机理
Mn
吸附
Cd
Se
Mn
$t<1/R_g$
$t>1/R_g$
图例
停留时间=$t=1/\nu\times\exp(E_b/k_{BT})$
生长速率=R_g
结合能=E_b
玻尔兹曼常数=k_B
温度=T
振动频率=ν
E_b/(Mn)
CdSe(闪锌矿)
CdSe(纤锌矿)
(111) (110) (100)
(0001) (1120) (1010)

图 5.5 CdSe- 缺陷

温度T的函数。

图 5.5 显示了掺杂 CdSe 纳米晶体的机理。使用 Mn 原子掺杂 CdSe，要求在其生长过程中，Mn 原子吸附在 CdSe 表面。如果 Mn 原子消耗在 CdSe 表面的时间（停留时间t）短于 CdSe 表面生长单层原子层的时间，那么 Mn 原子不会被包含在该原子层中。停留时间t（如图例中所示）是 Mn 原子在 CdSe 表面的结合能的函数。此结合能强烈地依赖于所考虑的结晶面。在该图的底部显示了作为 CdSe 的结构（纤锌矿或闪锌矿）以及特定晶面的函数的结合能的柱形图，如其米勒指数所示。闪锌矿结构的（100）晶面对 Mn 原子有一个很强的结合能，可以使 Mn 原子被包含在原子层中。因此，如果想使用Mn掺杂CdSe纳米晶体，必须迫使CdSe纳米晶体以闪锌矿结构生长，并且尽可能地限制在（100）晶面。

图 5.5 中的柱形图清楚地表明，Mn 原子在 CdSe 上的结合能强烈地依赖于其感兴趣的特定晶面和结构。Mn 在 CdSe 纤锌矿晶格平面上的结合能相对较小。考虑到所有报道的合成都是生成纤锌矿的 CdSe，这就解释了为什么化学家一直难以实现在 CdSe 纳米晶体中的掺杂。

相反，在闪锌矿结构的情况下，其（001）对 Mn 原子表现出一个大得多的结合能，大到足以产生一个可以与生长速率相匹配的停留时间（图 5.5）。如此一来，通过小心合成主要由（001）面限制的闪锌矿结构的 CdSe 纳米晶体，就有可能将 Mn 原子掺入 CdSe 纳米晶体中。这些掺入了像 Mn 这样的磁性元素的半导体被认为是自旋电子器件最热门的候选材料之一。在这样的器件中，电子自旋被用来替代电子进行计算。

在这个相当微妙的小节的末尾，请记住一些其他的数据，因为客观地看待这些挑战是非常重要的。当谈及电子学中的掺杂半导体时，例如硅或者砷化镓，掺杂程度通常在百万分之几（ppm）或十亿分之几（ppb）。按体相标准而言，在一个大约有 10^4 个原子的纳米晶体中，即使仅包含一个掺杂物的原子也有可能会使此纳米晶体成为一个高度掺杂的半导体。

从化学角度看，研究如此高的掺杂程度与其分布的对应关系也是很重要的。掺杂物理想化的随机均匀的分布会形成固溶体，但只是一种可能的方案。可以使掺杂物的原子簇进入晶格内部；也可以使掺杂物成为取代的或者填隙的杂质，取决于它们是否取代了晶格中存在的原子或者它们是否只是停留在空隙中；或者还可以使掺杂物的浓度沿着直径呈现梯度分布，例如在纳米晶体的核心或者表面有较高的掺杂物浓度。毫无疑问，所有这些掺杂物的构型对纳米晶体的物理性质会产生不同的影响。挑战不仅存在于控制掺杂物的分布，而且还存在于如何去测量该分布。能够帮助我们测量的技术都是非常复杂的，在本书的后面将简单地提及其中的一些技术。

需要记住的重点主要有五个：

（1）由于纳米晶体具有非常缓慢的生长速率，它们是不容易掺杂的；

（2）掺杂物的吸附强烈地依赖于掺杂物本身以及纳米晶体的结构和特定晶面；

（3）材料的性质对于掺杂物的存在可能是非常敏感的，无论它们是有意的还是无意的；

（4）需要控制和了解掺杂物在纳米晶体内的分布；

（5）由于纳米晶体中掺杂物的原子数不是很多，所以在纳米晶体中的掺杂本质上是“沉重的”。

5.7 生物纳米

无论是在体外还是在体内条件下，CdSe 纳米晶体被认为是最有可能替代染色剂的候选材料，用于蛋白质、细胞质、有机组织的荧光检测。它们可以在很宽的波谱范围内吸收光，但却发射一个很窄的峰。这意味着利用不同系列的 CdSe 纳米晶体，能够以多路复用的方式一次探测数个分析物。CdSe 纳米晶体的这些生物特性引导科研人员进入了生物偶联的更广泛的概念和领域：可以将一个特定部分连接到人体内的特定目标上的一系列技术，该特定目标可以定义为特殊的组织、器官、蛋白质或者生物分子。

在纳米化学中，上述特定部分可以是胶体纳米材料，通常可以被注入血流中。此类纳米材料可以用作下列许多成像技术中的造影剂，从超声波扫描技术到 CT、MRI、PET（正电子成像技术）或者 OCT（光学相干断层扫描）；还可以用作药物的运输工具，该工具必须能附着在病变的组织上，然后局部释放其所运输的药物。这两种主要的发展趋势可以组合为新的诊断和 / 或治疗技术。实际上纳米材料在实现现场和非损伤性准确的诊断以及正确的治疗方面的发展已经引起了极大的兴趣。

在药物治疗和成像中，最大的问题之一就是缺少特异性。当患者摄取或者注射一种药物时，药物将在整个身体内分配，通常会产生一些副作用，这是因为药物本身具有一定的毒性。如此缺乏特异性意味着，如果药物不能被输送到相应的位置的话，为了使得适当剂量的药物到达所期望的组织，医生需要施用比实际需要量多得多的药量。因为不知道如何恰当地靶向病变位置，所以不得不对整个身体进行“地毯式轰炸”。

对于造影剂也是如此，尽管副作用没有这么严重。它们的非特异性意味着它们只是依靠其自然的生物分布来增加组织的对比度，不能有效地识别病变部位和健康部位。这就限制了它们的解析能力，例如一个小肿瘤。如果能够设计一种能够选择性地靶向肿瘤的造影剂，那么对比度将仅在肿瘤部位增加，使得放射科医生能够在肿瘤的最初期阶段就能发现它们，从而可以延长患者的预期寿命。很有可能将来有一天，人类的健康会得到由纳米化学家开发的纳米材料的保护[22]。

由公司和政府引导的对纳米医学的巨大兴趣还与这样一个事实相关，即诊断和治疗技术的改进可能会源自纳米化学的解决方案，而这些方案的耗资比研发一种新药物少得多。这是常有的事，即从一个完全不同的角度解决一个问题时，或多或少地都能得到新的结果。

大众文学对于纳米医学最关注的就是所用材料的毒性[23]。例如，作为本章主题的材料对有机体就是高毒性的。主要困难就是在评估纳米材料的毒性方面缺乏标准。每种纳米材料都不得不看作是不同的，因为每次 CdSe 纳米晶体的合成都将产生无数的不同尺寸的胶质物，原则上具有不同的毒性分布谱。因此多分散性再次证明是一个主要问题，而且这个问题看来只有纳米化学家能够解决。

另一个关注的内容就是纳米材料是否有一天可能被用于并不像改善人类健康那样高尚的事情。目前还没有任何证据能证明这种关注是可信的。现在已经有了化学或生物制剂，它们能够以难以置信的效率伤害人类。目前还不清楚纳米材料如何才能比这种情况做得“更好”。

由于已经讨论了（应当承认是非常肤浅地）对于纳米化学来说是个极其重要的领域的主要问题，所以是时候看一下化学家和生物学家已经提出的各种靶向策略。

靶向方案通常被分为两个主要类别（图 5.6）：一类是主动靶向策略，即通过使用特殊的分子识别方法，将探针引导到病变部位；另一类是被动靶向策略，即主要利用人体依赖于如尺寸、表面电荷、形状等普通参数来分配探针部分的方法。尽管被动靶向策略看起来确实非常巧妙，但是却不具有像主动靶向策略那样的选择性和准确性。

图 5.6 显示了标准的靶向方案，可以分为主动和被动的。主动靶向方案显示在该图的顶部。总的原则是有一个由造影剂组成的探针（明确地依赖于想使用的成像技术）和与造影剂相键合的靶向载体。靶向载体可以是配

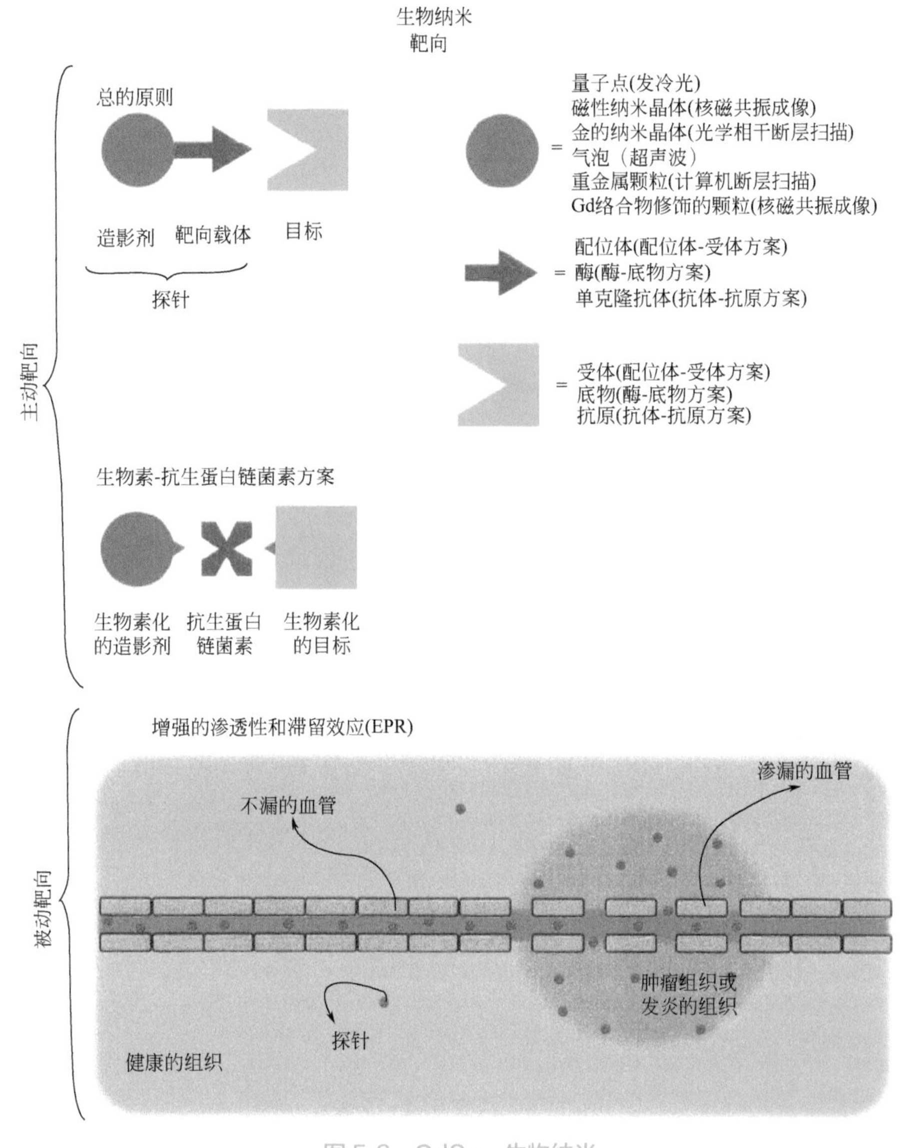

图 5.6　CdSe- 生物纳米

位体、酶或者抗体，它们对目标均有很高的亲和力。采用这种方法，靶向载体将造影剂与目标连接在一起。在靶向载体不能方便地连接到造影剂的情况下，可以采用生物素 - 抗生蛋白链菌素途径。在这种情况下，目标以及造影剂首先与生物素连接在一起（它们被生物素化）。然后使用抗生蛋白链菌素作为生物共轭试剂，将两个生物素化的物体连接起来。被动靶向的主要途径显示在该图的底部。在发现肿瘤和发炎的组织都有普遍的渗漏血管之后不久，又发现了增强的渗透性和滞留效应。这种渗漏的血管允许纳米级的物体渗入到组织中，在那里它们将很难再返回到血池中。这就导致纳米级物体（造影剂、药物输送工具或者治疗剂）在肿瘤组织中积累的可能性。

一个主动式探针通常由两个不同的部分组成：造影剂和与其表面相结合的靶向载体（或运输工具）。造影剂可以是用于荧光成像的 CdSe 纳米晶体，用于核磁共振成像的磁性纳米晶体，用于光学相干断层扫描的金纳米晶体，用于超声波扫描的气泡或者用于计算机断层扫描技术的重金属颗粒（图 5.6 上部）。

靶向载体的选择取决于想要靶向的目标。例如，如果想靶向肿瘤，就需要寻找特殊的蛋白质受体，即它们能够非常快地传输到肿瘤细胞表面。然后需要寻找能够特定与该受体键合的配位体。将该配位体与造影剂表面结合后即可用作靶向载体。

有时候或许为了一种酶，要追踪一个特殊的底物，于是该底物即成为靶向载体。在其他情况下，想要追踪的某种物质不能够通过酶或配位体来追踪，如癌细胞表面的特殊蛋白质或者由这些细胞分泌的小分子。在这种情况下，试图获得的就是能选择性地靶向那种底物的单克隆抗体（该底物称为抗原）。抗体具有昂贵和体积大的缺点，许多抗体都不能被锚定在纳米晶体的表面。

有时将纳米结构结合到靶向载体上是有问题的。例如，所形成的键可能不够牢固。在这样的情况下，可以求助于生物素 - 抗生蛋白链菌素方案（图 5.6 中部）。抗生蛋白链菌素是一种对生物素有 4 个结合位置的蛋白质，后者是一个短分子。该体系的优点是多方面的：

（1）生物素对于抗生蛋白链菌素的亲和力是曾经测量过的材料中最大的，这意味着结合可以定量地发生；

（2）生物素化对几乎任何生物分子或者底物都是非常容易的（实际上大多数商业化的生物分子均可以购买到生物素化的变体）；

（3）抗生蛋白链菌素拥有 4 个相同的结合位置，可以同 4 个部分共轭。

然后需要做的就是使用生物素化的靶向载体与抗生蛋白链菌素结合在一起。在这种结合完成之后，注入生物素化的造影剂，与抗生蛋白链菌素的三个剩余位置中的一个结合。

在被动靶向方面，大多数的研究策略都是基于增强的渗透和滞留（EPR）效应[24]。发炎或癌变的组织均有一种被定义为渗漏血管的物质。运载工具或者适当尺寸的探针将由此血管中渗出，进入相邻的组织中，之后将停留很长的一段时间。这种特殊的血管还减慢了这些组织的自然排泄。

由于生物共轭技术的同步发展，CdSe 纳米晶体以及纳米颗粒的生物纳米应用，总的来说正在增加。其中一个目标就是分子成像，能够实时地监测和追踪人体内的单一分子。另一个目标就是发展基于纳米级固体物理性质的治疗剂，就像已经看到的金纳米棒中的等离激元。

对应于上述巨大的前景，我们发现纳米毒性问题将成为纳米领域的下一个必须面对的挑战，一个不允许我们犯任何错误的挑战。

5.8 思考题

（1）在体相 CdSe 的多晶纤锌矿和闪锌矿的晶格中，二价 Cd 的配位数是多少、几何构型是什么？在 CdSe 纳米晶体中，该配位数会变吗？

（2）在第Ⅱ B 族～第Ⅵ A 族的化合物的半导体纳米晶体 MX（其中 M 可以是 Zn、Cd、Hg，X 可以是 S、Se、Te）形成的 3×3 矩阵中，哪个化合物具有最大的单位晶胞尺寸、最高的共价价态、最高的晶格能、最低的熔点、最小的电子能带隙、最大波长的激发子发光？

（3）CdSe 半导体纳米晶体实际上是半导体吗？如何从实验上回答这个有趣的问题？

（4）考虑一种合成 $Zn_xCd_{1-x}S$ 和 CdS_xSe_{1-x} 纳米晶体的方法，其中的组成元素是随机分布的，然后描述一种假定能够实现该目标的简单方法。在这些纳米晶体中，可以想到多少种排列这些元素的方式？能够想到挑选这些可能性的方法吗？

（5）假设 CdSe 纳米晶体具有一个球状外形，并且原子是密堆积的，估算在直径分别为 1nm、10nm 或者 100nm 的纳米晶体中各包含了多少原子。在直径相同的条件下，从纤锌矿到闪锌矿，从 ZnS 到 HgTe，从 CdSe 纳米晶体到 CdSe 纳米棒，原子数将如何变化？

（6）CdSe 纳米晶体从 1nm 到 10nm、再到 100nm，表面与体积比（表面原子数与体相原子数的比）如何变化？该变化对其化学性质有什么影响？

（7）取一个立方闪锌矿类型的 CdSe 纳米晶体，比较或对比（100）晶面和（111）晶面的原子排列和相应的电荷。

（8）如何合成 n- 掺杂和 p- 掺杂的 CdSe ？

（9）在体相 CdSe 中，Cd 和 Se 的化学计量比严格地满足 1 ∶ 1，但是对于 CdSe 纳米晶体还是这样吗？对于 $CdSe_{1.0022}$ 的电子性质，必须考虑非化学计量比的影响吗？如何分析与精确的化学计量比如此小的偏离？

（10）与 CdSe 纳米晶体的内核相比，ZnS、ZnSe 以及 ZnTe 的冠状层结构的质量如何？

（11）能想出一种在 CdSe 的四足状物上制作 ZnS 冠状物的方法吗？

（12）能想出一种控制 CdSe 四足状物四个臂的长度和厚度的方法吗？为什么这可能会是很有用的？

（13）如何在 CdSe 纳米棒的一端或者两端生长出金尖端？为什么这种能力可能会是很有用的？

（14）如果将 CdSe 纳米棒与向列型液晶（排列整齐的棒状分子）混合，可能会发生什么？

（15）如何合成表面带有正电荷或者负电荷的 CdSe 纳米晶体？使用什么方法测量纳米晶体的表面电荷？

（16）设想一种在平面玻璃底物上制作 CdSe 纳米晶体层的方法，每次为一个纳米晶体厚度的单层，然后利用这种能力合成 CdSe 纳米彩虹。如何能够在 SiO_2 微球的表面上做到这一点？

（17）想象如何以及为什么能够制作 CdSe 纳米晶体的猫眼石。

（18）在气溶胶以及微流体芯片上的微孔道中，设计一种合成 CdSe 纳米晶体的方法，为什么这将是一个有趣的成就？

（19）能够想出一种由 CdSe 纳米晶体制备二聚物的方法吗？

（20）设想一种在玻璃幻灯片上合成微米尺度的 CdSe 纳米晶体的跳棋棋盘图案的方法。

（21）能够想象一种制备覆盖有金的冠状物的 CdSe 纳米晶体以及相反的覆盖有 CdSe 冠状物的金纳米晶体的方法，并想出其一种用途吗？

（22）如果将覆盖有 CdSe 的纳米晶体短暂地暴露于氧的等离子体中，可能会发生什么？能证明这是有用的吗？

（23）如何使用 CdSe 纳米晶体作为核心生长 SiO_2 的微球？假定现在可以使用不同直径的 CdSe 纳米晶体做同样的事情，并且还可以为 SiO_2 微球的表面提供具有不同功能的基团，能够设想该系统在生物纳米技术中的一种用途吗？

（24）如何合成核 - 壳 - 冠状物结构的 ZnS@CdSe@HgTe 纳米晶体？描绘此纳米晶体结构的定性的电子能级图。

（25）Mn 掺杂的 CdSe 纳米晶体会具有何种磁性？

（26）为什么在低温下比较容易在 CdSe 纳米晶体中观察到激发子？

（27）如何由 CdSe 纳米晶体制作发光二极管和太阳能电池？

（28）如何引发和观察由 CdSe 纳米棒产生的极化的光致发光？为什么 CdSe 纳米晶体不能产生极化的光致发光？

（29）设想一个简单的实验，通过其可以观察 CdSe 纳米晶体的成核现象及其生长动力学。这能为纳米化学家提供什么样有用的信息？

（30）假定有一个氧化铝纳米孔道的薄膜，能够想出一种制作 CdSe(B)—CdSe(G)—CdSe(O)—CdSe(R)—CdSe(O)—CdSe(G)—CdSe(B) 条形码形状的纳米晶体的纳米棒的方法吗？其中 B、G、O、R 分别表示蓝、绿、橙和红色的光致发光。如果选择性地光激发蓝色的纳米晶体，可能会发生什么？

（31）为什么明确地证明 CdSe 纳米晶体是否对人类健康有害可能会是很难的？

（32）能够想出一种对减少或者消除 CdSe 纳米晶体可能的细胞毒性的影响有用的化学方法吗？

（33）你能想象可在生物医学领域安全应用的纳米晶体的组成吗？

（34）如何能使 CdSe 纳米晶体溶于水介质中？

（35）在生物纳米毒性方面，什么是最重要的？尺寸，形状，还是表面？

参考文献

[1] Sunagawa, I. (2007) *Crystals*: *Growth*, *Morphology*, & *Perfection*, Cambridge University Press.

[2] Hines, M. A., Guyot-Sionnest, P.(1996) *J. Phys. Chem. B*, 100(2), 468-71.

[3] Li, J. J., Wang, Y. A., Guo, W., Keay, J. C., Mishima, T. D., Johnson, M. B., Peng, X. (2003) *J. Am. Chem. Soc*., 125(41), 12, 567-75.

[4] Murray, C. B., Norris, D. J., Bawendi, M. G. (1993) *J. Am. Chem. Soc*., 115(19), 8706-15.

[5] Ashcroft, N.W. and Mermin, N. D. (1976) *Solid State Physics*, Brooks Cole.

[6] Yoffe, A. D. (2002) *Adv. Phys*., 51(2), 799-890.

[7] Wang, Y., Herron, N. (1991) *J. Phys. Chem*., 95(2), 525-32.

[8] Ellingson, R. J., Beard, M. C., Micic, O. I., Nozik, A. J., Johnson, J. C., Yu, P., Shabaev, A., Efros, A. L. (2005) *Nano Lett*., 5(5), 865-71.

[9] Schaller, R. D., Klimov, V. I. (2004) *Phys. Rev. Lett*., 92(18), 186601-1.

[10] Peng, X., Manna, L., Yang, W., Wickham, J., Scher, E., Kadavanich, A., Alivisatos, A. P. (2000) *Nature* (*London*), 404(6773), 59-61.

[11] LaMer, V. K., Dinegar, R. H. (1950) *J. Am. Chem. Soc*., 72(11), 4847-54.

[12] Peng, X. G., Wickham, J., Alivisatos, A. P. (1998) *J. Am. Chem. Soc*., 120(21), 5343-44.

[13] Talapin, D. V., Rogach, A. L., Haase, M., Weller, H. (2001) *J. Phys. Chem. B*, 105(49), 12,278-85.

[14] Manna, L., Scher, E. C., Alivisatos, A. P. (2000) *J. Am. Chem. Soc.*, 122(51), 12,700-06.

[15] Tang, Z. Y., Kotov, N. A. (2005) *Adv. Mater.*, 17(8), 951-62.

[16] Grebinski, J. W., Hull, K. L., Zhang, J., Kosel, T. H., Kuno, M. (2004) *Chem.Mater.*, 16(25), 5260-72.

[17] Grebinski, J.W., Richter, K.L., Zhang, J., Kosel, T.H., Kuno, M. (2004) *J. Phys. Chem. B*, 108(28), 9745-51.

[18] Bierman, M. J., Lau, Y. K. A., Kvit, A. V., Schmitt, A. L., Jin, S. (2008) *Science*, 320(5879), 1060-63.

[19] Decher, G. (1997) *Science*, 277(5330), 1232-37.

[20] Podsiadlo, P., Kaushik, A. K., Arruda, E. M., Waas, A. M., Shim, B. S., Xu, J.D., Nandivada, H., Pumplin, B. G., Lahann, J., Ramamoorthy, A., Kotov, N.A. (2007) *Science*, 318(5847), 80-83.

[21] Erwin, S. C., Zu, L. J., Haftel, M. I., Efros, A. L., Kennedy, T. A., Norris, D. J. (2005) *Nature*, 436(7047), 91-94.

[22] Rhyner, M. N., Smith, A. M., Gao, X. H., Mao, H., Yang, L. L., Nie, S. M. (2006) *Nanomedicine*, 1(2), 209-17.

[23] Lewinski, N., Colvin, V., Drezek, R. (2008) *Small*, 4(1), 26-49.

[24] Maeda, H., Wu, J., Sawa, T., Matsumura, Y., Hori, K. (2000) *J. Controlled Release*, 65(1-2), 271-84.

6 氧化铁

6.1 引言

铁器曾经定义了人类的一个时代，也许是两个时代。在每个人的头脑中，铁器常常是与铁锈相联系的。而铁锈则是铁的氧化物，确切地说是 Fe_2O_3（赤铁矿）。从心理学方面来说，铁锈有一种消极的涵义，主要是用于表示衰败、混沌、颓废的状态。一个未来繁荣的社会通常用洗刷过的有光泽的金属表面来表示，而一个未来日益衰败的社会则以铁锈为例。可是现在，先锋派的建筑师正在使用生锈的铁器制作新建筑物的外表面，比如 Karlsruhe 理工学院的功能纳米结构中心。

在本章中将了解这种非常卑微的材料如何能够很好地掌控一组能够改变世界的未来技术的关键，从信息存储到肿瘤诊断；还将了解到借助纳米可以给予氧化铁多少新奇的性质，以及通过纳米化学概念的放大镜如何重新发现如此“消极的”材料。

6.2 表面

在本节中将更详细地了解配位体壳层对胶体氧化铁纳米晶体性质的影响。图 6.1 显示，当被一种配位体覆盖的氧化铁的纳米晶体暴露于另一种不同的

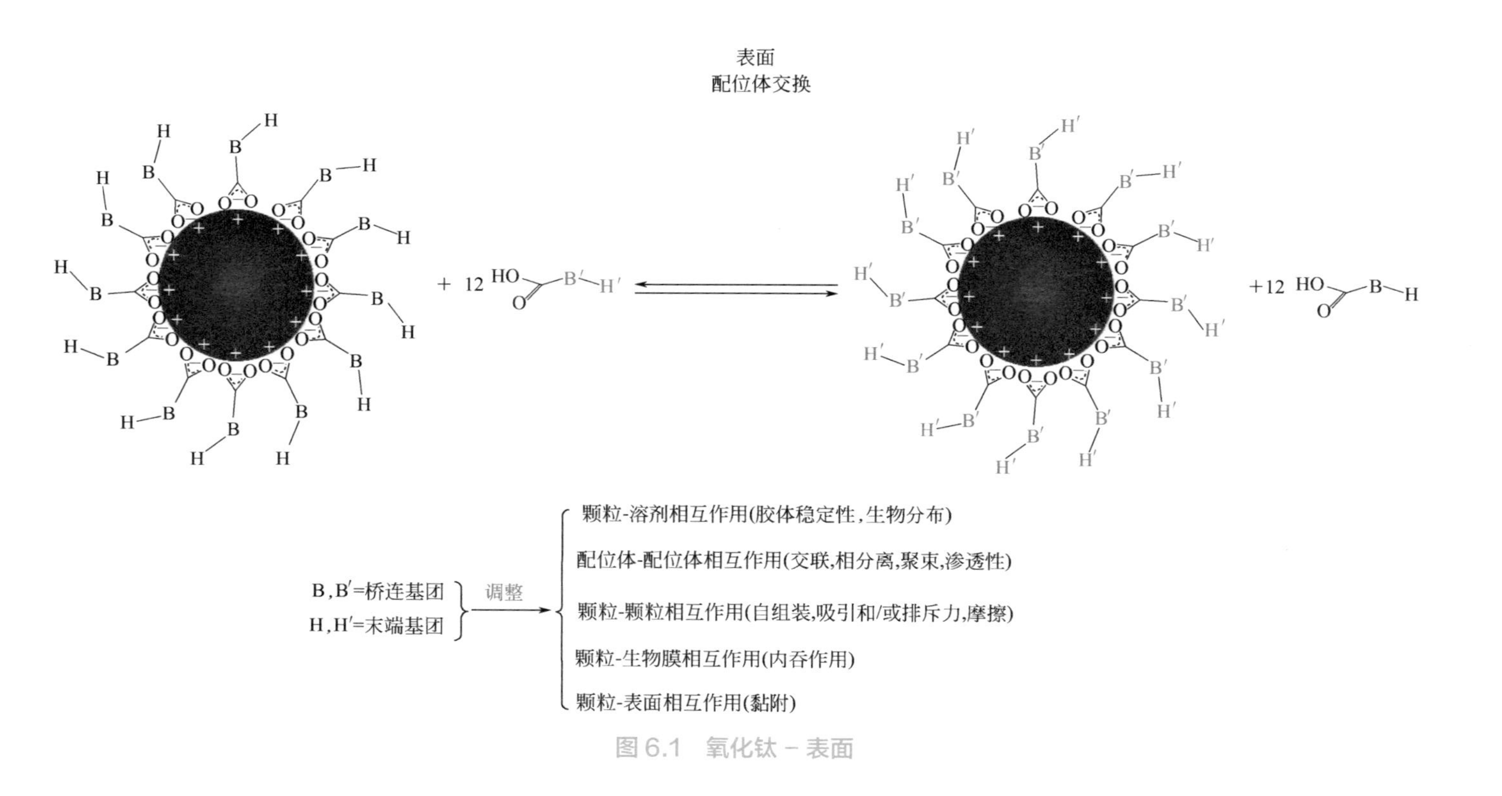
表面
配位体交换
+ 12 HO B′ H′
+12 HO B H
B,B′=桥连基团
H,H′=末端基团
调整
颗粒-溶剂相互作用(胶体稳定性，生物分布)
配位体-配位体相互作用(交联,相分离,聚束,渗透性)
颗粒-颗粒相互作用(自组装,吸引和/或排斥力,摩擦)
颗粒-生物膜相互作用(内吞作用)
颗粒-表面相互作用(黏附)

图 6.1 氧化钛 - 表面

配位体中时，在溶液中存在一个平衡。H 和 B 分别代表了末端基团和桥连基团。配位体的这两部分决定了纳米晶体与外部环境的相互作用以及纳米晶体之间的相互作用。这两种配位体依赖于羧酸盐基团连接到表面的铁的阳离子。羧酸盐基团和铁的阳离子之间的键是配位的、离子化的，即在羧酸盐负离子上离域的负电荷和与表面的三价铁中心相关的正电荷之间成键。

根据配位体的桥连基团和末端基团，能够对配位体的结构进一步分类。桥连基团是化学功能化的，该功能存在于末端基团与配位基团之间，而且可以由多个基团组成。末端基团的功能是针对溶剂的，而且几乎均是暴露于环境中的。

配位体的两种组分具有非常重要的功能，这些已经总结在图 6.1 中。图 6.1 显示的第一个例子涉及颗粒 - 溶剂的相互作用，以及如何通过这两种基团进行调节。这就是非常著名的配位体效应，因为它代表了胶体颗粒的稳定性。在像甲苯或者已烷那样的非极性溶剂中，胶体的稳定性主要通过立体稳定化产生。在 PDMS 的生物纳米一节（4.7 节）中，已经看到 PEO 链如何对蛋白质的压缩做出反应。在非极性溶剂中，烷烃链能够发生类似的过程。在给出的例子中，烷烃链将构成桥连基团，在非极性溶剂中有很高的溶解度，因而很容易溶解在非极性溶剂中。烷烃链还是很容易弯曲的，具有很高的构象熵。即使被连接到颗粒的表面，仍然倾向于保持最大的构象自由度。每当两个颗粒离得足够近，以至于它们的配位体壳层开始相互渗透时，排斥力将确保产生两种效应：

（1）恢复配位体壳层的熵；

（2）使配位体的局部浓度最小化，并因此通过溶剂增加有利于配位体的溶剂化。

这个例子非常类似于前面提到的 PEO 的例子，但是 PEO 能与水形成氢键并且显示出立体稳定化，且该效应只在水中有效。而烷烃链则在非极性溶剂中有很高的溶解度，所以对于其他的有机溶剂来说，其立体稳定化受到了限制。

如果将烷烃链置于水或另一个极性溶剂中，可能会发生什么呢？它们将会自己塌陷，即设法减少与“有害”溶剂的接触，并使其彼此之间的相互作用最大化。在这种情况下，塌陷的配位体壳层在阻止聚集方面不起作用，相反，却在颗粒之间起着胶水的作用。通过聚集，配位体将会减弱其暴露于水的程度，并因此处于一个更喜欢的环境中。

配位体在颗粒之间表现出胶水或排斥物的能力依赖于溶剂的性质，经常用于纯化纳米晶体。例如，常常使用具有烷基链桥连基团的配位体来获得

Fe_3O_4（磁铁矿）纳米晶体，从而可以溶解在烷烃、氯仿或甲苯中。过量的前驱体通常在这样的溶剂中也是可溶的。为了除去纳米晶体，可以向系统中缓慢加入像丙酮这样的有害溶剂，使得纳米晶体聚集，而过量的前驱体则留在溶剂中。通过离心除去上清液，就能够从纳米晶体的聚集体中去除过量的前驱体，然后将该聚集体重新溶解在有益的溶剂中。

如果需要在水中获得稳定化，就要使用 PEO 桥连基团。一种更常见的技术就是在感兴趣的 pH 的水中，使用带有电荷的末端基团。这些末端基团通过库仑排斥力使得纳米晶体在溶液中稳定。在这种情况下，也可以通过加入有害的溶剂使纳米晶体沉淀，在这个例子中应当是非极性溶剂。带电基团一般是铵基（需要正电荷）或羧酸基团（需要负电荷）。

现在能够看到氧化物胶体的库仑稳定化的难题之一：如果使用羧酸作为末端基团，该配位体能够有效地以双齿配位体发挥作用，在多个末端将颗粒连接起来，使纳米晶体聚集在一起。因此，除非想获得交联的纳米晶体网状物，否则必须谨慎地选择末端基团，即其不能连接到其他纳米晶体的表面。

正如在图 6.1 中注意到的，颗粒 - 溶剂的相互作用还影响到胶体的生物分布，因为其依赖于胶体的稳定性和表面的电荷分布。在活的有机体内使用纳米晶体的问题之一就是它们的稀释。正如在纳米晶体表面的配位体 A 和在溶剂中的配位体 B 之间有一个平衡（图 6.1），在纳米晶体上的配位体 A 和在溶剂中的配位体 A 之间也有一个平衡。这意味着配位体试图在溶剂和纳米晶体表面之间维持一定的浓度比，该比例取决于表面和配位体之间的键的强度。实际上这意味着，如果向纳米晶体的溶液中加入纯溶剂，配位体将会脱离颗粒表面，以便维持溶液中配位体的平衡浓度。对于纳米化学家来说，该效应是众所周知的，它使得纳米晶体稀释的胶体溶液变得很不稳定，因为配位体脱离了纳米晶体的表面，其不可逆聚集的可能性就会增大。

正如能够想象的，当使用纳米晶体在活的有机体中发挥作用时，希望使用非常低的纳米晶体浓度，而它们将不得不分布在好多升血液以及组成身体的组织中。这就造成了巨大的稀释。纳米晶体可能会发生聚集，然后形成大的颗粒，立刻被人体识别为异物，因而被隔离在肝脏中，有机组织将试图对它们进行代谢。

如果小的纳米晶体仍然保持为稳定的胶体，人体有时将不能识别它们，它们就可以通过肾脏不留痕迹地排泄出去。这是理想的情况，但依然是很难实现的目标。可以想象投入到设计配位体 - 表面相互作用的工作量，必须达到足以承受住在活的有机体条件下的无情的稀释。

在图 6.1 中注意到的第二点就是配位体 - 配位体的相互作用。很明显，通过改变配位体的末端基团和桥连基团，可以控制这种相互作用。此前提到过，通过使用能够连接到纳米晶体表面的末端基团将纳米晶体交联在一起的可能性。通过匹配末端基团，即使它们能相互反应且浓缩在一起，也有可能获得这样的交联。例如，在 MIT 的 Francesco Stellacci 研究小组开发了在颗粒相反两极连接着具有特定末端基团的单一配位体的金的纳米晶体[1]。他们制备了两种颗粒，一种带有胺的末端基团，另一种带有羧酸的末端基团。这两种颗粒相互混合，导致了在纳米晶体相反两极配位体的末端基团之间的反应，于是纳米晶体组装成线型聚集物。胺和羧酸之间生成酰胺的反应是有机化学和生物化学的主题，其反应式为

$$R—NH_2+HOOC—R \rightleftharpoons R—NH—(O)C—R+H_2O$$

还可以使配位体之间的键变为可逆的。在烷烃链的情况下，配位体壳层之间的相互作用是范德华力类型的。此前提到过置于极性溶剂中如何能使连接着具有烷基链的配位体的纳米晶体产生聚集。该过程不是一个开关类的现象，但通过调节溶剂的组成，能够控制想要纳米晶体聚集的程度。如果溶剂的组成恰巧使得纳米晶体不能确定是否要聚集，就可以导致可逆的聚集机制，通常会产生有序聚集。通过控制纳米晶体的去稳定化以及使配位体对溶剂的亲和力与对纳米晶体的亲和力相匹配，已经以这种方式生长了非常大的纳米晶体，也称为纳米晶体超晶格[2]。

能够观察到含有烷基链的配位体的另一种现象是：由于它们相对较强的范德华力，所以它们能在表面聚集成束。已经看到的烷烃硫醇如何在金的上面生成有序的阵列，代表了一种 SMA 的例子。含有烷基链的配位体试图在金的纳米晶体上做同样的事情；但是，因为纳米晶体的表面被分割成许多更小的平面，它们只能在每一个小平面上生成小的配位体束。这样的配位体束对于纳米晶体的胶体的稳定性是有害的，因为它们使得表面的许多区域不能从与溶剂的相互作用中得到适当的保护。

这就是不饱和烷基链（通常在链的中间含有双键的烷基链）经常作为配位体用于纳米晶体合成的原因之一。双键迫使它们呈现弯曲的构象，可以有效地阻止其聚集成团，减小了范德华力，因此阻止了聚集成束。

能够通过末端基团或桥连基团修饰的配位体 - 配位体相互作用的另一个方面就是其导致相离析❶区域的能力。已经看到非常有可能通过使用两种不

---

❶ 相离析：在材料科学中，该术语表示在一个混合物中的一个特定的结构或部分与主体部分不是完全混合的，而是形成具有不同的性质和 / 或组成的相当大的、独立的“岛屿”。

同的烷烃硫醇（带有不同的末端基团），生成二元的有序 SAMs。同样的情况发生在纳米晶体的切面表面上[3]。最近发现，在纳米晶体表面的配位体的这种特殊的相分离强烈地影响到其溶解度和渗透过细胞膜的能力[4]。

当重新考虑“稀释问题”时，可以考虑将纳米晶体的配位体壳层交联在一起，以便生成一种用于纳米晶体的箱状物，类似于一层一层交联的组装，从而使它们更加稳定（5.5 节）。在配位体之间创建共价键也许能在表面生成很难去除的分子网络。这是一个很聪明的想法，而且已经由 Arkansas 大学的彭小刚研究小组实现了。树枝状分子覆盖在纳米晶体上，然后相互交联在一起 [5]。由于构成壳层的交联的分子网络的渗透性非常低，所以生成的纳米晶体对于腐蚀性化学药品非常稳定。

颗粒 - 颗粒之间的相互作用也会受到配位体的影响。已经发现不同的配位体会产生不同的纳米晶体表面电荷。这在自组装中有明显的因果关系，因为具有不同的表面电荷，就能够改变纳米晶体之间的相互作用，从相互排斥到相互吸引，或者相反[6]。

配位体能够影响的其他相互作用是颗粒 - 生物膜的相互作用。在这种相互作用中，表面电荷和其分布对颗粒 - 表面的相互作用起着重要作用。通过使用与 SAM 相互作用强烈的配位体，能够引导纳米晶体黏附在 SAM 覆盖的金的表面。通常由互相交叉的配位体和烷烃硫醇产生的范德华力足以使金表面成为黏性的。

正如你能够看到的，即便可能还没有完全理解，配位体是纳米化学家的强大的工具之一。它们引导着生长，并控制着纳米化学基本构造模块之间的相互作用，很可能有一天能够操纵其自组装形成精致的结构。

6.3 尺寸

在纳米范围内氧化铁尺寸的概念与其非常著名的性质——磁性相关。让人有点迷惑的是，在发现氧化铁之后的几千年，固体中的磁性依然是一个相当神秘的现象[7]。还不能完全预测什么材料会是磁性的以及为什么；只有一些能够描述大多数固体中的磁性的一些模型，而且还不时地因为在某种没有预料到的材料中发现磁性而感到很惊奇。目前，围绕着多铁性材料（同时显示出铁磁性和铁电性的材料）正在产生一种热议，因为按照任何传统理论，这些材料都不应当显示出磁性，可是它们却的确显示出磁性[8,9]。自从在对称性上发现了反对铁磁性和铁电性共存的论据以来，一般均认为其是一个可信赖的假设，直到自然又给我们上了一课。

这是科学使人惊奇的一个极好的例子，但它却如此经常地消失在职业的、不断增加的、老套的想法中。如果每一件事都是已知的或者基本上是已知的、甚至是可知的（如一些非科学人士认为的），最初就不会有对科学的需要了。我们需要科学来理性地处理无法计量的未知。

固体中的磁性是由电子的动力学引起的。从法拉第起就知道电荷的旋转运动产生磁性。如果电子在一个环路中循环，它们就会产生一个磁场（如在电磁铁中那样）。如果将一个磁场施加于运动的电子流，它们就会弯曲闭合成环路。

在原子周围的电子具有磁性，可以归因于电子沿着自身轴的旋转。轨道具有磁性则归因于其中电子的循环运动。所有这些磁场和自旋能够以非常复杂的方式偶合在一起，产生自旋波（磁振子）以及其他种类的具有强偶合特征体系的奇异的现象。在这样的现象中，有魏斯磁畴[1]形成，如图 6.2 所示。低于一定温度（居里温度 T_c），材料中的磁偶极子相互作用，然后在一定范围内排列在一起，该范围通常是纳米级的。这样的排列可以有多种形式，但通常导致其总和是非零的。在铁磁性材料中（如铁），所有的磁偶极子以同一个方向排列；在铁氧体磁性材料中（如四氧化三铁），磁偶极子分为指向两个相反方向的两组，但其中一组比另一组更强，导致磁化强度是非零的；在反铁磁性材料中（如三氧化二铁），磁偶极子分为方向相反的但强度相等的两组，此时如果在一个方向施加磁场，其中的一组磁偶极子就变得比另一组更强。

图 6.2 显示了超顺磁性质对尺寸的依赖。通过许多魏斯磁畴生成氧化铁晶体，在这些磁畴中，磁偶极子是相互平行的。每一个魏斯磁畴都有一个偶极子，在无外加磁场的条件下，这些偶极子彼此之间都是任意取向的，因此实际结果是一个非磁性的颗粒（沿着磁滞现象曲线的状态 1）。随着外加磁场强度的增加，每一个魏斯磁畴的偶极子取向将会沿着外加磁场方向排列，直至饱和（沿着磁滞现象曲线的状态 2），这时材料开始显示出一个净磁矩 M；当所有磁畴都与外加磁场的方向一致时，且在 $M=M_s$ 时，M 达到饱和，M_s 即为饱和磁化强度。随着外加磁场强度减小到零，魏斯磁畴并不能恢复到完全的任意取向，因为它们将会彼此之间形成某种阻止其这样做的“摩擦”，导致剩余磁化强度 M_r（沿着磁滞现象曲线的状态 3），形成了我们从儿童时

[1] 魏斯磁畴：出现于当材料中的磁偶极子相互作用且在一定范围内排列在一起时，在低于一定的温度（称为居里温度）时发生这种现象。

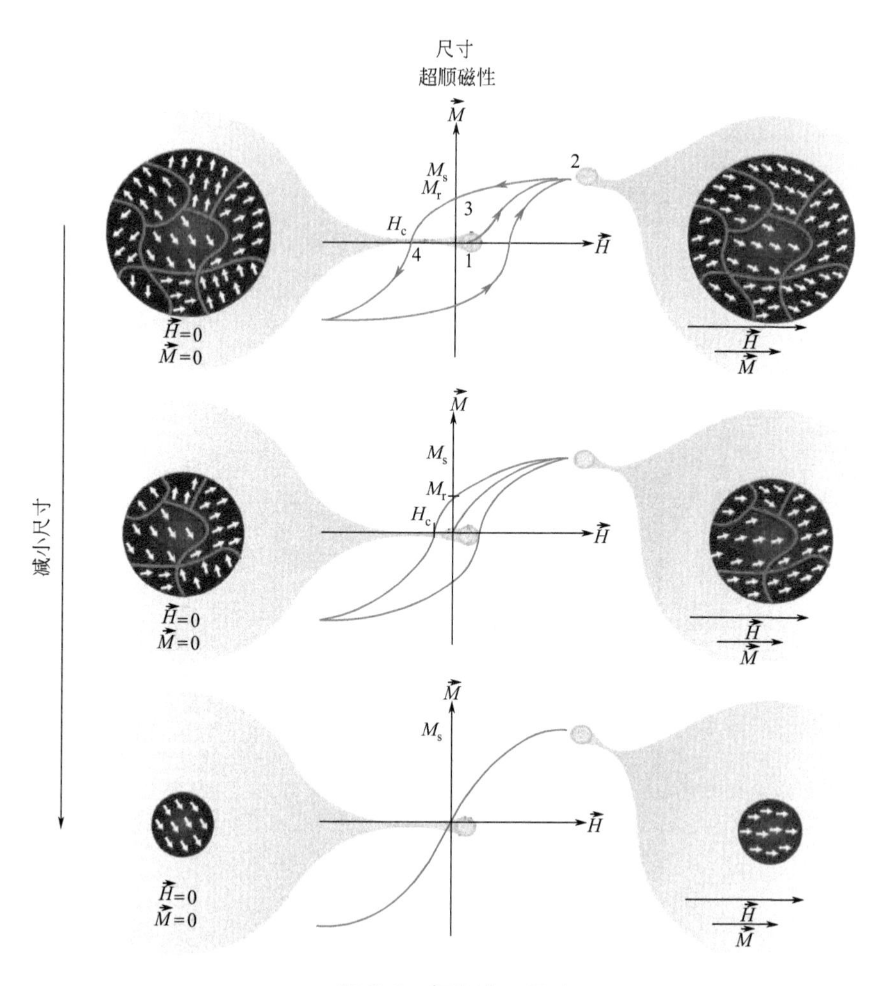

图 6.2　氧化铁 - 尺寸

代就使用的永久磁铁。为了取消磁化作用，必须施加一个相反方向的磁场（或加热至 T_c 以上的温度），其强度为 H_c（矫顽磁场[1]），如状态 4 所示。这种行为受到颗粒尺寸强烈的影响，如该图中的磁滞现象曲线图所示。如果晶体的尺寸小于典型的魏斯磁畴的尺寸，当关闭外加磁场后，颗粒的磁偶极子将会回到平均为零的磁化强度。零剩余磁化强度 M_r 和很高的饱和磁化强度 M_s 是超顺磁性材料的特点。

图 6.2 中显示的曲线是非常著名的曲线，它描述了置于变化着强度的磁场中的铁磁性材料的磁滞现象行为。横坐标表示外加磁场 H，纵坐标表示感

[1] 矫顽磁场：一种材料磁化后，将其恢复到原来磁偶极子随机取向的总和为零的状态所需要的磁场。

应的磁场强度 M。从零磁场中的消磁材料开始，点 1；增加外加磁场强度直至饱和，点 2；再使其恢复到零，点 3；颠倒外加磁场的方向直至使材料的磁化强度为零，点 4；增加该反向的外加磁场的强度直至饱和；再使外加磁场恢复到原来的方向，然后一直增加其强度直至饱和，点 2。此磁滞现象的循环一般应当形成一个闭合的环路，而在闭合区域内的面积则是在该过程中以热的形式消耗的能量的量度。

氧化铁纳米晶体的合成

摘自 Liong 等的文章 [10]

“首先，将 2.2g 六水合三氯化铁（三价）和 7.4g 油酸钠溶解在 16.3mL 纯乙醇和 12.2mL 水的混合物中，然后再与 28.5mL 己烷混合。该溶液回流 4h。所得混合物在分液漏斗中用水洗涤数次，然后使用蒸发的方法将已烷从混合物中除去。合成的油酸铁配合物在真空中干燥一夜。将 1g 油酸铁配合物溶解在 177.3μL 油酸和 7.1mL 十八烯的溶液中。该混合物放置在真空中，然后在 80℃加热 30min。再在氮气流中剧烈搅拌，以 3℃ /min 的速度加热到 320℃，在该温度保持 1h。混合物冷却至室温后，加入 5mL 已烷，然后通过加入过量的乙醇使纳米晶体（NCs）沉淀。使用离心方法将 NCs 与溶液分离。使用 1∶3 的己烷 - 乙醇的溶液洗涤 NCs 两次，然后在真空中干燥。

正如在该反应中看到的，在此例中有三步：第一步制备前驱体（油酸铁）；第二步在高温条件下，在含有配位体（油酸）的溶液中分解前驱体；第三步将产物与副产物分离。每一步都需要在通风橱中进行，但均不需要任何先进的实验室技术。”

在前面学习介孔材料的气体吸附行为时，已经看到了一种滞后曲线。在那个例子中，外加刺激因素是气体的压力，而测量的信号则是吸附的气体。此环路封闭的区域代表了完成该循环所需要的能量，或者换言之，气体的吸附和脱附之间的能量差。此类代表了体系对变化强度刺激响应的闭合环路图常用于科学地测量一种物质在某种循环中损失的能量，或者换言之，该体系的可逆性。当然，这个面积并不是从这样的图中得到的唯一信息。由滞后曲线的形状可以判断很多事情，取决于正在观察哪种现象。在气体吸附的例子中，滞后曲线的形状将会显示出孔的形状、尺寸分布以及孔壁的化学和力学性质。在磁滞现象的例子中，循环曲线的形状将会显示出这种材料是否为铁磁体、顺磁体或超顺磁体，是否有无序的表面，是否有

核 - 壳结构等。

此前提到过魏斯磁畴怎么会有纳米范围内的尺寸。回想一下在概念介绍部分提到过的内容，即如果将材料的尺寸减小到小于这样的尺寸，应该能够观察到与尺寸相关的行为。这恰恰是在这个例子中发生的情况。在图 6.2 中显示了减小尺寸如何影响铁磁性材料的磁性质。由于“摩擦”引起了魏斯磁畴边界（称为“墙壁”）的量减少，所以 M_r 和 H_c 减小。失去这种摩擦会使得材料的磁滞现象减弱（更强的可逆性）。

当纳米晶体的尺寸小于单个的魏斯磁畴的尺寸时，将不会有屏障存在。整个纳米晶体就会是一个单一的魏斯磁畴。在同一个纳米晶体中的所有的磁偶极子均是相互平行的，因而将不会有剩余磁场强度或矫顽磁场。

你可能会感到诧异，如果纳米晶体所有的磁偶极子已经很好地排列，其磁化强度的总和怎么可能为零。这里的要点是在那个尺寸的纳米晶体中需要改变偶极子取向的能量是很小的，因为没有磁畴的墙壁。这样的能量小于材料从环境吸收的热能。因此磁偶极子的取向将会不停地、快速地振荡，导致在零场条件下总和为零。一个纳米晶体的阵列或者其溶液将使得纳米晶体相互之间随机地排列，也同样导致总和为零。在外加磁场的情况下，磁偶极子仍将振荡，但是会优先指向外加磁场的方向，因而导致磁化强度是非零的。这种磁性称为超顺磁性，它在没有剩余磁化强度的情况下分享了顺磁性，但这发生在居里温度以下。另外，与铁原子相比，由于纳米晶体大得多的磁矩，M_s 远大于从顺磁性材料所能获得的饱和磁化强度。

这种现象一个非常酷的应用就是在铁磁流体中，铁磁流体是浓缩的超顺磁性颗粒的胶体悬浮液[11]。正如在图 6.3 中看到的，当这些黑色液体的小液滴置于磁场中时，会显示出奇异的形状。该图像显示了被磁场改变的液体表面。所看到的就是作用于颗粒上的磁力与液体毛细作用力之间的折中结果，即尽量减小液体 - 空气的界面。结果就是给出一种接近周期性结构的自组装形式，其周期和振幅依赖于外加磁场的强度（随着磁场强度的增加，周期减小、振幅增大）。

除能形成奇特的结构之外，一些这样的液体在磁场中还能够改变黏度。在磁场中，每一个纳米晶体上形成的偶极子将互相排列，生成纳米晶体的微纤维。这样的纤维能够强烈地限制液体的流动，在宏观尺度增大其黏度。其重要意义是这种变化可以很快。在铁磁流体的旋转真空密封中已经很好地利用了这种效应。

图 6.3　在施加外部磁场的条件下，铁磁流体的一个特写镜头

磁力和毛细作用力之间的平衡形成了液体表面的周期性变化

现在应当能明白磁性是如何被尺寸改变的。这种早就为人熟知的现象的复杂性和神秘性正在强烈地激起科学家们的好奇心，因为它们成为将要完成的很多发现的序曲。但是，还有更多的谜团等待解开。

6.4 形状

在概念介绍部分揭示表面效应的照片（图 1.3）显示了一种空心的纳米晶体。对这种结构的需求有多种原因。一方面，两个表面的性质可能是非常不同的，即使其构成材料是相同的。因为表面曲率影响到溶解度、熔化温度以及表面能。从化学角度讲，创造一种空心的纳米球是一个很大的挑战。然而实际上，通过以某种材料（如氧化铝薄膜或纳米线）为模板，制备管状物是相当容易的；而在纳米尺寸获得空心的胶囊真的是很大的挑战，因为缺少合适的模板。另一方面，从实用的角度看，材料中的小孔常常与储存、输运、封存、分离和催化等有关。

在 3.4 节已经看到，在数十纳米范围内的流电置换产生中空的结构是如何被发现的。这种技术可以应用于金属，即使金属有可能确实是很贵重的，如所知的金，还可以应用于氧化物和硫化物。

这里将看到借助一个原理，能够将起始的金属纳米晶体转化成由其氧化物或硫化物构成的中空的纳米晶体。这种现象与 Kirkendall 效应相关，该效应在固体化学中已有数十年的历史了[12]。将两种固体 A 和 B 放在一起，两者能够反应，在中间生成第三种物质 C，然后加热，就会观察到 A-C 和 C-B 界面以不同的速率移动。这就是 Kirkendall 效应。

现在使用氧化锌（ZnO，一种极其重要的宽能带隙的半导体）和氧化铝

（Al_2O_3，一种同样重要的宽能带隙的绝缘体），让它们在一起反应。在它们之间生成的物相就是铝酸锌 $ZnAl_2O_4$，一种具有尖晶石结构的三元氧化物。

将上述每一个界面的化学方程式配平：

（1）$4ZnO-3Zn^{2+}+2Al^{3+} \rightleftharpoons ZnAl_2O_4$

（2）$4Al_2O_3+3Zn^{2+}-2Al^{3+} \rightleftharpoons 3ZnAl_2O_4$

如果将这两个反应加起来，就得到总的反应：

$$4ZnO+4Al_2O_3 \rightleftharpoons 4ZnAl_2O_4$$

读者会注意到，4mol 的氧化锌与 4mol 的氧化铝反应生成的 4mol 铝酸锌并不是相等地分布在两个界面之间：1mol 生成在 ZnO 界面，3mol 生成在 Al_2O_3 界面。决定这种不均等分布的因素是 Zn 和 Al 阳离子的不同的氧化态。如果两种阳离子具有相同的氧化态，两个界面就可能以相同的速率移动。

在纳米结构的例子中，能够观察到 Kirkendall 效应，但在体相中观察不到[13]。其原因就是平均自由扩散路径的尺寸与纳米晶体的尺寸是可比的，因此改变了所有扩散限制的过程，如固态反应。

如果将金属纳米晶体暴露于氧气或者一种硫族元素，如硫或硒中（图 6.4），看看将会发生什么。假设热力学条件是两者之间的反应是自发的，阴离子将沉积在铁的表面。为了完成反应，一种元素必须扩散进入另一种元素中，以便生成金属氧化物晶格。金属比氧有更大的迁移率和更有利的扩散系数。因此，不是氧迁移进入金属晶格，而是金属向外移动去包围氧。

图 6.4 展示了纳米版的 Kirkendall 效应。初始的铁纳米晶体与氧气反应。氧和铁离子在扩散方面的差别导致在纳米晶体中形成空隙。铁向表面上氧的扩散速度比氧向内部铁核的扩散速度要快。在该图下部的一系列 TEM 照片中，显示了反应进度随时间的演变[12]。

如果考虑离子的相对尺寸，离子在晶格中的扩散主要取决于其电荷和尺寸，因为它们决定了离子在主体晶格中引起的扰动。带有较少电荷的较小的离子将比带有较多电荷的较大的离子移动得快。例如，Fe^{3+} 带有非常高的正电荷，而 O^{2-} 则带有相近量的负电荷，但后者却远远大于前者（约 280pm 对 110 ～ 120pm）。这导致 O^{2-} 比 Fe^{3+} 的扩散慢了许多，其结果就是铁优先向氧迁移。

如果 Fe^{3+} 向外移动，必然会留下空缺（图 6.4），很像离开半导体价带的电子一定会留下空穴。这样的空缺有很高的能量，因而倾向于结合在一起，以便减少其产生的不饱和键。这样的结合导致在纳米晶体的中心形成较大的空隙，即生成中空的纳米晶体。

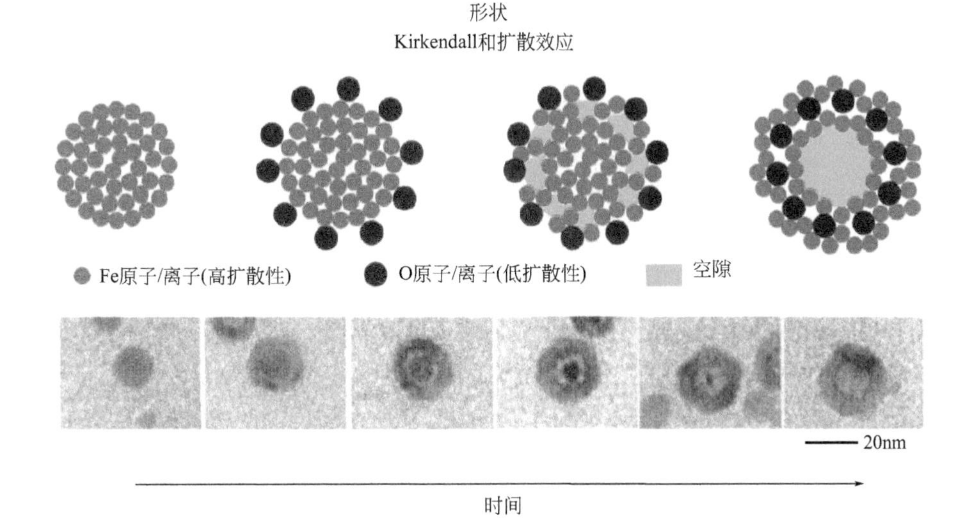

图 6.4 氧化铁 - 形状

如果更仔细地检查在反应的不同阶段拍摄的纳米晶体的 TEM 照片，将会看到自然为了使能量消耗最小化，做了一件很聪明的事情，即空隙最初合并在一起，形成将氧化铁壳层与未反应的内核分开的空心层。这两部分通过很细的原子“线”连接在一起，这些“线”起着离子扩散管道的作用。

这是自然做出的一个非常聪明的妥协。实际上，虽然就表面能而言代价更高一些（形成两个表面而不是一个，即通过使空隙合并在一起，形成纳米晶体的中心空穴），但是通过离子扩散量的最小化，节约了更多的能量。在稳定的中心空穴的模型中，在纳米晶体内的所有未反应的原子在此过程中都会被移走。

如此产生的胶囊不是单晶的，而是多晶的，但实际却证明这是件很好的事情。在中空颗粒壳层内的晶粒之间的边界为中空和外部区域之间提供了很好的扩散通道。于是内部的表面和空腔是可以化学接近的，因此可以进行功能化，从而用于催化、药物输送、编码标签或者化学传感器等。

如你所见，通过控制扩散长度、“微不足道的”化学反应的热力学和动力学，能够生成在几年前绝对不可想象的纳米结构。

6.5 自组装

在这一简短的小节中，将学习包括纳米晶体自组装成有序的超晶格的研究领域[2]。这里的原理类似于在猫眼石中见过的。从高度稳定的、高度单分散胶体的分散体系开始，将底物放入该分散液中，然后使其蒸发，胶体将自组装成超晶格，如图 6.5 所示。

图 6.5 显示了生成纳米晶体超晶格的自组装。该图的左侧显示了使自组装得以进行的两种主要的胶体稳定化机理。在该图的左上角显示了由于同号表面电荷引起的排斥力产生的库仑稳定化作用。在该图的左下角显示了由于立体效应，烷基链是如何在非极性溶剂中提供稳定化作用的。类似于 PDMS-生物纳米图中显示的内容（图 4.6），在本例子中，排斥力也是来源于逐渐减少的熵和溶剂向压缩区域的渗透流动。该图的中间一列显示了与用来组装人造猫眼石基本相同的诱导自组装的典型体系。底物浸入胶体分散液，然后蒸发。湿的胶体阵列优先蒸发导致增强了溶剂流动性，这种流动将胶体载向生长着的超晶格前沿。该图的右侧显示了可以生长的一元超晶格[14]（顶部）或二元超晶格[15]（底部）。顶部的微观图像为 SEM 照片，而底部的微观图像为 TEM 照片。

自组装发生在半月形区域，在该区域增强的液体流动迫使颗粒聚集在增长的界面处[16]。在纳米晶体碰撞到增长的界面之前，半月形区域的小体积迫使其预先排序；在半月形区域内纳米晶体之间的微小距离增强了其相互之间的排斥作用，因此试图保持相互分离，从而在最近的两者之间的距离最大化的结构中预先排序。

这种自组装与 SiO_2 胶体自组装之间显著的区别就是比较容易实现，使用纳米晶体能够产生二元晶格，如图 6.5 右下角所示的晶格[15]。这样的二元纳米晶体的晶格模仿了二元原子晶格的对称性，如 NaCl 结构或者 CaF_2 结构，且能够具有与其一元对应晶格完全不同的性质[17]。研究人员正在寻找由两种不同类型的纳米晶体形成的二元超晶格❶，磁性的和发光的，或磁性的和导电的。通过具有额外优点的二元超晶格的设计，所有这些性质都能够配制在一起，而且此类复合材料的性质将是极其均匀的。由于结构的有序性，以同样的设计，所以晶体的性质比玻璃的性质更均匀，尽管组成差不多是一样的。

对这些结构的兴趣与观察到的新的和尺寸和距离相关的性质或者发现协同行为的可能性有关，在这些观察结果中，两种性质的总和使原来两种单一的性质均得到了增强[17]。

---

❶ 二元超晶格：由两种不同的纳米晶体组成的有序晶格，可以显示出众所周知的二元原子晶格的相同对称性。

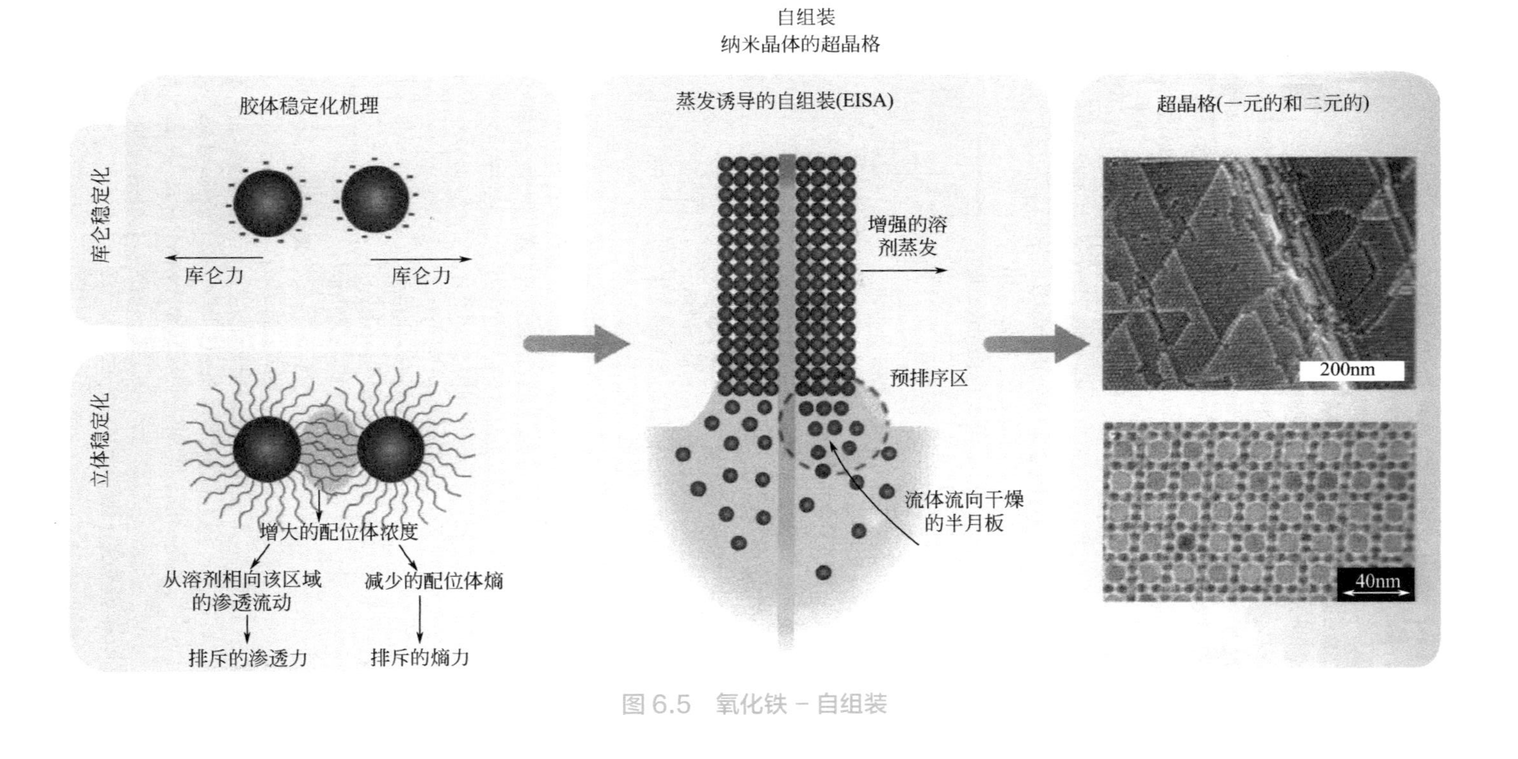

自组装
纳米晶体的超晶格
胶体稳定化机理
库仑稳定化
库仑力
库仑力
立体稳定化
增大的配位体浓度
从溶剂相向该区域的渗透流动
减少的配位体熵
排斥的渗透力
排斥的熵力
蒸发诱导的自组装(EISA)
增强的溶剂蒸发
预排序区
流体流向干燥的半月板
超晶格(一元的和二元的)
200nm
40nm

图 6.5 氧化铁 - 自组装

6.6 生物纳米

关于纳米材料的令人惊讶的事情之一就是在有关纳米的议论纷纷开始之前，它们已经被使用了很长时间了。这样的情况之一涉及氧化铁的生物纳米应用，尤其是其作为 MRI 造影剂的应用。

MRI 对软组织有非常好的分辨率和敏感性，因为其信号来自水分子。很强的磁场能让水分子中的氢原子核取向。原子核像电子一样，沿自身的轴自旋，使得其具有能在外加磁场中有序排列的原子核磁矩。该磁矩的强度相当小，这就是需要一个很强的磁场的缘故。

原子核一旦排列，就能发射无线电波，而这又使原子核的排列暂时崩溃。MRI 的对比度来自原子核弛豫时间的不同。如同任何激发态，崩溃的原子核在外加磁场中重新取向之前，具有一定的寿命。这样的寿命受到质子局部环境的深刻影响。MRI 造影剂增强了水分子中质子的弛豫速率，因此增强了 MRI 图像的对比度。

用于临床实践的标准的 MRI 造影剂是以钆的有机金属配合物（螯合物）为基础的。在这些分子中，具有多种功能的有机配位体与钆离子配位：

（1）它们能够保证配合物在血液中的溶解度；

（2）它们能够防止钆脱离，毒害有机体；

（3）它们能够优化在钆原子邻近的水分子的交换速率。

以上所列的功能（1）和（2）对于纳米晶体表面的配位体是一样的。选择钆的原因是由于其有七个未成对的 f 电子，具有很强的磁矩。它们以其自旋和轨道磁矩对原子的总磁矩产生贡献。这样的造影剂是顺磁性的，因此其取向与磁场的方向一致。

图 6.6 显示了用于 MRI 和磁热疗的磁性纳米晶体。使用氧化铁纳米晶体作为 MRI 造影剂的原理是可以在其周围产生很强的磁场梯度。这样的梯度强烈地影响质子核自旋的弛豫速率，因而在 MRI 图像中产生很强的信号。水分子交换速率（水分子进、出磁性纳米晶体影响的区域的速率）以及翻滚速率（纳米晶体在溶液中的旋转速率）也能强烈地影响弛豫速率。磁热疗效应类似于在金 - 生物纳米图中看到的光热疗效应（图 3.6），但是在本例子中，温度升高是由于振荡磁场引起的，这样的振荡在磁性纳米晶体中以热的形式释放出能量。这样的热与靶向技术相结合，能够用于选择性地摧毁肿瘤细胞。

正如从图 6.6 所见，造影剂的功效依赖于许多因素，但最重要的是在其周围产生的磁场梯度、其邻近水分子的交换速率以及翻滚速率[18]。

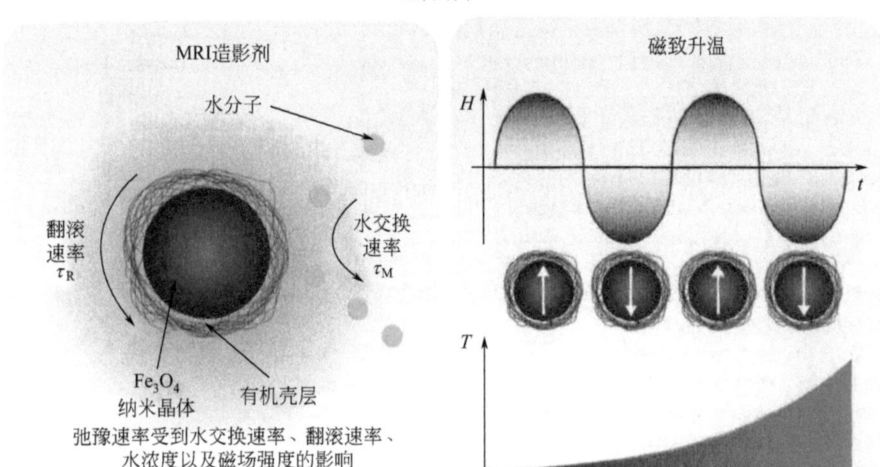

图 6.6　氧化铁 – 生物纳米

从 20 世纪 80 年代后期起，磁性氧化铁颗粒就一直用于加强肝脏和脾的对比度（这样的颗粒可以停留在那里）。这些颗粒在胶体化学方面的改进，使得现在允许在整个人体的成像中使用氧化铁纳米晶体。与钆的配合物相比，胶体氧化铁作为造影剂的优势是其所提供的性能（增强对比度）和其制备的简单性。在这个例子中，超顺磁性的颗粒具有很大的 M_s 值。与钆的配合物相比，由于这样的颗粒质量较大，所以其翻滚速率是很小的，这进一步增加了弛豫时间。

网状内皮组织系统（RES，代表了肝脏、脾和淋巴结中的吞噬细胞）也能接受这些纳米颗粒，主要是由于它们的尺寸和在活体条件下的不完美的胶体稳定性。这样的好处就是氧化铁很容易被有机体代谢，从而防止了长期的积累。

支持该领域研究的主要驱动力是分子成像，即有可能利用 MRI 潜在的非常高的分辨率（小至单个细胞）以及发展 MRI 定向造影剂的巨大的潜力。在可以预测的未来，了解蛋白质的功能是生物化学和医学前沿的最重大的挑战之一。有可能利用这样的技术达到的了解人体组织运行的水平将是前所未有的[19]。

用于这些应用的氧化铁纳米晶体的优点有许多：

（1）为了靶向数个分子，可能不需要苛求合成不同的、有可能由于毒性而不得不屏蔽的钆的螯合物。氧化铁纳米晶体有可能是一个稳定的模块化平台，通过配位体交换和生物共轭的方法，可以很容易地将不同的靶向模块固定在此平台上。

（2）假设将一种靶向载体连接到造影剂的某个部位上，以每个靶向载体的信号为单位的好处就是非常有利于氧化铁纳米晶体。从事钆的螯合物研究的科学家已经认识到了这个问题，并且正在研发能够连接数百个钆的螯合物的纳米结构。

（3）使用较少的靶向载体获得相同的信号，还有可能防止使一定的目标靶饱和，进而有可能改变整个体系的功能。例如，只想靶向在目标组织中表达的特定的蛋白质，但又不想将造影剂连接到每一种单一的蛋白质上，因为这样有可能改变目标组织的功能。在这种情况下，有可能不知道所看到的是否为靶向的蛋白质的功能或者其不存在的影响。

氧化铁纳米晶体在医学领域的另一个正在评估中的应用不是用于诊断，而是用于治疗（图 6.6）。该想法类似于金纳米晶体的表面等离激元共振显示的光热效应。在本例中，不会受到光的限制，而是改为使用磁场加热磁性纳米晶体。超顺磁性颗粒应该没有磁滞现象，但是确实有很小的磁滞现象。没有一件事情是完全可逆的，这就意味着磁化循环需要能量，以热的形式从磁场转移到纳米晶体周围的环境中。可以下述方式想象这样的现象。想象手中有一个装满沙子（魏斯磁畴）的小袋子（氧化铁纳米晶体），如果在两手之间转动它（来回地转动魏斯磁畴），就会发现由于沙粒之间的摩擦，一会儿袋子就发热了。同样地，魏斯磁畴的磁矩移动和转动产生的“摩擦”在颗粒中产生热。这当然会发生在大的磁性颗粒中，但也会发生在所谓的超顺磁性颗粒中，因为其确实有一个可测量的滞后[20]。

这就是将局部产生的热作为靶向细胞杀手的想法。这种方法的优点就是磁场不同于光，能够很容易地穿过整个身体，却不会被明显地吸收，且是无害的。这将使得这些颗粒比较容易地处理深层组织的肿瘤，但又不必重新校准依赖于肿瘤与皮肤接近程度的刺激物强度，因为穿过整个身体的磁场强度会是一致的。

如果考虑到这一点，这就是一个非常吸引人的应用。患者将会被注入铁锈，然后这种纳米铁锈将会走遍全身，寻找癌细胞。在此期间，它们可以用作 MRI 造影剂，有效地捕捉靶向肿瘤的图像。在此观测之后，通过外加振荡磁场使纳米铁锈颗粒发热，在该过程中炸毁或摧毁肿瘤细胞。在完成治疗之后，铁锈会溶解在有机体中，不会留下任何痕迹。

正如所看到的，纳米化学可能不是想象得那么微妙。它是人类解决问题的一种方式，直接的或使用蛮力的，而自然的方式可能是更优雅的。但是，它确实是有希望的，因为它是“简单的”，相对便宜的，而且它有可能拯救很多生命，并为处境艰难的医疗保健体系节省很多钱。

因此，非常希望未来有可能为我们预约另一个铁器时代，但这次不是用于伤害人类，而是通过新的纳米医学成像和治疗学来治愈人类的疾病。

6.7 思考题

（1）描述块状的赤铁矿（Fe_2O_3）和磁铁矿（Fe_3O_4）的结构和成键。它们分别显示出什么类型的磁性？将其物理尺寸减小到纳米尺寸，其磁性将如何变化？

（2）为什么油酸是氧化铁纳米晶体的理想配位体？

（3）如何合成有氧化铁涂层的金纳米晶体或有金涂层的氧化铁纳米晶体？这些互补的核 - 冠纳米晶体可能表现出什么性质？如何使它们在生物纳米化学中得到很好的应用？

（4）假设有分散的条形码状的 Au—Ni—Au—Ni—Au 纳米棒，如果将它们与分散的氧化铁纳米晶体混合，可能会发生什么？

（5）如何合成油酸配位的铁纳米晶体？它们如何与空气反应？

（6）能想出一种自组装氧化铁纳米晶体绳的方法吗？为什么这样做可能会是很有趣的？

（7）想出一种非常简单的、能够将金和铁的纳米晶体混合物分开的方法。

（8）如何利用纳米化学的原理和实践，开发一个基于氧化铁纳米晶体的高密度的存储数据系统？

（9）对比 M_3O_4 的结构 - 磁性质，其中 M=Mn，Fe，Co。

（10）固态反应 $ZnO+Fe_2O_3$ 的产物是什么？它为什么是一个有趣的磁性材料？当其减小到纳米尺寸时，其磁性质会发生什么变化？

（11）硫复铁矿是分子式为 Fe_3S_4 的硫化铁矿物。在具有趋磁性的细菌中，发现了生物矿化的纳米晶体串。能想象此类细菌是如何创造出这种纳米晶体串的吗？这些细菌知道哪个方向是北，这可能吗？

（12）设想使用纳米化学的方法精心安排氧化铁纳米晶体，制备一种色彩可调的猫眼石。

（13）如何制备由交替的氧化铁和 SiO_2 纳米颗粒层构成的薄膜，而且每层的厚度在几百纳米范围内？能想出此类纳米颗粒结构的一种用途吗？

（14）假设油酸配位的氧化铁纳米晶体的甲苯溶液，将 α, ω- 烷烃二羧酸 $HO_2C(CH_2)_nCO_2H$ 加入该溶液中，可能会发生什么？在该反应中生成的产物的磁性会随着 n 的改变而变化吗？为什么？

（15）如何由纳米级的氧化铁纳米晶体自组装直径为 100nm 的微米长度的纳米棒？可能会用它们做什么？该方法有可能扩展到用来制备由氧化铁和 CdSe 纳米晶体两部分构成的条形码状的纳米晶体的纳米棒吗？

（16）设想一种可以选择性地将氧化铁纳米晶体连接到任何种类的纳米棒一端的方法。

（17）能设想出一种由氧化铁纳米晶体自组装微米级环形阵列的方法吗？这样的结构可能会有任何实用的特殊性质吗？

（18）如何合成微米尺寸的氧化铁纳米晶体的棋盘？如果在氢气流中加热纳米晶体，可能会发生什么？

（19）解释为什么制备一个由 PDMS 和氧化铁纳米晶体组成的复合反式猫眼石可能是非常有趣的。

（20）如何制备一个由交替的磁铁矿和赤铁矿纳米晶体层组成的薄膜？这样的结构会具有一些有趣的性质和可能的应用吗？

参考文献

[1] DeVrics, G. A., Brunnbauer, M., Hu, Y., Jackson, A. M., Long, B., Neltner, B. T., Uzun, O., Wunsch, B. H., Stellacci, F. (2007) *Science*, 315(5810), 358-61.

[2] Bentzon, M. D., Vanwonterghem, J., Morup, S., Tholen, A. (1989) *Philos. Mag. B*, 60(2), 169-78.

[3] Jackson, A. M., Myerson, J. W., Stellacci, F. (2004) *Nature Mater.*, 3(5), 330-36.

[4] Verma, A., Uzun, O., Hu, Y., Hu, Y., Han, H. S., Watson, N., Chen, S., Irvine, D. J., Stellacci, F. (2008) *Nature Mater.*, 7(7), 588-95.

[5] Guo, W., Li, J. J., Wang, Y. A., Peng, X. (2003) *J. Am. Chem. Soc.*, 125(13), 3901-09.

[6] Shevchenko, E. V., Talapin, D. V., Kotov, N. A., O'Brien, S., Murray, C. B. (2006) *Nature*, 439(7072), 55-59.

[7] Ashcroft, N. W. and Mermin, N. D. (1976) *Solid State Physics*, Brooks Cole.

[8] Eerenstein, W., Mathur, N. D., Scott, J. F. (2006) *Nature*, 442, 759-65.

[9] Spaldin, N. A., Fiebig, M. (2005) *Science*, 309(5733), 391-92.

[10] Liong, M., Lu, J., Kovochich, M., Xia, T., Ruehm, S. G., Nel, A. E., Tamanoi, F., Zink, J. I. (2008) *ACS Nano*, 2(5), 889-96.

[11] Raj, K., Moskowitz, R. (1990) *J. Magn. Magn. Mater.*, 85(1-3), 233-45.

[12] Smigelskas, A. D., Kirkendall, E. O. (1947) *Trans. Am. Inst. Min. Metall. Engrs.*, 171, 130-42.

[13] Yin, Y. D., Rioux, R. M., Erdonmez, C. K., Hughes, S., Somorjai, G. A., Alivisatos, A. P. (2004) *Science*, 304(5671), 711-14.

[14] Norris, D. J., Arlinghaus, E. G., Meng, L. L., Heiny, R., Scriven, L. E. (2004) *Adv. Mater.*, 16(16), 1393-99.

[15] Redl, F. X., Cho, K. S., Murray, C. B., O'Brien, S. (2003) *Nature*, 423(6943), 968-71.

[16] Urban, J. J., Talapin, D. V., Shevchenko, E. V., Kagan, C. R., Murray, C. B. (2007) *Nature Mater.*, 6(2), 115-21.

[17] Cademartiri, L., Montanari, E., Calestani, G., Migliori, A., Guagliardi, A., Ozin, G. A. (2006) *J. Am. Chem. Soc.*, 128(31), 10337-46.

[18] Caravan, P., Ellison, J. J., McMurry, T. J., Lauffer, R. B. (1999) *Chem. Rev.*, 99(9), 2293-52.

[19] Weissleder, R., Mahmood, U. (2001) *Radiology*, 219(2), 316-33.

[20] Hergt, R., Andra, W., d'Ambly, C. G., Hilger, I., Kaiser, W. A., Richter, U., Schmidt, H. G. (1998) *IEEE Trans. Magn.*, 34(5), 3745-54.

7 碳

7.1 引言

在化学教材中介绍碳，就有点像向音乐家们介绍莫扎特。人类，作为地球上生命体的一部分，是由碳元素构成的。但是，尽管碳是人体的基础材料，可是我们处理碳的技巧，与自然相比还是相差甚远。我们还不能使用编码功能成功地模仿这些结构，而自然却藉此创造出了 C—C 键。

许多人想知道生命究竟是什么以及为什么自然会选择碳元素来构建生命。许多人，特别是现在搜索天外生命的人，非常想知道以不同元素为基础的生命是否能够达到同等水平的复杂程度或者是否存在。这个问题仍然是如何定义生命以及生命从何时和何地开始，其根源是生命可能不是完全可以测量的，因此可能不是可以科学医治的。

碳，既无处不在，又难以归类，一直在挑战人为的化学和科学的分类，因为碳化合物同时是无机化学、有机化学、聚合物化学、生物化学、纳米化学、物理化学、地球化学、土壤化学和天文化学的研究核心。每位科研人员似乎都想得到一份碳饼，但却有点忘记了碳元素本身似乎教导我们：科学是没有分界线的，既没有边界线，也没有确定的区域，而且所有的定义注定要重新定义。

这样的分界线常常是由科学家们划分的，以便可以充分地界定他们的研究工作范围。这样就可以忽视“不属于”的研究工作部分。可是对于我们将要前行的方向，人类应当采取对自然更通融的态度，所以应当有这样的一门科学，即其应当是包罗万象的，不会有科学的且可以测量的事物被遗漏。

因此，科学家和学术界如今面临的问题就是如何成为以及如何培养能够按照下列标准思考的科学家：愿意培养其头脑所允许的最开阔的视野。不用说，学术界在改变其行为方式方面是缓慢的，而科学家则几乎没有什么可选择的，只有自己帮助自己。

这就是为什么我们如此坚决地将碳包括在纳米材料的清单中，因为它真正代表了本书对于读者的意义：一个起点，一个对于化学甚至也可能是对科学的看法更广阔视野的结晶的核心。通过纳米化学概念，跟随碳的路径，会看到自然本身是如何取消边界的，因为边界不可避免地阻碍进化和减少奇迹出现的概率。而加速进化和发现奇迹正是科学家一直在寻求的。

7.2 表面

碳是化学中“伟大的幽灵”，而且在这里会看到独特的碳表面，即著名的碳纳米管（CNTs）表面[1-5]。这些一维材料可以看作是卷起来的石墨片（石墨烯片），正如可以在图 7.1 中看到的。它们可以分别沿着石墨烯片的几个方向卷起来［这决定了其电学性质（半导体或金属）以及其手性］，可以有不同的尺寸，且可以是单壁碳纳米管（SWCNTs）或多壁碳纳米管（MWCNTs）。

图 7.1 描述了最常见的 CNTs 功能化的途径。CNTs 可以在高温下与氟原子发生反应，引起氟化反应。氟可以被大多数路易斯碱所取代，如在示例中展示的胺。CNTs 还可以在引入热或光的条件下，与氮宾反应，在其表面诱导形成 C_2N 三元环。溴基丙二酸也可以参与所谓的 Bingel 反应，进一步与醇反应，允许在 CNTs 表面引入一个任意的 R 基团。通过将 CNTs 置于氧化性酸的混合物中，得到了另一种 CNTs 功能化的方法。该混合物可以切断 CNTs，留下可以参与后续反应的羧酸基团。非共价相互作用也可以被用来功能化 CNTs，如使用一个包含芘的衍生物分子。芘与 CNTs 的 sp^2 碳的离域电子云形成一个强的 π 相互作用。以类似的方式，烷基链通过范德华力与 CNTs 的电子云相互作用。表面活性剂可以用这样的方式连接至 CNTs，从而可以将其彼此之间分开或使其溶解在水性环境中。

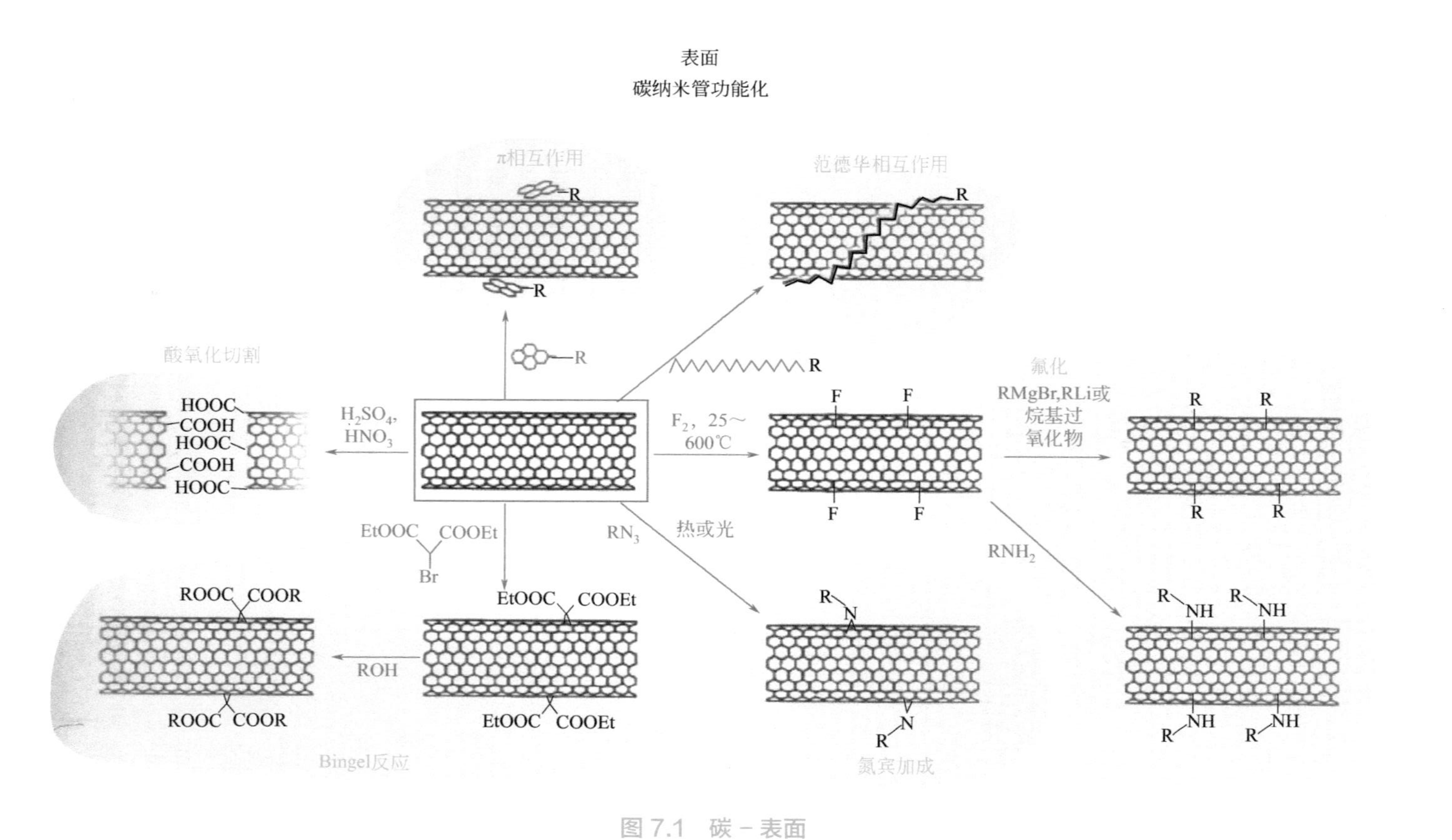
表面
碳纳米管功能化
π相互作用
范德华相互作用
酸氧化切割
H2SO4,
HNO3
F2，25～
600℃
氟化
RMgBr,RLi或
烷基过
氧化物
EtOOC
COOEt
Br
RN3
热或光
RNH2
ROH
Bingel反应
氮宾加成
HOOC
COOH
ROOC
COOR
F
R
N
NH

图 7.1 碳－表面

石墨本身是一种非常稳定的材料，正如实际所显示的那样。即使石墨烯的单层石墨片在室温下也是稳定的[6]。由于它们的原子尺度的厚度和柔韧性，所以毫不奇怪，它们能够沿着一个方向卷起来形成 CNTs。然而需要注意的是，它们如何在合成中实际形成的细节，仍然是纳米科学界持续争论的主题。碳纳米管化学由于一系列的事实而变得复杂化，首先且最重要的是它们在任何溶剂中都有非常小的溶解度。这就驱动了开发以改善其溶解度为目的的表面功能化的途径。

表面功能化的一个问题是它总是改变材料的电子性能，使特性的描述复杂化。但这个“问题”却成为传感器发展的一个真正的机遇。如果能够通过在 CNTs 表面吸附分子而改变其导电性，那么它们就可能成为某类传感器很好的基材。哈佛大学 Charles Lieber 研究小组等已经开拓了此类研究的途径[7]。

碳纳米管功能化的另一个问题是构成纳米管的 sp^2 杂化成键的石墨烯片不太活泼。有点幸运的是，纳米管的曲率使得化学键中产生了张力（sp^2 杂化成键的碳的理想的几何结构是完美的平面），从而增强了它们的反应活性[8]。

在本章中看到的反应主要适用于富勒烯，但在某些情况下也可能会适用于石墨烯片。

一种常见的聚烯烃功能化途径就是卤化，而 CNTs 则可以看作是一种类似物。氯、溴、氟或碘均可以与聚烯烃的双键发生反应。通常氟是用于 CNTs 的候选物。氟化的程度可以通过反应温度加以控制，从室温至 600℃，如图 7.1 所示。这种直接氟化反应在安全规程方面的要求是非常苛刻的，因为卤族气体是剧毒的且非常活泼的，是非常危险的。我们中有一个人曾经经历了一次氟事故，真的很恐怖。现在有一些实验室很好地配备了进行氟化学实验的设备，可以比较安全地进行这样的反应。

该方法的优点是，氟是一个很好的“离去基团”，就像有机化学家所说的那样，因为它可以很容易地被其他功能团取代，如使用标准的格氏试剂（RMgBr）、烷基锂试剂（RLi）或烷基过氧化物。采用这种方法，原则上可以将任何有机化合物 R 连接到 CNTs 的管壁。另一种方法，也许更简单些，就是让伯胺与氟化的 CNTs 反应，生成连接到 CNTs 的仲胺。该氟化途径非常有效，且通常是在气相条件下进行的，这也是由要求的温度所决定的。

另一种对 CNTs 管壁的加成可以通过 CNTs 与氮宾的反应进行，其化学分子式为 $R—OOC—N_3$，其中 R 实际上可以为任何官能团。驱动力是将 N_2 作为气体消除，从而推动反应至完全。通过照射或加热（约 160℃），可以施加额外的刺激。该反应的优点是，它比氟化反应更安全，虽然还需要依据动力学和热力学考虑气体产物的变化。在研究包括气体的反应过程或者使用一种明显能分解成气态分子混合物的分子时，有三个因素必须要考虑：需要使用的原料总量（其决定了可能产生的气体的物质的量）；气体变化的动力学（爆炸通常是基于迅速释放出大量气体的反应）；气体变化的热力学（如果反应是强烈放热的，会释放出很多热量，最终就有可能会熔化反应容器）。

另外一个著名的反应是“Bingel 反应”，最初是在富勒烯上发现的，然后又应用于 CNTs。它涉及化学分子式为 $BrCH(COOEt)_2$ 的溴丙二酸（图 7.1 左下部）与 CNTs 管壁的反应。反应引发了亲核的环丙烷化，导致与 CNTs 生成了两个共价键。通过置于 ROH 中，产物中的酯基团可以被任意的 R 基团取代。例如，选取 R 基团为—$CH_2CH_2SCH_3$。考虑硫对金的亲和性，上述 CNTs 就可以使用金纳米晶体标记，因为金纳米晶体可以选择性地连接到功能化的 CNTs 上。因为多根纳米管可以连接到相同的金纳米晶体上，所以该方法可以用于形成交联的纳米管网络，而交联剂就是金纳米晶体。

功能化 CNTs 管壁的缺点就是其所带来的电子和力学性质的变化。因此大量研究都是在管口的功能化。通常 CNTs 顶端都是由一个半球形封口的，基本上是半个富勒烯。后来发现，通过将纳米管置于强氧化性酸中，可以将其顶端打开，而且开口的末端以通过氧化产生的羧酸基团为主。这种方法也可以功能化 CNTs 管壁，使得像五边形和七边形的缺陷存在于六边形的石墨结构的管壁中。

切割的程度以及管壁的功能化依赖于反应的温度、酸的组成（硝酸氧化性比硫酸强）以及 CNTs 的曲率。CNTs 的曲率使得 sp^2 杂化键中产生了张力。曲率越大，张力越大，反应活性越高，因而对氧化的敏感性越高。

当考虑 CNTs 的自组装时，能够对其进行切割并能对其末端实现功能化的重要性就非常明显了。许多科学家的梦想就是在复杂的纳米电子电路中，在电极间引入 CNTs，或以设计好的方式自发地将它们连接在一起，产生预期的功能。通过功能化纳米管的端口，还可以提高其在极性溶剂中的溶解度（羧酸也可以用一个长的烷基链功能化，以便提高其在非极性溶剂中的溶解度），并且开启了一扇有可能在设计好的图案中实现纳米管端对端偶联的大门。

使用末端功能化的 CNT 作为原子力显微镜（AFM）尖端的想法，使得灵巧的、原子规模的、称为“化学力显微镜”的成像技术变为可能。正如名称所意味的，可以对表面官能团与显微镜尖端官能团之间的成键相互作用进行定量，如羧酸之间的氢键、酸碱之间与 pH 相关的反应以及甲基之间的范德华力。

虽然纳米管的化学功能化是非常美好的，但其确实是有缺点的，最主要的就是管壁上的任何共价成键都会干扰或去除 π 轨道的离域。这意味着纳米管的整体电子性质可能会受到严重的损害。

在 1997 年发现，通过使用表面活性剂，可以将 CNTs 转移到水相中，于是表面活性剂与 CNTs 之间的相互作用就成为许多研究人员的目标。这些功能化的 CNTs 的 TEM 分析表明，表面活性剂分子在 CNTs 的表面以依赖于管的半径的方式进行自组装。在某些情况下，它们会以半胶束环包裹纳米管；而在其他情况下，它们可能会呈现出一个螺旋构象。表面活性剂分子的烷烃端和 CNTs 管壁之间的相互作用可以确定为范德华力，如图 7.1 右上部所示。至于芳香分子，如芘的衍生物，其相互作用为 π 相互作用，即两个芳香系统通过 π 轨道相互作用（图 7.1 左上部）。这些弱的成键相互作用对 CNTs 的电子性质只有极小的扰动效应。

正如对这个最流行的功能化 CNTs 策略的简单研究所看到的，选择是多样化的。但仍有一些问题，因为相同的功能化策略对不同直径的纳米管有可能会产生不同的结果，如果不使用复杂的分离方法的话，如超速离心分离和尺寸排阻色谱[9-11]，现行的纳米管的制备方法还不能得到纯粹单分散的纳米管。

另一个问题是，与使用无机硫化物或氧化物纳米线所获得的功能化相比，CNTs 的功能化通常是稀疏的。这导致现在很难获得分散非常好的 CNTs。分散通常是不完美的，因为每一个胶体不是由单一的纳米管构成的，而是由很细的一束纳米管构成的。其原因就是表面功能化的程度还不是足够大，因此管 - 管之间的相互作用还会与管 - 溶剂之间的相互作用发生强烈的竞争。

其他问题包括存在着由用于制备 CNTs 的催化剂产生的杂质（通常是金属纳米晶体）。除去这样的杂质已经证明是一个艰巨的任务。由于这个原因以及另外一个原因，所以正在开发新奇的催化剂，即能够控制 CNTs 的手性和尺寸，以便对每一个反应均可以给出可重复的且完全确定的产物。

虽然 CNTs 仍然是所在行星（地球）上非常有趣且研究非常多的材料，但这些问题的严重性正在开始以其闪亮的装甲上的裂纹的形式显现出来。只有时间能够告知是否可以“容忍”这样的缺陷，或者说，是否由于其自身独特的性质而得到应用，就像许多其他的材料体系所发生的情况那样。

7.3 尺寸

考虑碳的时候，习惯于想到分子，而且这些分子通常已经是纳米级了。例如蛋白质的折叠方式（一个令人费解的过程）可能是一个与尺寸相关的现象。聚合物的黏弹性行为（想一下橡皮泥）就是一个与尺寸相关的现象。聚合物链的蠕动动力学也是一个与尺寸相关的现象。共轭聚合物和分子显示出发冷光及限域效应，这些是下一代塑料显示器的基础。

在这里展示的尺寸效应与碳的一种特定的同素异形体——金刚石有很大关系，其发展趋势很好，因为其纳米级合成正在探索中。

许多人认为金刚石是已知材料中最令人惊奇的材料之一。它是最坚硬的天然材料，具有最高的热导率、极低的电导率以及从红外到紫外区域的奇妙的光学透明度。它与硅是同构的，但却完全由 sp^3 杂化成键的碳原子构成。

寻求一种比金刚石更硬的物质是材料科学的一个经典故事。其原因很简单：自然拥有一种化学家无法战胜的材料。可以猜想，试图改善或超越自然的结果是化学家的天性。实际上，技术兴趣是很难作为争辩理由的，因为金刚石已广泛用于研磨料以及切削工具的表面涂层。能够替代金刚石的唯一方法就是合成某种坚硬得多和 / 或便宜得多且可以投产的物质。

看到如何实现生产一个比金刚石还硬的材料的目标是很有趣的。你可能会想到异乎寻常的氮化物或硼化物，甚至氧化物。这可能离真相不远了：立方氮化硼和二硼化铼是非常接近的竞争者。但真正具有讽刺意味的是，只有金刚石才能比金刚石做得更好[12]。

现在来解释一下。在极其高的压力（20GPa）和温度（2200℃）条件下，由富勒烯制备金刚石，有可能获得聚集的多晶金刚石纳米棒。对力学性能的影响显示在图 7.2 中。正如在概念介绍部分提到的，接近一个纳米级弯曲表面的键更短一些，主要是因为表面能量诱导的压缩。晶格常数在纳米棒表面的这种下降一般会导致材料更密集。在这种特殊的复合材料中，X 射线衍射分析证明该材料比金刚石密集 0.3%。将这些聚集的金刚石纳米棒（ADNRs）置于 27GPa 压力时，发现其可压缩性小于金刚石（图 7.2）。

图 7.2 显示了尺寸对金刚石力学性能的影响。金刚石尺寸减小，导致表面晶格常数减小，因为存在表面能诱导的压力。晶格常数的这种减小导致材料整体密度的增加，进而影响到材料的可压缩性。

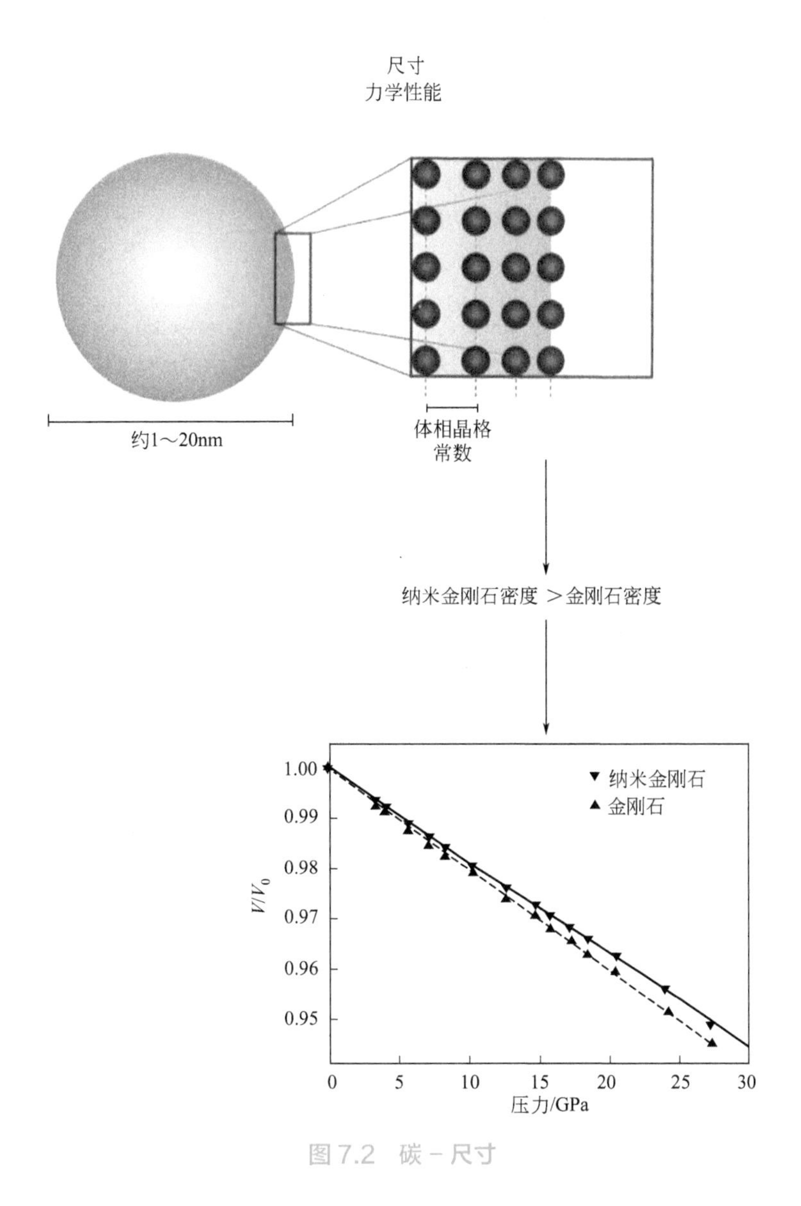

图 7.2 碳 - 尺寸

从概念的角度来看，认为这个成就无足轻重也是错误的。实际证明一个更致密的材料不一定意味着是一个更坚硬的材料。一个材料的强度与其内部界面（晶粒边界、位错等）的浓度有关。晶粒边界通常是材料内部断裂形成的根源，而位错则常常是塑性形变的起源。

这意味着存在于 ADNRs 内部的界面允许出现表面能诱导的压缩，而没有诱导形成晶粒边界或其他严重缺陷的情况。不久前一种利用超快冲击波的方法被用来阻止纳米晶体复合材料出现晶粒边界诱导的性能下降，因为这种下降会降低力学性能。该实验产生了超硬金属，因为充分利用了纳米颗粒增强的力学性能。

尽管这个例子是相当极端的，但通过减小金属的多晶结构至纳米尺度来增强其强度对许多公司都是一个有着巨大兴趣的领域[13]。许多科学家都认为，在结构材料中使用纳米结构将是最大的纳米技术市场之一。

虽然力学性能通常被视为材料科学家的专有领域，但是化学家已经反复地证明他们可以在该领域做出怎样的实质性贡献，即开发全新类型的、具有全新的和意想不到的力学性能的材料。

7.4 形状

在过去的 20 年中，碳的成型一直是三个最重要的化学发现的核心。碳的新的同素异形体总是使科学家和非科学家着迷，因为能够感觉到了它们与使生命成为可能的碳元素的明显的联系。

第一个特别令人激动的发现是富勒烯[14]。最初是在探测红巨星的碳化学时发现的。星际云中含有诸如 HC_5N、HC_7N、HC_9N 的长碳链，Rice 大学的科学家当时正在尝试通过激光蒸发碳元素来再现它们的形成。这样的技术可以产生碳的等离子体，然后使用质谱对其采样分析。Smalley、Heath、O'Brien、Curl 和 Kroto 发现，对应于 60 个碳原子的信号峰显著地强于其他峰。由此发现了 C_{60}，Smalley、Curl 和 Kroto 因此获得了 1990 年诺贝尔化学奖。

现在提到富勒烯时，描述的是封闭笼状的、稳定的、碳原子簇的一个更大的家族，C_{60} 则是其中最稳定的成员（图 7.3），其他成员包括 C_{76}、C_{84} 等。富勒烯的化学性质类似于 CNTs 的化学性质，在前面的章节已经介绍过。然而，富勒烯有限的结构使得其更容易被理解和制作成模型。在富勒烯中，电子数并不决定芳香性，因为碳的 π 电子在分子内并非完全离域的。C_{60} 通常由于其“储存”大量电子的能力（达到 7 个电子）而得到应用。通过氧化 - 还原过程（氧化还原作用）可以轻易地得到它们，且通过电化学方法可以观察到它们。因此会看到富勒烯作为氧化还原反应中的催化剂、塑料太阳能电池和发光二极管或塑料超导体的组分而得到研究。现在可以从某些专业化学品公司以适中的价格购买到富勒烯。

第二个发现是 CNTs，但是与普遍认为的相反，不是在发现 C_{60} 之后，而是之前，即在 1952 年（图 7.3）。当时 Radushkevich 与 Lukyanovich 在苏联的《物理化学》（*Lournal of Physical Chemistry*）杂志上报道了直径 50nm

的 CNTs[1]。在世界范围内接受 CNTs 则晚了许多，是 Sumio Iijima 于 1991 年在《自然》(*Nature*）杂志上报道之后[3]。CNTs 最初是在金属催化剂（如铁、钴）存在下通过电弧放电方法制备的。该方法非常类似于大规模生产富勒烯的方法。更新式的方法是使用乙炔的等离子体或甲烷的等离子体以及一个合适的底物，在底物的表面沉积有催化剂颗粒。该方法可以在许多种表面上生成直立且茂密的 CNTs“垫子”。

第三个发现就是最近在 sp^2 杂化碳的纳米结构的“植物园”中新增加的物种——石墨烯（图 7.3），是在铅笔的痕迹中发现的[6]。没错，最先进的纳米电子材料之一就在铅笔中。虽然科学家相信石墨（在铅笔的铅芯中发现的）是为人熟知的 sp^2 杂化碳的同素异形体，可以被剥落成片状物的堆积体，却很少有人相信单独的片状物在室温、空气中是稳定的。此发现来自 Manchester 大学的 Andre Geim 研究小组。

石墨烯的优势在于其是平面的，因而在很大程度上与大多数的构图和平版印刷技术是兼容的。这些技术可以用于平面硅晶片的设计。

图 7.3 显示处于同一平面的 sp^2 杂化碳原子的不同排列方式能够产生具有不同维度和性质的碳纳米结构。它可以沿着两个方向卷起来形成一个称为富勒烯的球形笼，或者只沿着一个方向卷起来形成一根管，即著名的 CNTs。或者它可以原状使用，即作为平面的石墨烯片使用，有希望使微电子行业发生革命性的变化。

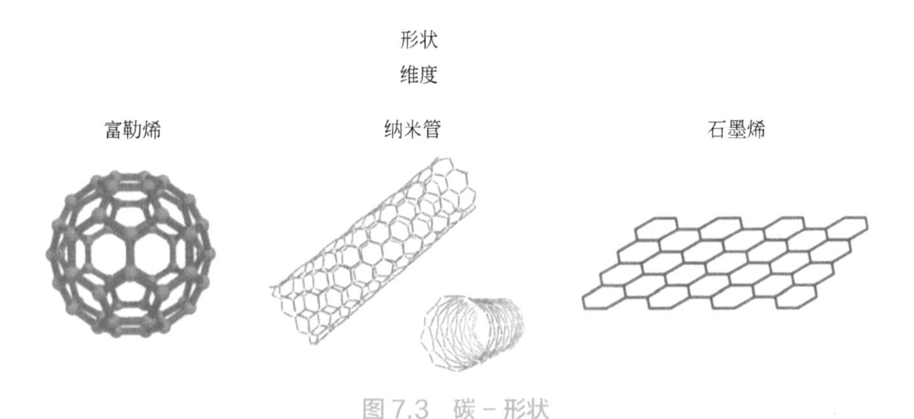

图 7.3　碳 - 形状

现在可以用多种多样的方式生产石墨烯。一种是用石墨生产，另一种是用碳化硅单晶生产。当碳化硅单晶置于一个适当的温度，就会释放出最外层的硅原子，在原表面下生成石墨烯片[15]。它也可以通过有机合成[16] 或水溶液中的胶体来生产[17]。还有一种方法是采用增大了层间距的石墨氧化物作为中间体。石墨首先被氧化，生成石墨的氧化物，仍具有层状结构，但却有一个增大的层间距，因而有一个减弱的层间成键；通过超声将固体剥落成片状并分散在水中，再通过肼（一种强还原剂）除去含氧基团，如环氧化合物、醇和羧酸；石墨氧化物片因此变为石墨烯片，但是可溶于氨水中，可以进行自旋涂布或浸涂石墨烯薄膜、喷墨或微接触印刷石墨烯图案。

对一名化学家来说，这可能是石墨烯和 CNTs 之间最主要的区别之一。在溶液中处理大量石墨烯的可能性将允许纳米化学家设计石墨烯在自组装以及纳米复合材料中的应用。

7.5 自组装

分子和原材料的自组装均来自相反作用力之间的平衡。通过使用聚合物，可以在纳米尺度对这样的力进行设计。

聚合物，一种重要的碳的贮存物，是具有纳米级面积、通过单体在一起反应而得到的大分子。这导致可以构建能够基本定义为由重复单体的单元组成的结构。化学家非常喜爱它们，因为通过考虑单体的性质，可以预测它们的大部分特性。例如，通过碳骨架内键的刚性或通过控制它们的电荷，可以控制它们的纳米级构象。在骨架中的双键或三重键会增加刚性，从而迫使聚合物采取一个更直的构象。在溶液中高度带电的聚合物（聚电解质或离子聚合物）倾向于具有延伸的链状构象，因为沿着骨架的电荷试图通过互相排斥使能量最小化。

聚合物的生长方式能够以显著的精确性得到控制。在链长度方面可以实现非常小的多分散性。离子聚合反应或活性自由基聚合反应允许获得由两个或两个以上的模块组成的骨架构成的聚合物（因此命名为“嵌段共聚物”），如图 7.4 所示。最常见的嵌段共聚物具有双嵌段 AB 结构或三嵌段 ABA 结构，而且它们已经作为表面活性剂出售[18]。

图 7.4 显示了嵌段共聚物的自组装。嵌段共聚物是从两种或多种单体获得的聚合物，但嵌段共聚物不是由每种单体沿着骨架的统计混合物形成的，而是由每种单体构成的多个嵌段组成的。在该图的最上方显示的双嵌段共聚物是由“a”和“b”两种链段组成的，这两种链段分别从单体 A 和 B 获得。这意味着两种链段具有不同的性质和不同的溶解度。例如，链段“a”可能倾向于与链段“b”相邻而处，而不是混合在一起。类似的想法也适用于三嵌段共聚物，图示在双嵌段共聚物例子的下面。这种行为导致嵌段共

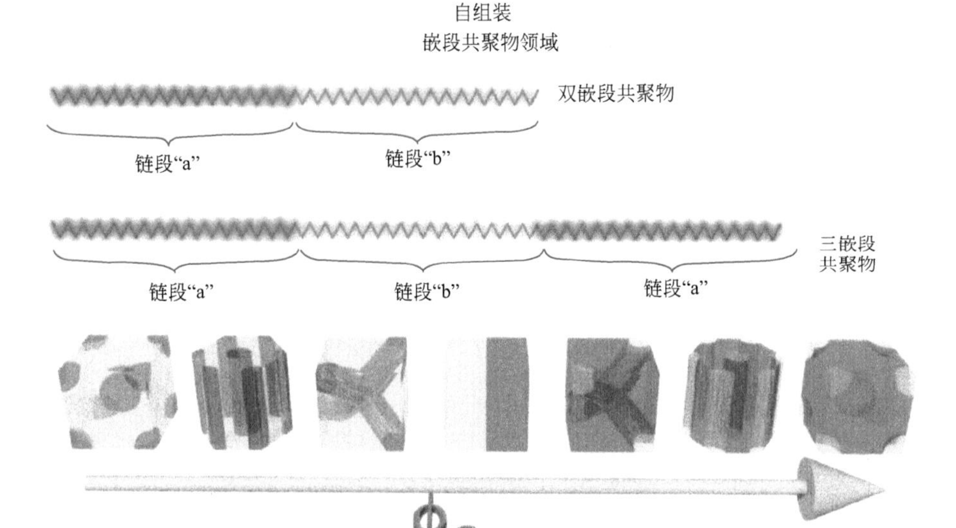

图 7.4　碳 - 自组装

聚物在去除溶剂时，形成复杂的纳米级周期结构。这样的结构是试图维持链段的最有效分离的结果，且与链段的相对体积分数相关。“最有效的”在这里意味着“能量最有效的”，即意味着界面维持最小。在图 7.4 最底部的三维模型显示了嵌段共聚物的结构是如何依赖于链段“a”的体积分数 ϕ_a（从 0 到 1）的。

一般选择两种嵌段的性质是完全不同的。一种嵌段可以是强极性的，因此是亲水性的；而另一种嵌段则可以是非极性的，因而是疏水性的。当这样的聚合物置于水中时，亲水部分将尽可能接近水，而疏水部分则尽可能远离水。这种行为类似于表面活性剂，正如具有临界胶束浓度（CMC）的嵌段共聚物所表现的那样。当大于此浓度时，它们会自发地形成可裁剪形状的胶束。胶束的形成允许其可以补偿不同嵌段的不同行为。

蛋白质是一个极为复杂的嵌段共聚物的例子，其中的嵌段可以只是一种单体的长度。单个嵌段 / 单体的相对亲水性或疏水性决定了其在溶液中的构象，存在的电荷、刚性的链段以及沿着骨架的分子间的化学键也是影响因素。通常会发现最亲水的基团指向外部，即最大限度地与水接触；而疏水部分则倾向于藏在大分子的核心，即使其相互之间的有利的相互作用最大化。蛋白质的折叠是一个惊人的自组装的例子，其复杂性和效率仍然使人们感到迷惑。

采用嵌段共聚物能够做的就是使用其生成自组装的纳米级图案[18]。这样的图案形式（如图 7.4 底部所示）使两种嵌段间的界面能量最小化。如果一种嵌段进入另一种嵌段的溶解度系数很低，当大于一定浓度时，就可以观察到微观相分离，形成有序的区域。按照图 7.4 底部显示的图案的对称性或形状，可以对图案加以标记，并且它们应该被视为一个更大的晶格的单位晶胞。例如，在体积分数的极值，可以发现体心立方（bcc）相，其中的一种嵌段在另一种嵌段的内部形成球形的区域，而且这样的球形区域是以 bcc 晶格的形式排列的。随着少数嵌段体积分数的增加，球形区域扩大到以六边形对称排列的圆柱形区域，就像圆柱形表面活性剂胶束，该胶束为介孔材料的模板。少数嵌段的进一步增加将在第三个维度扩展这样的圆柱形区域，形成一个相互联系的区域网络，具有一种类似金刚石的对称性。这种结构称为双螺旋体，且获得它非常具有挑战性，因为其通常存在于条件和体积分数均很狭窄的范围内。当两种嵌段的体积分数几乎相同的时候，少数嵌段的圆柱形结构变成平面的，并生成每种嵌段交替的薄层。

这些区域通常是有序的，原因就是两种嵌段之间总的界面面积最小化。这些区域的尺寸是纳米级的，且与每种嵌段的尺寸相关。例如使链段“b”变长，就可以增加相应区域的尺寸（图 7.4）。

这些结构是热力学稳定的，因此嵌段共聚物会朝着能量最低的方向移动。然而，聚合物是熵很高的体系，因此有很强的动力学障碍。简单地说，聚合物是缓慢地生成的。它们不能以气体分子的速度组装。现在举一个例子，假设将高尔夫球摆在一个托盘中，且足以形成一个单层。如果原来的排列是混乱的，仅需简单地晃动托盘，就会看到球排列成一个漂亮的六边形图案。但是，如果往托盘倾倒一些烹煮过的意大利细面条，则需要晃动很长的时间才能使它们以互相平行的方式排列。其原因就是，意大利细面条由于其一维形状和柔韧性，具有一个大得多的熵。这意味着聚合物比气体分子具有多得多的可能的构象，而一个体系只能以一定的速度改变构象，且该速度决定了其动力学行为。现在，如果构象的数量非常大，而能量最低的有序构象的数量是近似相同的，且体系采取可获得构象的速度是一样的，就可以理解为什么体系将花费很长的时间才能找到并进入能量最低的状态。

嵌段共聚物因此需要一系列“润滑”技术，以便使它们的自组装更快。例如，可以稍稍加热它们以促进扩散，加快其动力学行为，或者可以借助溶剂的蒸气使其膨胀，以便润滑其运动及加快其扩散。

如果将这些嵌段共聚物想象为结构导向试剂，就可以预见到使用它们作为模板。例如，Joachim Spatz、Hans-Gerd Boyen 和同事们已经证明了如何选择性地溶解金盐，使其进入嵌段共聚物的特定嵌段[19]，然后暴露于等离子体中除去所有的有机物，只在金盐溶解的区域留下金的痕迹。在铁盐的例子中，如果使用氧的等离子体，就可以获得氧化铁纳米晶体的图案。

嵌段共聚物美妙的特征就是其可以提供一个精致的自由度，从而可以在分子水平上调节嵌段之间的相互作用。这使得嵌段共聚物成为一个在纳米尺度研究自组装的坚实的平台。

有待解决的挑战，除了缓慢的动力学，就是如何简化嵌段共聚物的制备。这些仍然是合成聚合物化学研究小组几乎独占的赛马场。商业嵌段共聚物的可用性在选择上还是非常有限的，这严重地限制了该领域的发展。一些众所周知的嵌段共聚物体系主要是以聚（乙烯氧化物）（PEO）和聚（丙烯氧化物）（PPO）基团为基础的（称为 PEO-PPO-PEO 三嵌段共聚物）。

7.6 生物纳米

现在已经看到了嵌段共聚物在生成自组装纳米结构时的惊人的力量，再来看一个基于碳的自组装结构的用途。

可以看到两亲分子在溶剂混合物存在的条件下，如何形成胶束。这种能力被用来生成药物输送试剂，能够在人体内将疏水性药物安全地运送到目标。药物输送的一个挑战就是许多重要的药物都是疏水的，因此它们必须在一个疏水容器内才能在体内输送。胶束似乎提供了很好的可能性，因为它们能够保护疏水烷基链的球形空间不受含水的血液环境的干扰，如图 7.5 所示。封装发生在胶束形成的过程中，且发生得相当有效，因为这些药物只能存在于非极性溶剂中，并因此被赶进胶束。

图 7.5 显示了使用油脂生成药物输送工具的过程。在该图的最上面一行显示了一个表面活性剂（由一个疏水性的尾巴和一个亲水性的顶端生成的分子）如何自组装形成胶束，其可以用来在水中分散疏水性的药物。该药物会存在于胶束的疏水和非极性的核心中，胶束通过非极性溶剂和烷基链之间的范德华力而得以稳定。在油脂的情况下（油脂是一类具有两个疏水链而不是一个的表面活性剂），首选的结构是脂质体，也可称为双胶束。双胶束通过油脂双层得以稳定，后者可以诱捕非极性溶剂或疏水的分子。在脂质体的中心是一个“水库”，很像组成人体的细胞，通过一个膜与外围的世界分隔开，这个膜就是脂质体。脂质体可以用来将亲水性的药物封装在其内腔中。已经

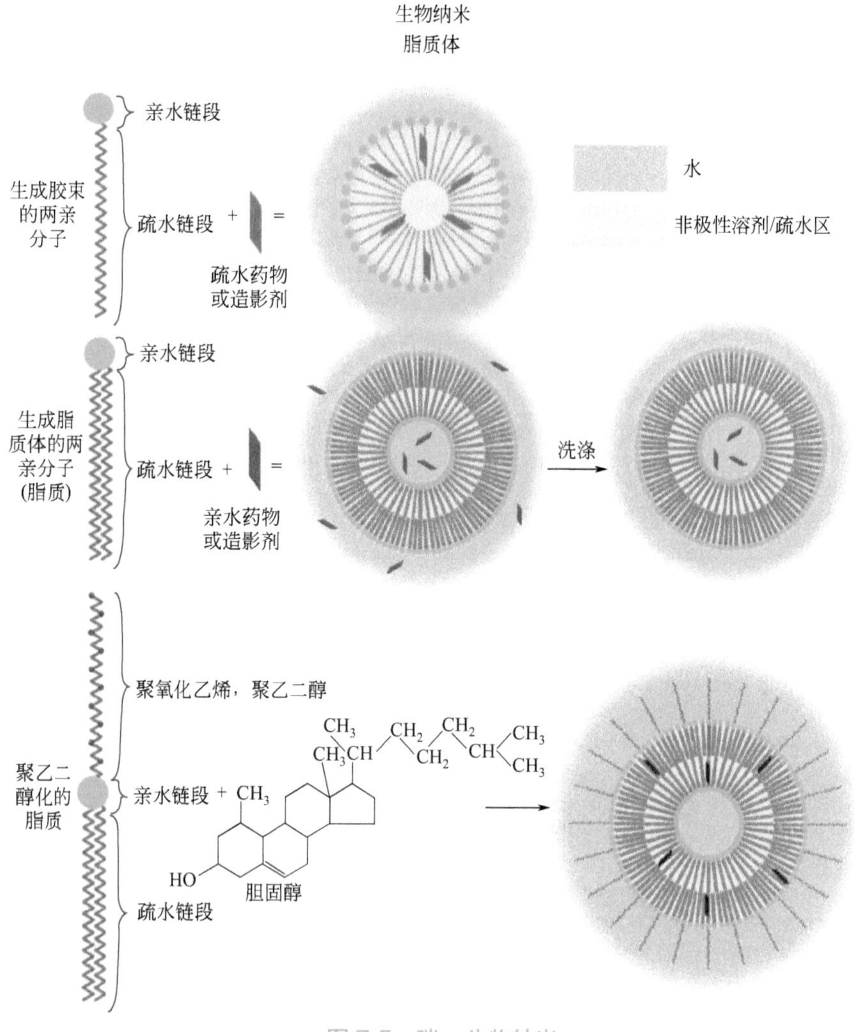

图 7.5 碳 – 生物纳米

被聚乙二醇化的更复杂的油脂显示在该图的最下面一行中。在这种情况下，PEG［聚（乙烯氧化物），PEO］链起着减少非特定蛋白质吸附的作用，这样的油脂与常规的油脂共组装形成所谓的隐形油脂。通过双层内的胆固醇的共组装，通常也能加强脂质体的稳定性。该疏水分子增强了双层内的范德华力，使其更坚固。

油脂含于食物中，被称为脂肪。油脂是有机组织的基础，因为它们是细胞膜的构造模块。油脂与表面活性剂之间的区别就是油脂有两个与亲水性的末端基团连接的烷基链。这个体积更大的尾巴使得它们能够形成较强的双层，呈现球形，被称为脂质体。这些结构类似于微型化的细胞，其中的油脂双层将两个含水的环境分隔开。在有机组织中，细胞膜的重要任务就是保证对细胞功能必需的所有功能元素在正确的化学环境中紧密地联系在一起，并调节细胞与外界的相互作用以及化学交换；细胞壁则是进入细胞的所有信号的过滤器。被识别的信号将会有一个插入或插在双层上的适当的受体蛋白质。这样的信号将被译成细胞内的一种化学信号。这将会引发一连串的化学事件，通常以产生一个特定蛋白质的变化（增加或减少）为结束，该特定蛋白质的功能与信号源产生的刺激物有关。

使用简单的脂质体，还远远达不到这样绝对壮观、优雅的操作[20,21]。在使用它们可以做的事情中，可以通过其组装，使其包覆一个亲水性的药物，然后清洗，除去污染物。基于脂质体的更为复杂的输送器件习惯性地使用聚乙二醇化的油脂［PEG，聚（乙烯氧化物）］，可以与其他的非聚乙二醇化的油脂共组装生成隐形的脂质体（图 7.4）[22]。组装是在胆固醇存在下进行的，胆固醇的多芳香烃结构具有稳定油脂双层的作用。该分子存在于双层壁内，并使其更坚硬、更坚固。PEG 链使得脂质体能够抵抗体液中的非特定蛋白质的吸附，因此用术语表述就是“隐形的”。

这样的容器可以用来携带造影剂、纳米晶体、药物和胶体；通过采用主动靶向的方法，它们还可以用作探针。通过剪裁亲水性的末端基团，暴露在表面的一个简单的氨基允许其与蛋白质（生物素 - 链亲和素）或抗体实现生物偶联。

7.7 结论

有必要说的是本章不得不比此前各章的细节更少一些。碳基的纳米结构，尤其是基于聚合物和胶束的纳米结构，比无机类似物的研究时间要长得多。而且正如撰写一本介绍性的书籍时总是会发生的，了解得越多，可以提供挖掘的内容就越少。

聚合物化学、富勒烯物理以及有关 CNTs 和石墨烯的一些更令人兴奋的发现等正在吸引着科研人员，但是超出了本书的范围和目的，即将纳米化学缩小至其核心原理和实践，确保它们的普遍性和相互依存性得到理解。

7.8 思考题

（1）已经证明可以在一根 SWCNT 内部使互相接触的 C_{60} 分子排成一列，

并且用高分辨率透射电子显微镜使其成像。当 C_{60} 在纳米管里的这种豌豆荚式的排列逐渐加热到约 300℃时，可能会发生什么？

（2）如何在一根 SWCNT 内部以控制间距的方式自组装 C_{60} ？为什么这是一件很有趣的事情？

（3）有可能在石墨层之间插入 C_{60} 吗？能为这样的材料想象一个结构和一种用途吗？

（4）预期 $(EtO)_3Si(CH_2)_3NH_2$ 如何与 C_{60} 反应？设想能用这个反应的产物做什么。

（5）阳离子表面活性剂氯化十六烷基三甲基铵的水溶液在石墨存在下会发生什么？在 SWCNTs 或石墨烯存在下，预期该表面活性剂的行为会如何？

（6）预期 HF/F_2 如何与 C_{60} 反应？为产物的用途提供一个建议。

（7）设想一个合成周期性介孔的碳材料的方法。这样的材料可能会有什么重要的应用？

（8）自从发现 C_{60} 以来，又合成了多少种新型的碳材料？

（9）设想一个打开合成的 SWCNT 的封闭端的化学方法，然后设法使用羧酸官能团功能化开口端。能设想从这种 SWCNT 制造出一个世界上最小的 pH 计的方法吗？

（10）SWCNT 是如何在高温下从起着催化作用的铁纳米团簇与乙烷气体的反应中生长的？

（11）请描述随着 SWCNTs 添加量的增加，自旋涂布的聚（甲基丙烯酸酯）膜的电导率将如何变化。为什么这种材料可能替代铟锡氧化物（ITO）成为易弯曲的电子与光学器件的电极材料？

（12）如果一端与铂纳米簇催化剂成键的一根 SWCNT 放入含有过氧化氢水溶液的皮氏培养皿中，其行为会如何？

（13）使用石墨烯或 CNTs 制备锂固态电池的阳极，替代传统的石墨阳极，会有什么优势吗？

（14）在六边形对称的周期性介孔 SiO_2 的孔壁内排列成行的 C_{60} 分子，逐渐加热到 300℃时，可能会发生什么？

（15）如何合成一个由石墨碳或 C_{60} 组成的反转的猫眼石，它们可能有什么用途？

（16）在真空条件下，对在铂基板上垂直、密集、平行生长的 SWCNTs "森林"施加一个增加的偏压和一个计数器电极，可能会发生什么？观察到的效应可能应用于哪个领域？

（17）如何由在铂基板上垂直、密集、平行生长的 SWCNTs“森林”制作一根 SWCNT 线？能想象这样的线有多强吗？

（18）SWCNTs 具有不寻常的性质，即当试图去弯曲它们时，它们可以变弯曲，但不会断裂，这是否暗示了一种用途？

（19）如果能够找到一种在两个电极之间悬挂一根 SWCNT 的方法，可以使其发生振荡吗？如果能够做到这一点，是否暗示着一种巧妙的应用？这样的一个 SWCNT 振荡器可能达到多高的频率？

（20）绘出固体 C_{60} 的面心晶胞，然后数一下有多少 C_{60} 分子占据了该晶胞。有多少钾原子可以插入 C_{60} 晶胞的八面体的空隙位置？这种 K_xC_{60} 材料的化学计量比是多少？然后描述其成键及电学性质。如何与钾原子插入到石墨（K_xG）的情况相比较？

（21）在一根 CNT、单层石墨烯片和 C_{60} 中的碳 - 碳键级分别是多少？

（22）如何制作一个石墨烯纳米气球？就其可能的用途提出建议。

参考文献

[1] Radushkevich, L. V., Lukyanovich, V. M. (1952) *Zurn. Fisic. Chim.*, 26, 88-95.

[2] Oberlin, A., Endo, M., Koyama, T. (1976) *J. Cryst. Growth*, 32(3), 335-49.

[3] Iijima, S. (1991) *Nature*, 354(6348), 56-58.

[4] Bethune, D. S., Kiang, C. H., Devries, M. S., Gorman, G., Savoy, R., Vazquez, J., Beyers, R. (1993) *Nature*, 363(6430), 605-07.

[5] Iijima, S., Ichihashi, T. (1993) *Nature*, 363(6430), 603-05.

[6] Geim, A. K., Novoselov, K. S. (2007) *Nature Mater.*, 6(3), 183-91.

[7] Wong, S. S., Joselevich, E., Woolley, A. T., Cheung, C. L., Lieber, C. M. (1998) *Nature*, 394(6688), 52-55.

[8] Hirsch, A., Vostrowsky, O. (2005) Functionalization of carbon nanotubes, in *Functional Molecular Nanostructures*, (ed D. A. Schlüter), Springer-Verlag, Berlin, pp. 193-237.

[9] Krupke, R., Hennrich, F., von Lohneysen, H., Kappes, M. M. (2003) *Science*, 301(5631), 344-47.

[10] Maeda, Y., Kimura, S., Kanda, M., Hirashima, Y., Hasegawa, T., Wakahara, T., Lian, Y. F., Nakahodo, T., Tsuchiya, T., Akasaka, T., Lu, J., Zhang, X. W., Gao, Z. X., Yu, Y. P., Nagase, S., Kazaoui, S., Minami, N., Shimizu, T., Tokumoto, H., Saito, R. (2005) *J. Am. Chem. Soc.*, 127(29), 10287-90.

[11] Duesberg, G. S., Muster, J., Krstic, V., Burghard, M., Roth, S. (1998) *Appl. Phys. A*, 67(1),

117-19.

[12] Dubrovinskaia, N., Dubrovinsky, L., Crichton, W., Langenhorst, F., Richter, A. (2005) *Appl. Phys. Lett.*, 87(8), 083106.

[13] Gleiter, H. (2000) *Acta Mater.*, 48(1), 1-29.

[14] Kroto, H. W., Heath, J. R., O'Brien, S. C., Curl, R. F., Smalley, R. E. (1985) *Nature*, 318(6042), 162-63.

[15] Berger, C., Song, Z. M., Li, X. B., Wu, X. S., Brown, N., Naud, C., Mayo, D., Li, T. B., Hass, J., Marchenkov, A. N., Conrad, E. H., First, P. N., de Heer, W. A. (2006) *Science*, 312(5777), 1191-96.

[16] Yang, X. Y., Dou, X., Rouhanipour, A., Zhi, L. J., Rader, H. J., Mullen, K. (2008) *J. Am. Chem. Soc.*, 130(13), 4216-17.

[17] Li, D., Muller, M. B., Gilje, S., Kaner, R. B., Wallace, G. G. (2008) *Nature Nanotechnol.*, 3(2), 101-05.

[18] Bates, F. S. ., Fredrickson, G. H. (1990) *Phys. Today*, 52(2), 32-38.

[19] Spatz, J. P., Mossmer, S., Hartmann, C., Moller, M., Herzog, T., Krieger, M., Boyen, H. G., Ziemann, P., Kabius, B. (2000) *Langmuir*, 16(2), 407-15.

[20] Szoka, F., Papahadjopoulos, D. (1980) *Annu. Rev. Biophys. Bioeng.*, 9467-508.

[21] Papahadjopoulos, D., Allen, T. M., Gabizon, A., Mayhew, E., Matthay, K., Huang, S. K., Lee, K. D., Woodle, M. C., Lasic, D. D., Redemann, C., Martin, F. J. (1991) *Proc. Natl. Acad. Sci. U. S. A.*, 88(24), 11,46-64.

[22] Allen, T. M. (1994) *Trends Pharmacol. Sci.*, 15(7), 215-20.

8 纳米化学实例的发展史

8.1 引言

在本章中将看到纳米化学研究的真实世界。这将证明从本书中学到的内容足以了解并欣赏纳米化学的一些最前沿领域，其相关研究正在世界上一些非常先进的实验室中进行着。这里介绍的两个实例代表了来自重要科学期刊的两篇顶级研究论文；之所以选择这两篇论文主要是因为其教学价值和实现过程的典雅。

选择这两项工作的原因是它们能让我们向读者介绍今后可以采用的两种不同的研究与发现途径，尤其在纳米化学中，这些途径是独一无二的。

如同所有的纳米学科，纳米化学也是一个非常年轻的研究领域。只是从现在起，它才开始从一个模糊的、定义不确定的状态转变为一个有机的、很好识别的“体系”。从一开始就认识到了其前景，而这又导致了两个副作用：一方面是纳米化学家收到了相对慷慨的资金；另一方面是这种慷慨所要求的结果，用外行人的话，意味着用新产品、新工艺或者新方案使人类的生活变得更好。

纳米化学作为一门科学，有两个推动力，在某种意义上类似于硬币的两面：一面是好奇心，另一面则是应用；一面是要解决困惑，另一面则是要解决问题。有时困惑和问题是相同的，而不同的是引导科学家解决它的动机。

这两种方法都有其各自的优点，都是十分重要的，并且在要描述的实例中均有很好的体现。最终所关注的非常关键的事情不是采用哪种方法，而是决定着手处理什么问题或哪种困惑。

在第一个实例中，介绍基于条形码状纳米棒的、可切换的中等尺度自组装的研究[1]：一个美妙的探索性研究的实例，不需要立即有明显的应用，但却强调了一个新颖的平台的潜力。在第二个实例中，可以了解一个基于 SiO_2 或氧化铁的靶向、成像以及药物输送平台的设计和开发[2]：纳米化学家如何成为纳米尺度材料工程师的一个实例；纳米化学如何能够对一些问题提出不可思议的解决方法，如肿瘤诊断和治疗之类的问题。

8.2 实例 1[1]

在 SiO_2 形状的一节（2.4 节）中，写到了用作生成细长微观结构模板的氧化铝膜。通过在该膜的一面溅射银，能将其转变成一个用于模板化电沉积金属的电极。借助施加的电压，金属的盐溶液在银电极处被还原，导致生成金属纳米棒。

图 8.1 显示了有关这个电沉积的过程，即材料总是在银的支持层上沉积下来。结果就是一种盐溶液能够在任何所需要的时刻转换为另一种盐溶液，从而可以制备条形码状的纳米棒。该论文的作者先沉积了金的部分，然后是

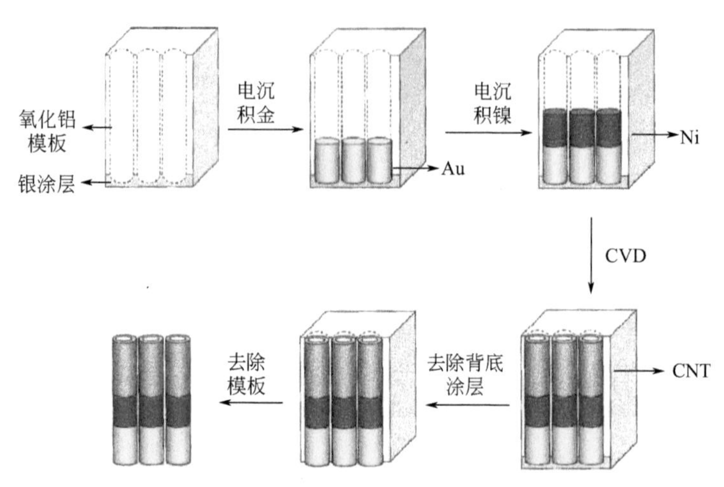

图 8.1 多功能纳米棒的制备过程示意图[1]

氧化铝模板先为银所覆盖，然后电沉积金和镍，再通过化学气相沉积法（CVD），在镍的上面生长 CNTs。去除氧化铝膜和银的背底涂层，释放出纳米棒[1]

有磁性的镍的部分。利用镍催化烷烃裂解生成 CNTs 的催化活性，可以制备由 CNTs 构成的第三部分。

在除去背底涂层和模板后，作者得到了条形码状的纳米棒束，如图 8.2 所示。在该图中，与镍和 CNTs 相比，由于金的电子密度更高（金是比镍和碳更重的元素，因此含有更多的电子），所以其发光更强一些。

图 8.2 金 – 镍 – 碳纳米管的纳米棒的 SEM 照片[1]

可以从更强的信号中看到，金的信号位于照片的顶部；接下来是信号较弱的镍的部分；而底部则是几乎看不见的碳纳米管

更近距离观察纳米棒，可见界面是整齐、清晰的。图 8.3 分别显示了金 -CNTs 纳米棒的 SEM 和 TEM 照片。其界面很清楚，是连续且平滑的。

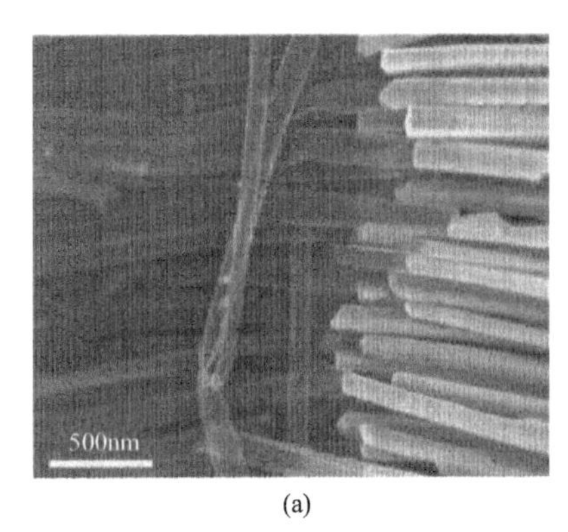

(a)

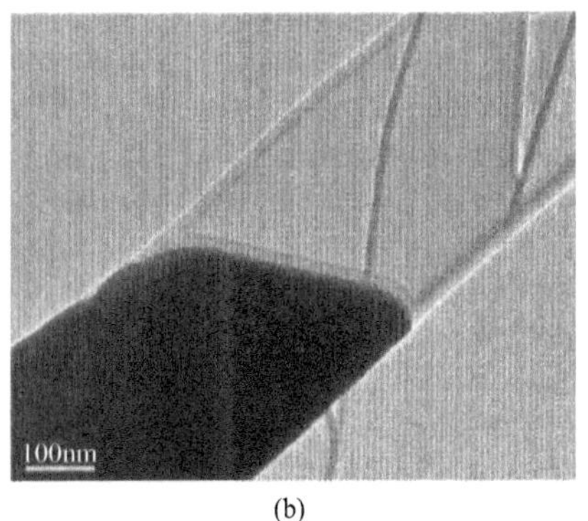

(b)

图 8.3 金属和 CNTs 之间的界面[1]

(a) SEM 照片，通过对比度能清晰地区别两部分。(b) TEM 照片，通过对比度可见界面是很清楚的[1]

这些纳米棒可以被称作“混合的纳米棒”，因为每一部分是不同的，且具有各自的特性。金是导电的，镍是磁性的，而 CNTs 则是结实的、可弯曲

的、导电的……差别还不仅仅是这些。在嵌段的亲水性方面也有着显著的差异，因为金和镍是金属，所以是相对亲水的，而 CNTs 则是相当疏水的。这就使得这些混合的纳米棒成为一个中等尺度版的两亲分子。这就非常有趣了。

通过将纳米棒束分散到极性和非极性溶剂的混合液中，可以很容易地检测其两亲行为。

图 8.4 显示了这些纳米棒在二氯甲烷（DCM）- 水的界面处的自组装，只要将一滴 DCM 加到水分散的纳米棒束中。由于金的亲水性，所以金的部分会毫无疑问地朝外，最大限度地与水相互作用，使得这些巨大的胶束具有金的外表，在该图中可以看到。经超声波处理，胶束将合并成更大的胶束，它们是如此坚固，甚至可以忍受干燥，如图 8.4 中的第（ⅳ）部分所示。

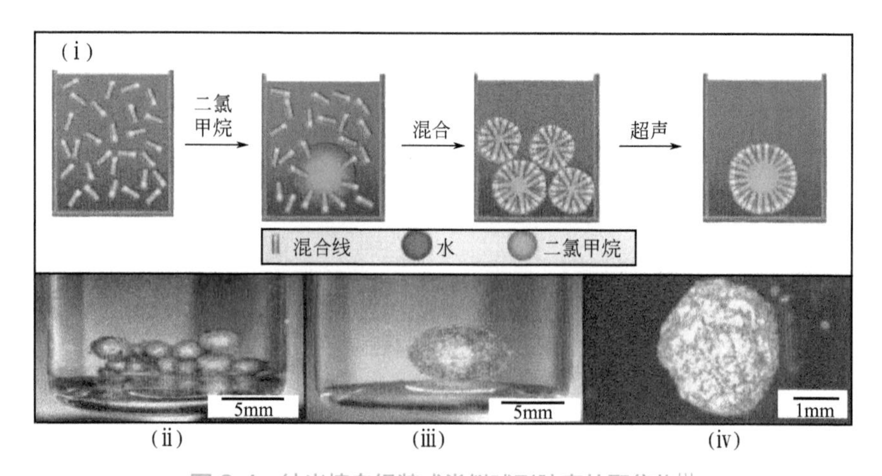

图 8.4　纳米棒自组装成类似球形胶束的聚集物[1]

纳米棒先分散到水中，然后向其中加入二氯甲烷（DCM）。经过混合，纳米棒在 DCM 周围自组装形成许多宏观的胶束。经过超声处理，液滴状物凝聚形成一个大的聚集物。从该图的下面可以看到处于不同阶段的聚集物的照片[1]

现在，只要想起这件事就是非常酷的。因为在这里有一种两亲分子的类似物，尽管其是中等尺度的，但却可以用各种方法进行调节，然后在不同的长度尺度，再现令人兴奋的两亲分子的自组装能力。其神奇之处是，不需要使用电子显微镜观察该自组装。作为一名纳米化学家的一个最妙的能力就是使一些不同寻常的分子体系达到一个能够通过巧妙的表面化学控制，并可以使用技术含量较低的设备来研究的长度尺度。

为了进一步验证这些纳米棒表现为两亲的假设，作者将纳米棒束置于反转的情况中，即将一滴水添加到 DCM 分散的混合纳米棒中。不用说，反转的胶束结构以黑色出现［图 8.5（ⅱ）中下部的黑色颗粒］，因为疏水性的

（i）

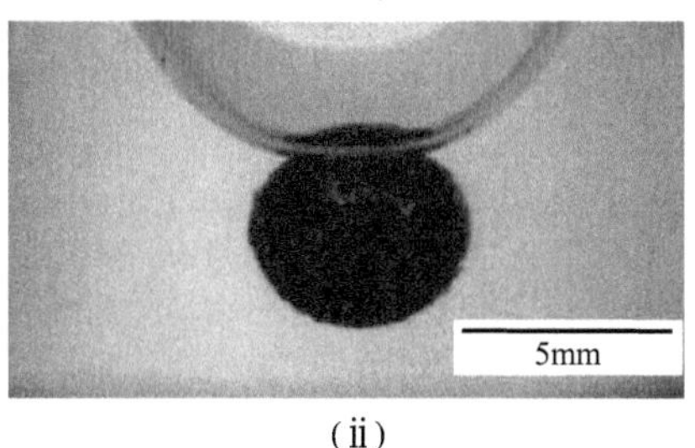

（ii）

图 8.5 一个类似“反转的”胶束的聚集物的图像和照片[1]

此聚集物是通过在 DCM 中的水滴周围的纳米棒的自组装得到的[1]

CNTs 在置于非极性溶剂中时，其优先停留在胶束的外表面。

作者给纳米棒一个镍段是有原因的。这个原因就是想要证明这些组装可以通过磁场加以控制，如图 8.6 所示。在该图下部还能看到一个表现了体系中一些起作用的力的示意图。

在最后的实验中，作者选择着手处理一个更艰巨的任务。他们决定证明，使用一个外部刺激，有可能将反转的胶束转化为正常的胶束。为了将这些巨大的胶束从里向外翻过来，必须使各部分的相对疏水性有非常强烈的变化。重新看图 8.4，如果金比 CNTs 更疏水，那么胶束就能被反转过来，即 CNTs 部分会面向外面。但是如何才能使金比 CNTs 更疏水呢？

在金的一章（第 3 章）看到，通过使用 SAMs，可以很容易地改变金的表面性质。作者将纳米棒束置于全氟癸烷硫醇的溶液中，此分子是一个高度疏水的分子，非常类似于聚四氟乙烯，其结构式如图 8.7 所示。通过全氟烷基链与一个终端的硫醇偶合，转瞬间就可以使金具有聚四氟乙烯的疏水性。

由于室温下 CNTs 不能与硫醇反应，所以仅在金部分的表面生成了自组装单层。因此，作者能使金的疏水性增强至超过 CNTs 部分。

当他们将纳米棒束分散在水中，然后向其中加入 DCM 时，金的部分朝向 DCM 液滴的里面，而 CNTs 部分则朝向水，使胶束呈现如图 8.8 所示的黑色外观。

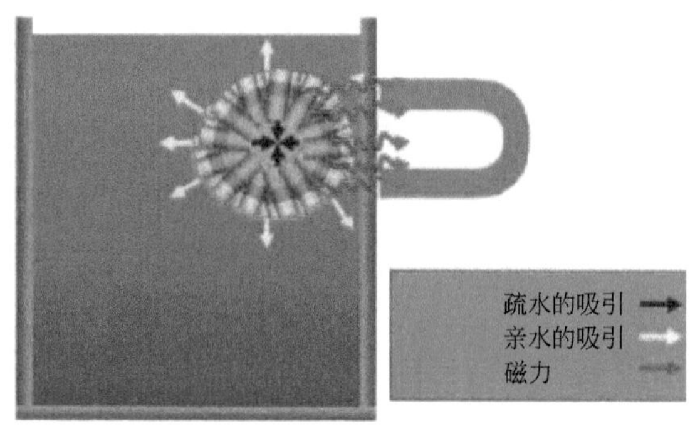

图 8.6　磁场对含有镍元素段的纳米棒的类似胶束的聚集物影响的图像和照片[1]

磁铁能很容易地捕获此聚集物[1]

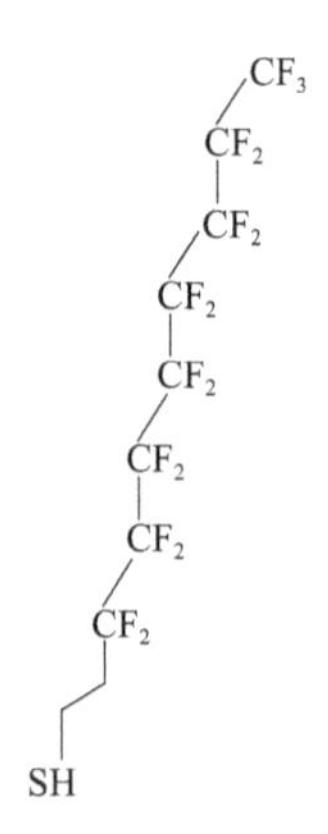

图 8.7　全氟癸烷硫醇的结构式

SAMs 在紫外光下是不稳定的，因为它们发生被光氧化反应，将硫醇基团转化成含有 S—S 键的二硫化物，后者不会与金剧烈地反应。反应式如下：

$$\mathrm{R{-}SH+R{-}SH}+h\nu_{(\mathrm{UV})}=\!=\!=\mathrm{R{-}S{-}S{-}R+H_2}$$

通过将胶束暴露于紫外光下，疏水的 SAMs 将脱离金的表面，相应地，金的表面会变得越来越亲水。在某一时刻，亲水性的差别将会非常大，以致整个胶束会反转，恢复到原来的如图 8.4 所示的构象。

显然，这还不是一个可逆的转换体系，尽管确实是令人印象非常深刻的。但是这却是能对外部刺激响应的、可转换的自组装亚稳态结构所构成的一个惊人的新领域的第一步。你能设想出一个使其可逆转换的方法吗？

如前所述，该项工作没有一个明确的应用，更多的是寻找一个问题的解决方案。请记住这是最初对所有真正的重要发现的说法，如电磁铁或激光，以及看看现状。在纳米化学文献中有许多这样的解决方案，这些方案对于解

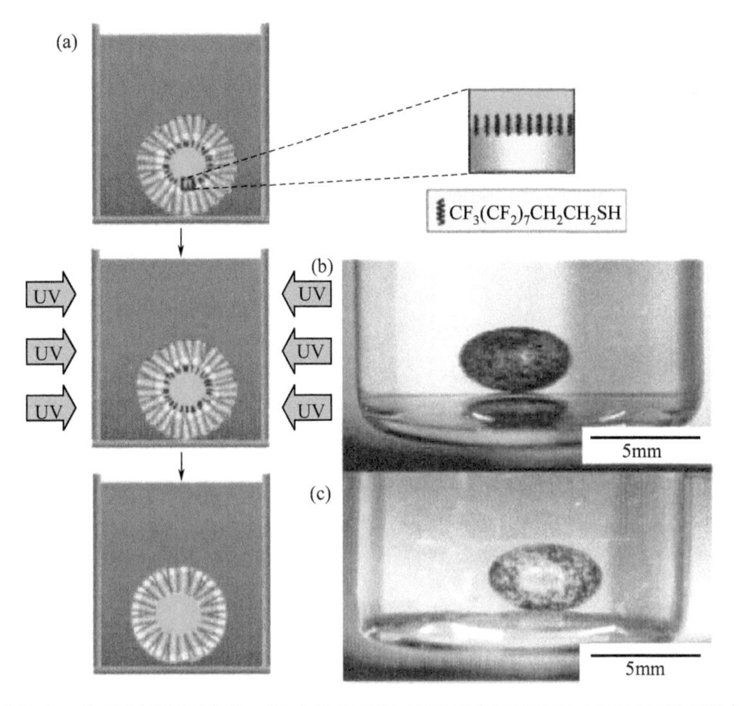

图 8.8 在紫外线照射下，氟化的金部分的润湿性的转换对自组装的影响[1]

表明自组装完全为润湿性所驱动

决重大的技术或科学问题可能有一天会变得很重要。目前，它们只是构成了很好的科学研究。而且探寻这种新发现的性能可以证明在哪里是有用的，是没有害处的。

8.3 实例 2[2]

本实例是有针对性地解决问题的一个很好的例子。有一个需要解决的问题，这是朝着正确方向迈出的简洁且精致的一步。

这里的问题就是如何研制可以注射入血液中的多功能探针。通过药物输送和光热效应，这些探针作为造影剂以及同时作为治疗剂，将能够发挥多种诊断功能。在理想世界中，希望可以实现最大可能的灵活性；希望有一个既可以用于不同和互补技术的造影剂，又可以作为多功能治疗剂的体系。当然，还需要适当的靶向导航来引导探针，正如先前所描述的那样。

这种需要不只是来自想要炫耀他们可以用材料做什么的纳米化学家，主要还是来自医疗实践中的一个实际需要。这个需要就是希望通过不同的非侵入性技术使肿瘤成像，然后在原位施加一个刺激，对患者进行治疗。这样整个过程就可能会大大缩短，并且可能会更加有效，因为你可以验证探针是否到达其应当到达的部位。

如何使用已知的内容来构建这样的一种事物？这将构成一个很好的测试题……现在先写下要求：

（1）药物输送；

（2）靶向；

（3）双重造影剂；

（4）光热效应。

在开始寻找一个解决方案时，这样做总是一件非常有益的事情：写下要求，以便可以知道所拥有的自由度。不要只是简单地保存在头脑中。

然后应该做的就是为每一个要求制作一个可能产生突发灵感的思维导图。

正如在图 8.9 中可以看到的，已经列出了对每个要求的一些选择。还可能有更多的选择，但这些可以作为一个起点。思维导图是很重要的，因为其允许进行更清楚、大胆的思考。可以将能够想到的一切都摆在那里，之后再进行选择。当将这些图呈现在一群年轻且富有创造力的科学家面前时，可以想象得到这些图的年轻人会变得多么疯狂。这是进行合作研究重要的事情之一：整体要大于其各部分的简单总和。

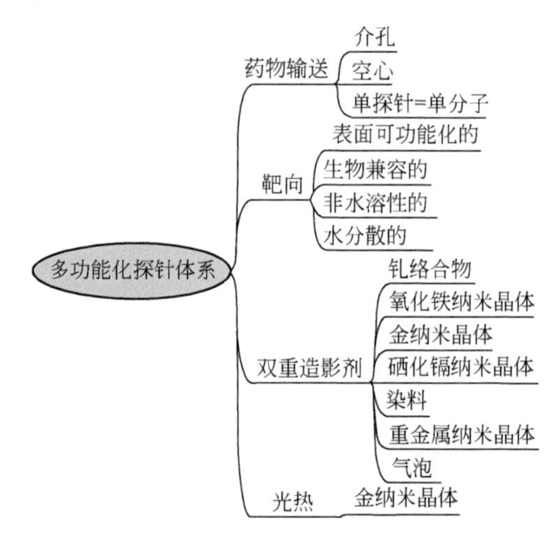

图 8.9 对于本实例发展史中提到的问题的可能的解决方法的思维导图

对于药物输送，体系必然以某种方式承载药物，所以它必须是一个能够绑定药物的纳米容器（介孔或空心的）或单个分子。最后一种方法是非常好的，且可以用于聚合物基的药物输送体系，这些体系目前正在进行临床试验。

关于靶向问题，此前提到过体系必须是表面官能团化的，因为其需要进行生物偶合；其还需要是生物兼容的，因为其有可能不能通过肾清除；而且其必须是可以水分散的（容器不能在血液中聚集，但也不能溶于血流中）。

对于造影剂方面，可以看到简略记下的一系列替代品，使得探针成为一些技术的造影剂，从 CT，到 MRI，到超声波成像，到荧光成像。

就实际意义而言，光热效应是一个更明智的选择，尤其是金的纳米晶体（银也能起作用，但是其在血液中会迅速氧化）。

在该级别的思维导图中，通过选择解决方案的组合并验证其可行性，开始得到一些想法。现在从一个用于药物输送的聚合物基的体系说起。它需要是能够官能团化的，聚合物通常能满足这一点；生物兼容性的，有一些聚合物是生物兼容的，如乳酸 - 羟基乙酸共聚物（PLGA）；不溶于水的，骨架中的化学键在水中不能断裂得太快，这对于 PLGA 有利，因为该共聚物需要一段时间才能降解；可以水分散的，PLGA 也能满足这一点。

就造影剂而言，选择强烈地依赖于想将造影剂连接到聚合物上的方式或反之。例如，有一个被许多载有连接到骨架上的药物分子的短的 PLGA 链官能团化的磁性纳米晶体。这将是一个非常巧妙的体系，但它不具有双重造影剂的能力。

如果想保持分子水平，可以将一个钆的配合物连接到聚合物链的一端，同时将一个染料分子连接到链的另一端。这样，就会得到一个纯粹的分子体系，该体系具有双重造影剂的能力。

在图 8.9 中，金的纳米晶体包含了 2 个条目，因为其不仅可以用于光热治疗且可以用作造影剂。因此，对于目的而言，其已经是多功能的了。可以设想有一个被 PLGA 链官能团化的金的纳米晶体，这些链载有连接到骨架上的药物分子，而且链的另一端连接着一个染料分子。这听起来像是一个使人兴奋的研究。

可以从已有的大量的文献中找到制备官能团化的 PLGA 的步骤。如果可以使 PLGA 链上有一些硫醇基团，那么就可以通过配位体交换实现对金的纳米晶体的连接。采用配位体交换方法，也能够将靶向载体（如生物素）连接到金的纳米晶体上。

现在读者看到了，如何能够得到一个仅仅使用普通材料和纳米化学概念的研究想法。

但是正在描述的这篇论文却在展示的思维导图中（图 8.9）采取了一个不同的途径。这是一个更加讲究的制备方法，因为制备的体系更牢固、更有可能忍受血流的苛刻条件。

作者从介孔选择开始。靶向的要求促使他们采用 SiO_2 材料，主要由于其生物兼容性、易于功能化以及不溶于水的事实。对材料在水中分散性的要求表明这样的介孔 SiO_2 必须是纳米级和胶体（不能是大块的介孔 SiO_2，其可能会卡在某些血管中）。这已经是很有挑战性的了。

如何合成胶体的介孔 SiO_2 呢？一种方法是用机械磨粉机粉碎粉末，直到颗粒尺寸足够小，但这真的不是化学家多么喜欢做的事情。这并不意味着不应该这样做。化学家也可能是错误的，因为他们往往发展成狭隘的视野，就像某些其他的科学家那样。可以考虑将用来制备胶体的 SiO_2 微球的反应（Stöber 反应）与用来制备介孔 SiO_2 的反应结合起来。在这两种情况下，使用了一个像 TEOS 一样的溶胶 - 凝胶前驱体。但在介孔 SiO_2 的情况下，添加了一个表面活性剂，如溴化十六烷基三甲基铵（CTAB）。

在 CTAB 存在以及适当的条件下，可以尝试进行 Stöber 过程[1]。借助一点经验的帮助，比如溶胶 - 凝胶知识、文献的结果和几次试验以及试错，应该能够得到它。

现在已经看到，迄今为止此思路没有任何明显的致命缺陷，所以可以继续进行，看看作者是如何解决将造影剂与介孔 SiO_2 结合到一起的问题的。他们考虑使用氧化物纳米晶体和染料作为造影剂。你可能想知道哪里是用于光热效应的金纳米晶体进入的位置，而作者则证明了他们是如何将这些组分很好地结合在一起的。

在合成介孔 SiO_2 胶体时，不得不引入氧化铁纳米晶体，所以它们一定是水溶性的。正如此前看到的一种方法，通过在非极性溶剂中有机金属的合成方法来制备它们，然后进行配位体交换来提供水溶性。在文献中有大量的论文精确地描述这一过程。

在开发一个体系时，一个有用的准则就是应当将反应中存在的化合物数目减少到最低限度。增加化合物的数目通常以指数的方式使化学反应复杂化。在研究中任何可以用来减少参与数目的诀窍都可能是一个很大的突破，还有其成本效益。

作者所做的是非常聪明的。他们使用了 CTAB（为了制备介孔 SiO_2 所需

[1] Stöber 过程：一个非常流行的用于生产 SiO_2 胶体的溶胶 - 凝胶方法。

要的表面活性剂）来稳定油酸稳定的氧化铁纳米晶体。你可能好奇“怎么做的？”因为 CTAB 没有可以连接到氧化铁表面的官能团（铵基团基本上没有参与配位体交换）。设想就是 CATB 的烷烃链能够与油酸覆盖的纳米晶体的烷烃链互相交叉，在溶液中产生一个带正电荷的胶束，如图 8.10 所示。

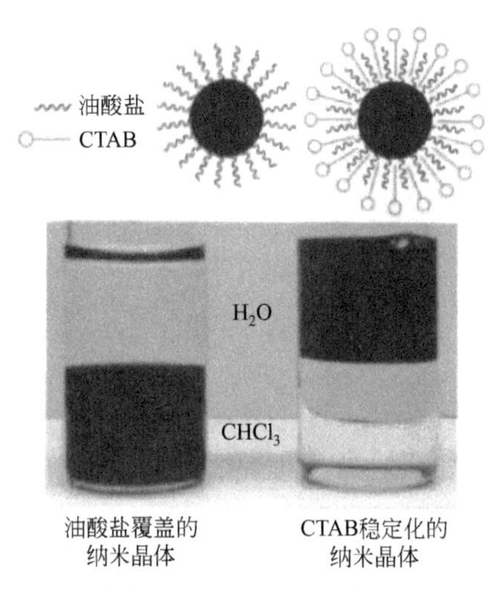

图 8.10　通过使用表面活性剂溴化十六烷基三甲基铵（CTAB），起始的油酸稳定的氧化铁纳米晶体及其在水中转移的图像和照片[2]

在 CTAB 中的铵基团的正电荷将给予 SiO_2 胶体足够的表面电荷，从而保持水中的胶体稳定，如图 8.10 中的照片所显示的。以同样的方式，可以稳定和使用金纳米晶体。

现在，如何在介孔 SiO_2 中捕获染料？已知 SiO_2 是很容易官能团化的，因为存在于反应混合物中的每一个硅烷在缩合过程中最终均会被结合。一个设想就是使用一种可以很容易地连接到硅烷上的染料，然后在介孔胶体的制备过程中将其与 TEOS 混合。作者将荧光素异硫氰酸酯（FITC）与氨基丙基三乙氧基硅烷（APTES）偶联，如图 8.11 所示。

连接在荧光素的荧光核上的异硫氰酸酯是一个用于胺偶联的标准基团，荧光素常借此与蛋白质进行生物偶联。这两个试剂在室温下的乙醇中反应，生成溶胶 - 凝胶前驱体，可以用其与 TEOS 偶联，生成含有磁性纳米晶体的介孔 SiO_2 胶体。

现在的问题可能是磁性纳米晶体是否填充了介孔 SiO_2 的所有孔，并因此使其变为无孔的。这是非常值得关注的，为此在这种制备方法中采用了一个巧妙的步骤：用来溶解氧化铁纳米晶体的 CTAB 以及 TEOS 是过量的。这

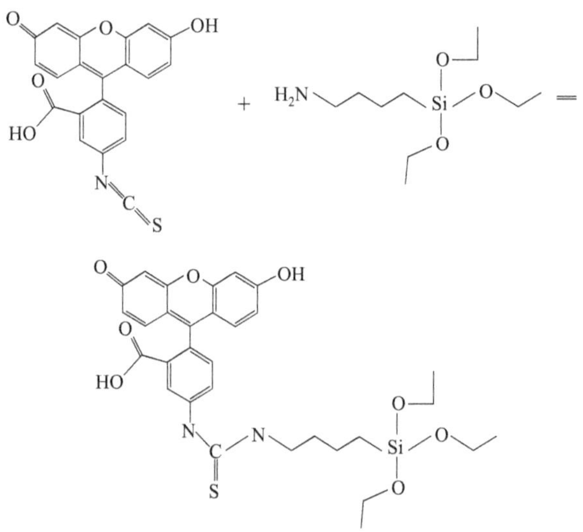

图 8.11 荧光素异硫氰酸酯（FITC）与氨基丙基三乙氧基硅烷（APTES）偶联

意味着有大量的未使用的 TEOS 和 CTAB，它们在纳米晶体被溶解后会发生自组装。这保证了在纳米晶体被嵌入 SiO_2 底物后，更多的介孔 SiO_2 会在其顶部生长。

为满足读者的好奇心，现在介绍实验过程，如原论文描写的那样，以便可以欣赏或者理解其大部分内容：

"……介孔 SiO_2 的形成。干燥的油酸盐覆盖的氧化铁纳米晶体（NCs）溶解于氯仿中。2mL NCs 溶液（10~20mg/mL）与 0.4g 溴化十六烷基三甲基铵（CTAB，95%）和 20mL 水混合。然后对该混合物进行超声振荡和剧烈搅拌，使氯仿溶剂从溶液中蒸发掉。水合 CTAB 氧化铁 NCs 溶液通过一个 0.44μm 的注射器进行过滤，以便除去任何大块的聚集物或污染物。1mg 荧光素异硫氰酸酯（FITC，90%）溶解于 545mL 无水乙醇中，然后与 2.2mL 氨基丙基三乙氧基硅烷（APTES[1]，99%）混合 2h。将 5mL 水合 CTAB 稳定的 NCs 溶液加入由 43mL 蒸馏水和 350mL 氢氧化钠溶液（2mol/L）组成的溶液中，然后加热到 80℃。对于更高浓度的氧化铁原料，为了避免介孔 SiO_2 聚结形成大块的材料，溶液可能需要在较低温度（65 ～ 70℃）下加热。在温度稳定后，0.6mL 乙醇 FITC APTES 溶液与 0.5mL 四乙基硅酸盐混合，然后缓慢地加入含有 CTAB 稳定的 NCs 的水溶液中。经过 15min 的搅拌后，将 127mL 3-（三羟基甲硅烷基）丙基甲基磷酸酯加入混合物中，再搅

[1] 原版书多处写为 APTS，应为 APTES，下同。译者注。

拌溶液 2h。合成的物料离心机分离，用甲醇洗涤。将如此合成的物料分散于由 160mg 硝酸铵和 60mL 95% 乙醇组成的溶液中，然后在 60℃加热混合物 15min，从介孔中除去 CTAB 表面活性剂。然后对该物料进行离心分离，用乙醇洗涤。……”

正如可以看到的，还没有讨论在制备中的两个其他的诀窍。例如，反应是在 80℃进行的，因为这样可以避免颗粒凝结，并使溶胶 - 凝胶的水解和缩合进行得更快（以致能生成更多的核，因而最终的颗粒更小）。此外，在反应过程中，必须添加一个带有膦酸酯基团的硅烷（一个强的负电荷基团），这就提高了最终胶体的表面电荷，使得其不容易聚集。该反应还受到氢氧化钠（一种碱）的催化。通过增大 pH，TEOS 的水解和缩合速度急剧加快。

读者大致能够知道，依据纳米化学的标准，这个反应绝对是非常复杂的，因为它包括了一系列合理的步骤，且有可能强烈地依赖于许多参数。因此，它确实包括了许多在实验室必须具备的动手能力。尽管其依据的原理是相当简单的，但是由此产生的颗粒却是很好的，正如在图 8.12 中所看到的。

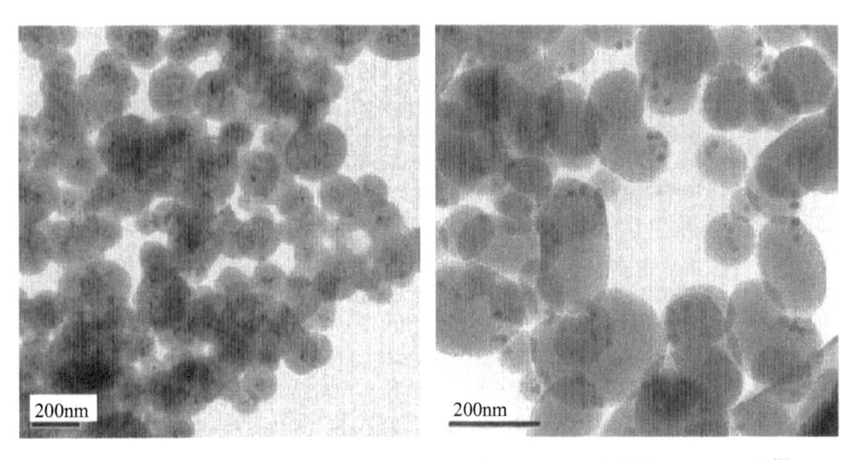

图 8.12　包含嵌入的氧化铁纳米晶体的介孔 SiO_2 胶体的 TEM 照片[2]

一旦颗粒生成，它们就被负载上两个化疗药物，紫杉醇和喜树碱。该论文作者发现，药物直到颗粒进入细胞才释放出来。

所用的靶向载体是叶酸，其受体在多种人类肿瘤中是高度表达的。叶酸的优势在于其是一个简单的小分子，可以很容易地与任何胺结合。在有机化学和生物化学的一个经典反应中，羧酸实际上与胺反应，生成酰胺。此时作者再次使用 APTES 与叶酸偶合，然后接枝到介孔 SiO_2 颗粒的表面。

这些颗粒可以选择性地靶向肿瘤细胞，如图 8.13 所示。

图 8.13 显示了不同的细胞系在暴露于不同颗粒中时的细胞存活率。选择的细胞系是人类的包皮成纤维细胞系（HFF）和胰腺癌的细胞系 PANC-1。第一个细胞系没有显示出特别的过度表达，而第二个细胞系却不是这样。选择的颗粒是没有药物和靶向剂的未经修饰的纳米颗粒（NP）、有药物但没有靶向剂的颗粒（CPT-NP）以及既有药物又有靶向剂的颗粒（CPT-FA-NP）。

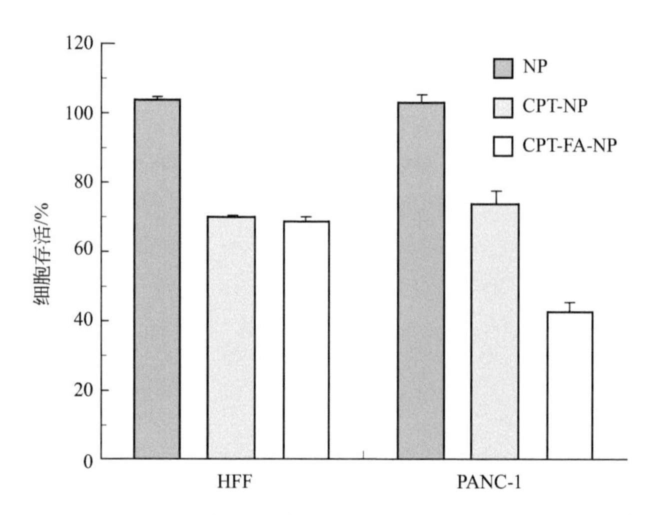

图 8.13　暴露于不同纳米颗粒中的两个细胞系的细胞存活示意图[2]

黑色柱表示的是暴露于无药物负载的、非靶向的纳米颗粒（NP）中的情况；灰色柱表示的是暴露于有药物负载的、但是非靶向的纳米颗粒（CPT-NP）中的情况；白色柱表示的是暴露于既有药物负载、又有靶向剂的纳米颗粒（CPT-FA-NP）中的情况。人类的包皮成纤维细胞系（HFF）没有显示出叶酸受体，而胰腺癌细胞系（PANC-1）则显示出叶酸受体。请注意，对于显示出叶酸受体的 PANC-1 细胞系，叶酸的靶向显著地改善了纳米颗粒的功效

没有药物和靶向剂的颗粒没有影响细胞的生存能力，即保持约 100% 生存。通过添加药物，这两个细胞系都受到了明显的且相近的影响；但在含有叶酸靶向剂的纳米颗粒的情况下，PANC-1 的生存能力则低得多，约为 40%。

这些数据证明了两个重要的核心点：

（1）抗癌药物被带到了癌细胞；

（2）叶酸靶向剂提高了颗粒在癌细胞中的装载量，从而提高了药物的影响。

在前面几页中已经看到了一个雄心勃勃的项目如何正在转变为现实，非常聪明的科学家正在实施计划的目的就是充分地改善民众的生活，即运用纳米化学概念，开发新的解决方案。治疗癌症是一个很大的挑战，还有很长的路要走，但科研人员在继续努力中。

8.4 结论

在两个实例的发展史中，看到了表面效应（功能化，亲水性 - 疏水性，表面电荷）、尺寸（氧化铝膜模板，控制介孔 SiO_2 颗粒的成核速率）、形状（混合微米棒的自组装，尤其是其加长的形貌以及混合的性质）、自组装（非常明显，如微米棒在水 - 二氯甲烷界面的表现以及构筑介孔 SiO_2）以及生物纳米（显示出恰当地加载了正确的“化学武器”的介孔 SiO_2 怎么能够杀死癌细胞）。而所有这一切都是使用现在为人熟知的且已经获得赞美的材料：SiO_2、金、氧化铁以及碳。

希望在本章结束时，你已经意识到纳米化学，即使在其最高水平，有许多方面还是像化学家一样思考，但是却又有所不同。采用化学反应，才使得在纳米尺度构建物体成为可能。利用化学原理，才可以实现清晰的自组装，从而由这些物体建造集成的化学、物理及生物体系。这些就是纳米化学家的工具，这些就是纳米化学的原理和实践。

参考文献

[1] Ou, F. S., Shaijumon, M. M., Ajayan, P. M. (2008) *Nano Lett.*, 8(7), 1853-57.

[2] Liong, M., Lu, J., Kovochich, M., Xia, T., Ruehm, S. G., Nel, A. E., Tamanoi, F., Zink, J. I. (2008) *ACS Nano*, 2(5), 889-96.

9 纳米化学的诊断学

9.1 信息清单

在下面的几页里，将简要地介绍材料化学家可以采用的主要表征方法。这些方法可以分为几大类，包括显微镜、衍射、光谱仪、热分析、吸附、力学、电学、光学和分析技术等。在任何一所相当好的大学里，都会拥有这些方法。这些方法可以提供广泛的可能性，依据化学、结构、形貌和物理等方面进行表征。

如果需要获得不同尺度的材料的某种信息的话，在这里只能看到如何获得某种信息的有益的指导原则，不会看到任何细节。然后，如果需要的话，可以深入地考查某一种方法，学习并成为此种方法的专家，甚至还可以发展独自的方法。许多人为了测量当时还不能测量的一些东西而选择了后者，并且因此获得了诺贝尔奖。

发现新技术并揭示其如何工作以及能给出什么信息，是一种看到纯粹人类创造力发挥作用的美妙方式。

9.2 显微技术与显微镜

9.2.1 透射电子显微镜（TEM）

从其能得到什么信息？

① 透过样品的一定厚度观测其形貌；

② 电子密度分布；

③ 晶体中的晶格缺陷（如孪晶、堆垛层错或位错）；

分辨率约 1nm。

9.2.2 扫描电子显微镜（SEM）

从其能得到什么信息？

① 表面形貌；

② 样品三维形貌的再现；

最好的情况下分辨率约 1nm。

9.2.3 扫描透射电子显微镜（STEM）

从其能得到什么信息？

① *Z*-衬度像成像（以很大的衬度透射成像）；

② 形貌。

在类似的条件下，电子束对样品的损坏比 TEM 更小。

分辨率约 1nm。

9.2.4 高分辨率透射电子显微镜（HRTEM）

从其能得到什么信息？

① 局部晶体结构的测定；

② 评估结晶度、张力、晶粒边界以及界面处的无序程度。

9.2.5 选择区域电子衍射（SAED）

从其能得到什么信息？

① 局部晶体结构的测定；

② 评估结晶度、张力、晶粒边界以及界面处的无序程度（也可以使用 HRTEM 和某些 STEM 来完成）。

9.2.6 能量色散 X 射线光谱（EDX）

从其能得到什么信息？

样品中原子组成的空间分布图（表面以下的数十纳米）。

分辨率受其所附属的电子显微镜限制。

9.2.7 原子力显微镜（AFM）

从其能得到什么信息？

① 表面拓扑结构；

② 表面粗糙程度；

③ 表面性能（数平方纳米），包括力学性能、化学力、表面化学、磁场及电场或者电荷。

9.2.8 扫描隧道显微镜（STM）

从其能得到什么信息？

① 局部能级结构；

② 电子能带隙；

③ 表面形貌；

④ 原子及分子分辨率的图像；

⑤ 电导图。

9.2.9 轮廓测定法

从其能得到什么信息？

快速测量在基底上的硬质材料的厚度剖面。

9.2.10 光学显微镜

从其能得到什么信息？

形貌。

分辨率约 200nm。

9.2.11 共聚焦显微镜

从其能得到什么信息？

在溶液中实时显示的三维形貌。

分辨率约 200nm。

9.2.12 偏光显微镜

从其能得到什么信息？

① 评价材料的光学活性（转动电磁场的能力），通常与纳米尺度的排列有关；

② 评价材料在纳米尺度的特殊排列，如果其能诱导光学活性的话；

③ 由晶体或液晶的光学双折射产生的结构信息。

9.3 衍射技术

9.3.1 X 射线衍射（XRD）

从其能得到什么信息？

① 测定单晶或粉末的晶体结构；

② 评估张力；

③ 评估晶格振动；

④ 评估晶体尺寸；

⑤ 评估晶体方向；

⑥ 鉴别晶相；

⑦ 固体材料密度。

9.3.2 中子衍射

从其能得到什么信息？

① 晶体结构信息，包括 H 原子的位置；

② 磁晶格结构。

9.3.3 小角 X 射线衍射（SAXRD）

从其能得到什么信息？

① 评估样品中纳米尺度（10nm ～ 1μm）的周期性和对称性；

② 评估纳米尺度物体在一个整体中的形状、尺寸以及分布。

9.3.4 小角 X 射线散射（SAXS）

从其能得到什么信息？

非常类似于 SAXRD，但是对于某些样品的测量结果会更好，如液体。

9.4 谱分析

9.4.1 扩展的 X 射线吸收精细结构谱（EXAFS）

从其能得到什么信息？

① 提供有关固体中特定原子局部化学环境的非常宝贵的信息，尤其是键长、配位数和几何结构；

② 对于玻璃材料非常重要，尤其是第一配位层。

9.4.2 X射线光电子能谱（XPS）

从其能得到什么信息？

① 相当准确的表面化学组成（误差约为 1% ～ 5%）；

② 估算不同深度的化学组成；

③ 可以获得每一种确定的原子的化学环境和氧化态；

④ 对于玻璃材料非常重要。

9.4.3 质谱（MS）

从其能得到什么信息？

① 样品中各类分子（或簇）的分子质量；

② 通过分子质量确定一个复杂混合物中的多个物种；

③ 测定样品的纯度。

9.4.4 二次离子质谱（SIMS）

从其能得到什么信息？

空间解析（约 10nm）的表面组成。

9.4.5 卢瑟福背散射光谱（RBS）

从其能得到什么信息？

鉴定材料的结构和组成。

9.4.6 核磁共振（NMR）

从其能得到什么信息？

① 测定溶液或固体中分子的结构；

② 可以追踪几种单独的 NMR 活性原子（如 H、C、F、N、Si、P）；

③ 可以评估每个原子的局部环境和成键（处于不同环境的 C 原子在 ^{13}C NMR 中产生不同的信号）；

④ 测定键长；

⑤ 可以评估分子物种的扩散系数和动力学。

9.4.7 电子顺磁共振（EPR）

从其能得到什么信息？

① 研究含有未配对电子的分子和固体；

② 检测有机自由基、顺磁配合物、含有导电电子的金属簇、掺杂的共轭聚合物、固体中捕获的电子；

③ 提供材料和分子中未配对电子的自旋密度分布；

④ 确定含有未配对电子的轨道的对称性；

⑤ 确定配位数和几何结构。

9.4.8 穆斯堡尔光谱

从其能得到什么信息？

① 提供穆斯堡尔活性金属（如 Fe、Sn、I、Au、Sb 和 Eu）的氧化态；

② 探测金属的配位几何结构和配位数；

③ 确定局部磁场。

9.4.9 电感耦合等离子体原子发射光谱（ICP-AES）

从其能得到什么信息？

非常准确地测定几乎由任意数量的元素组成的固体或溶液中的原子组成。

常常与质谱相结合。

9.4.10 紫外可见光谱（UV-VIS）

从其能得到什么信息？

① 溶液或固体中分子的光吸收；

② 消光系数；

③ 分子浓度；

④ 固体厚度；

⑤ 局部对称性细节；

⑥ 电子跃迁的指派。

9.4.11 拉曼光谱

从其能得到什么信息？

① 纳米晶体材料中的颗粒尺寸；

② 局部鉴定晶相；

③ 局部对称性细节；

④ 测定力场；

⑤ 定性的键强度信息；

⑥ 晶格振动的归属。

9.4.12 表面增强拉曼光谱（SERS）

从其能得到什么信息？

① 靠近银原子簇或粗糙的银表面的分子和材料；

② 表面等离激元电场增强的拉曼振动模式的强度；

③ 接近单分子检测的高灵敏度探针。

9.4.13 傅立叶变换红外光谱（FTIR）

从其能得到什么信息？

① 定量地鉴定固体或液体中的功能基团；

② 通过指纹对比模式鉴定整个分子；

③ 局部对称性细节；

④ 测定力场；

⑤ 定性的键强度信息；

⑥ 晶格振动的指派。

9.4.14 椭圆偏光法

从其能得到什么信息？

① 薄膜的折射率；

② 薄膜的吸收率；

③ 薄膜厚度；

④ 薄膜的各向异性；

⑤ 薄膜的孔隙率和弹性模量。

9.5 磁测量

从其能得到什么信息？

① 确定材料和分子的磁性类型，包括抗磁性、顺磁性、超顺磁性、铁磁性、铁氧体磁性及反铁磁性；

② 电子基态的信息；

③ 金属 - 超导的转换。

9.6 气相色谱分析

从其能得到什么信息？

① 从混合气体中分离出单一的气体；

② 常常与质谱相结合，同时获得分离和鉴定结果。

9.7 热分析

9.7.1 热重分析（TGA）

从其能得到什么信息？

① 化合物的热稳定性；

② 沸点；

③ 分解温度；

④ 固态物质分解的动力学；

⑤ 与质谱相结合进行尾气分析。

9.7.2 差示扫描量热（DSC）

从其能得到什么信息？
① 体系中的相转变温度和类型；
② 分解温度；
③ 反应的热力学。

9.8 气体吸附技术

从其能得到什么信息？
① 粉末样品的实际表面积；
② 孔尺寸；
③ 孔形状；
④ 材料的弹性；
⑤ 吸附和脱附的动力学。

9.9 电分析

9.9.1 电测量

从其能得到什么信息？
① 分子和材料的电导率；
② 确定电子特性：绝缘体、半导体、金属、半金属及超导体；
③ 根据电导率的温度依赖性，建立电荷的输运机理；
④ 探测掺杂剂、缺陷和杂质的性质、数量及影响；
⑤ Seebeck 和 Hall 测量确定传输是否通过电子或者空穴载体。

9.9.2 电势

从其能得到什么信息？
胶体物质的表面电荷符号及量级。

10 纳米化学面临的挑战

本章改编自 G. A. Ozin 和 L. Cademartiri 发表于科技期刊 *Small* 的一篇散文（2009 年 4 月 29 日在线发表）。

从历史上看，科学的巨大突破使得能够改善人类生存状况的技术上的革命性的发展成为可能[1]，而现在更是随处可见纳米科学的进展及其对卫生保健、环境和能源产生的积极影响。

阅读完本书前面的内容后，你可能会认识到，在过去的数十年由纳米化学产生的丰富多彩的惊人发展一直在促进着跨越科学与工程以及生物学与医学学科的变化。这就激发了教育与研究之间的合作，同时激励了创新。这些对于新的令人兴奋的纳米技术的发展以及最终大规模的纳米制造均是关键的因素。

纳米化学是纳米尺度构造模块的“供应者”、纳米技术的“推动者”及未来纳米制造的特约“创建者”，其成功取决于是否能够合成及自组装构造模块为能够容忍缺陷的功能纳米结构及完整的功能纳米体系。

借助纳米化学制备的大多数构造模块在原子级别上并不是完美的，而且其自组装在原子尺度上也不是精确的。它们常常在所有尺度范围，在尺寸和形状、表面和体相的不完美以及结构的缺陷方面均呈现一种分布状态，从构造模块的级别一直到其组装的最高级别。

这些是需要担心的问题吗？答案是这取决于想要得到什么。

一方面，如果动机只是了解一些化学、物理或者生物现象的绝对基础，那么使构造模块达到原子级别的完美必然是第一位和最重要的目标，这对于纳米化学来说是一个巨大的挑战。这方面的一个很好的例子就是首次合成并结晶了原子级别精确的 $(Au)_{102}(SR)_{44}$，这使得烷烃硫醇覆盖的金原子簇的明确的结构解释成为可能，其相关信息对于明确地了解该化合物的电学性能以及这些性能如何与金表面的自组装形成的烷烃硫醇单分子层相关联均是非常关键的。还有一些其他同样引人注目的例子，如从半导体的单壁碳纳米管中分离金属碳纳米管，这对于许多器件的应用是非常重要的，因为这些应用依赖于对碳纳米管的电子输运和光学性能的清楚的了解。

另一方面，很有可能构造模块的性能，无论是作为单独的功能纳米结构还是作为整个功能纳米体系的一部分，均不会受到某种程度的不完美的有害的影响。这些不完美可能与其尺寸、形状、表面以及其加入自组装体系的好坏等有关。文献中有很多这方面的例子，正如在本书中所提到的纳米化学的六个“方面”中所看到的那样。这些例子包括用于提高太阳能电池效率的反转的硅猫眼石；用于磁致升温治疗恶性肿瘤的纳米氧化铁晶体的生物配合物；用于化学平版印刷设备的金表面的自组装单分子层；用于微观流体的分离、分析及合成 PDMS 的芯片实验室；用于集成纳米光子电路的 CdSe 纳米线激光器；用于可弯曲电子器件的电极的碳纳米管 - 聚合物的复合材料。

虽然制造具有原子级别完美的纳米尺度的构造模块以及纳米体系能使其表现更好，但文献中有越来越多的证据表明，在实际器件中允许有一定程度的不完美。在高度竞争的全球化市场中，当同时考虑性能和成本时，只有质优价廉的才能取胜。

我们中的一个人曾经回想十年前，在给学生们做一个关于考虑加入多伦多大学纳米科学学位计划的鼓舞人心的演讲时，一个学生问道：“为什么我要冒险进入一个有可能不会成功的领域呢？”现在全世界的对这个问题都能接受的答案是，“这个领域正在走向成功，您的风险就是没有被包括其中！”所以现在该问：“下一步是什么？”

正如在本书中所提到的，当纳米科学和纳米化学承担人类的巨大挑战时，它们就可以从中汲取力量。在过去的几十年中，在科学领域这种幻想的力量一直在减弱；但是现在有一种幻想正在盛开，即纳米科学能够以一种前所未有的方式提供解决方案并帮助社会解决目前许多世界范围的问题。

你应当记住的是，幻想并不意味着可以随意炒作，幻想是对我们正在前进的方向的一种认识，而炒作则是对我们所处状态的一种欺骗。幻想是一种信念，即通过理智和实验，能够提供大多数材料方面的问题的解决方案；而炒作则是另一种概念，即使人们误认为已经做到了。

现在读者所能做的，就是以一种非常特殊的方式，选择是否以及如何对明天的巨大挑战做出贡献，为此您可以将自己想象为一名职业科学家。为此我们汇编了一个短小的、未来 50 年雄心勃勃的目标清单，但没有特别的顺序。读者可能会发现，这对将您自己想象为一名科学家要在职业生涯中采取的发展步骤是非常重要的。请注意，这是一个“实时清单”，即其中的目标与优先次序是随着时间而变的，因为优先次序常常依赖于许多因素，而不仅仅是纯粹的好奇心驱动的科学以及应用驱动的技术。即使不能成为一位完全羽翼丰满的纳米科学家，这些挑战以及纳米科学为其做出贡献的相关知识对于您来说也许仍是很重要的，无论您的职业发展方向如何。

（1）诊断学

a. 用于多种成像技术的纳米尺度混合的造影剂，在生物体中显示没有积累，且没有可测量到的毒性；

b. 用于功能性成像和诊断的组织分子的成像；

c. 用于发展中国家的零成本的基本的诊断。

（2）疾病治疗

a. 基于纳米材料的物理性质，用于癌症、动脉粥样硬化以及病毒性疾病的新的治疗方案；

b. 在同一种纳米材料中，诊断与治疗能力的偶合；

c. 100% 有效的药物输送载体；

d. 基于化学识别与物理过程的新的靶向方案（依赖于尺寸或形状的生物分布）。

（3）催化

a. 用于最大限度地提高反应活性和立体选择性的 100% 单分散的、形状确定的非均相纳米晶体催化剂；

b. 用于生产氢或还原二氧化碳的新型催化剂；

c. 增强光催化剂效率的光的结构控制。

（4）太阳能电池

用于提高光捕获及光 - 电转换效率的工程纳米材料。

（5）纳米复合材料

a. 低成本的超硬材料；

b. 通过使用纳米尺寸构造模块的混合物，获得工程协同材料性能。

（6）化学检测

用于遥控装置和大规模筛选的低成本的分子和毒素检测平台。

（7）环境修复

用于回收或者清除环境中的有毒化学品及元素的新型材料。

（8）安全的气体储存材料

用于室温、低压储存氢气、二氧化碳和甲烷的工程纳米材料。

（9）纳米驱动力

a. 用于捕获、传送或勘探的自导向纳米发动机；

b. 用于制造与宏观发动机和机器类似的纳米尺寸机械的可弯曲的纳米结构。

（10）量子信息材料

用于自旋电子学和量子计算的材料。

（11）纳米毒物学

彻底了解纳米材料对人类健康的影响。

（12）分离技术

a. 用于快速、高能效及立体选择性地分离复杂混合物；

b. 水的净化材料；高能效、低成本的淡化。

在本讨论的末尾，请记住纳米化学仅仅是纳米技术路线图上为未来铺平道路的推动者之一[2]。由于本书的焦点是合成纳米材料的化学方法，所以在本书中没有包括其他的纳米开拓者，其中包括：

① 纳米制造——一套自上而下的平版印刷术；

② 纳米工具——确定纳米材料的结构和性能；

③ 纳米成像——观测纳米结构；

④ 纳米操作——移动、定位、连接以及接触纳米结构。

这些也都构成了一系列的特殊的挑战，但是对未来最有把握的就是，我们都在同一个交叉学科的团队中。

参考文献

[1] Kuhn, T. S. (1996) *The Structure of Scientific Revolutions*, University of Chicago Press, 3rd ed.

[2] Batelle Memorial Institute and Foresight Nanotech Institute (2007) Productive Nanosystems: A Technology Roadmap, report.